高职高专计算机任务驱动模式教材

Dreamweaver CC 网页设计与制作

游　琪　张广云　郭永玲　主　编
陶红丽　叶　玫　副主编

清华大学出版社
北　京

内 容 简 介

本书以项目为主线，通过项目讲解网页设计与制作的相关知识，从网页制作初学者的角度出发，系统并详细地介绍了 Dreamweaver CC 2018 制作网页的全部知识和各种设计技巧，鼓励学生在实践中加深对网页设计相关内容的理解与掌握。本书共分为 14 个项目，主要包括网页设计的基础知识、Dreamweaver CC 2018 的基础操作、HTML 语言基础、CSS 样式的应用、制作文本网页、制作图像和多媒体网页、超链接、设计表格网页和框架网页、表单网页、XHTML＋CSS 布局网页、模板和库、行为和制作动态网页、完善网站、制作移动设备网页这些方面的内容。全书内容由浅入深，通俗易懂，在讲解时对操作过程中的每一个步骤都有详细的说明，并配有适当的图形；每个知识点采用“任务驱动”模式进行编写，通过具体的课堂任务案例及课后的巩固练习，结合网页编辑设计软件 Dreamweaver CC 2018，由浅入深、循序渐进地介绍了网页制作技术。

本书可作为高职高专院校计算机专业的教材与参考书，也可作为网页设计初学者的自学用书。

图书在版编目(CIP)数据

Dreamweaver CC 网页设计与制作/游琪，张广云，郭永玲主编. —北京：清华大学出版社，2019 (2020.1重印)
(高职高专计算机任务驱动模式教材)
ISBN 978-7-302-52985-9

Ⅰ. ①D… Ⅱ. ①游… ②张… ③郭… Ⅲ. ①网页制作工具—高等职业教育—教材 Ⅳ. ①TP393.092.2

中国版本图书馆 CIP 数据核字(2019)第 093995 号

责任编辑：张龙卿
封面设计：徐日强
责任校对：袁　芳
责任印制：宋　林

出版发行：清华大学出版社
　　网　　址：http://www.tup.com.cn，http://www.wqbook.com
　　地　　址：北京清华大学学研大厦 A 座　　**邮　　编**：100084
　　社 总 机：010-62770175　　**邮　　购**：010-62786544
　　投稿与读者服务：010-62776969，c-service@tup.tsinghua.edu.cn
　　质量反馈：010-62772015，zhiliang@tup.tsinghua.edu.cn
　　课件下载：http://www.tup.com.cn，010-62770175-4278
印 刷 者：北京富博印刷有限公司
装 订 者：北京市密云县京文制本装订厂
经　　销：全国新华书店
开　　本：185mm×260mm　　**印　　张**：16.75　　**字　　数**：379 千字
版　　次：2019 年 10 月第 1 版　　**印　　次**：2020 年 1 月第 2 次印刷
定　　价：49.00 元

产品编号：082649-01

编审委员会

出版说明

我国高职高专教育经过十几年的发展，已经转向深度教学改革阶段。教育部于2012年3月发布了教高〔2012〕第4号文件《关于全面提高高等教育质量的若干意见》，重点建设一批特色高职学校，大力推行工学结合，突出实践能力培养，全面提高高职高专教学质量。

清华大学出版社作为国内大学出版社的领跑者，为了进一步推动高职高专计算机专业教材的建设工作，适应高职高专院校计算机类人才培养的发展趋势，2012年秋季开始了切合新一轮教学改革的教材建设工作。该系列教材一经推出，就得到了很多高职院校的认可和选用，其中部分书籍的销售量超过了三四万册。现根据计算机技术发展及教改的需要，重新组织优秀作者对部分图书进行改版，并增加了一些新的图书品种。

目前，国内高职高专院校计算机相关专业的教材品种繁多，但符合国家计算机技术发展需要的技能型人才培养方案并能够自成体系的教材还不多。

我们组织国内对计算机相关专业人才培养模式有研究并且有过丰富的实践经验的高职高专院校进行了较长时间的研讨和调研，遴选出一批富有工程实践经验和教学经验的"双师型"教师，合力编写了该系列适用于高职高专计算机相关专业的教材。

本系列教材是以任务驱动、案例教学为核心，以项目开发为主线而编写的。我们研究分析了国内外先进职业教育的教改模式、教学方法和教材特色，消化吸收了很多优秀的经验和成果，以培养技术应用型人才为目标，以企业对人才的需要为依据，将基本技能培养和主流技术相结合，保证该系列教材重点突出、主次分明、结构合理、衔接紧凑。其中的每本教材都侧重于培养学生的实战操作能力，使学、思、练相结合，旨在通过项目实践，增强学生的职业能力，并将书本知识转化为专业技能。

一、教材编写思想

本系列教材以案例为中心，以技能培养为目标，围绕开发项目所用到的知识点进行讲解，并附上相关的例题来帮助读者加深理解。

在系列教材中采用了大量的案例，这些案例紧密地结合教材中介绍的各个知识点，内容循序渐进、由浅入深，在整体上体现了内容主导、实例解析、以点带面的特点，配合课程采用以项目设计贯穿教学内容的教学模式。

二、丛书特色

本系列教材体现了工学结合的教改思想，充分结合目前的教改现状，突出项目式教学改革的成果，着重打造立体化精品教材。具体特色包括以下方面。

(1) 参照和吸纳国内外优秀计算机专业教材的编写思想，采用国内一线企业的实际项目或者任务，以保证该系列教材具有更强的实用性，并与理论内容有很强的关联性。

(2) 准确把握高职高专计算机相关专业人才的培养目标和特点。

(3) 每本教材都通过一个个的教学任务或者教学项目来实施教学，强调在做中学、学中做，重点突出技能的培养，并不断拓展学生解决问题的思路和方法，以便培养学生未来在就业岗位上的终身学习能力。

(4) 借鉴或采用项目驱动的教学方法和考核制度，突出计算机技术人才培养的先进性、实践性和应用性。

(5) 以案例为中心，以能力培养为目标，通过实际工作的例子来引入相关概念，尽量符合学生的认知规律。

(6) 为了便于教师授课和学生学习，清华大学出版社网站(www. tup. com. cn)免费提供教材的相关教学资源。

当前，高职高专教育正处于新一轮教学深度改革时期，从专业设置、课程体系建设到教材建设，依然有很多新课题值得我们不断研究。希望各高职高专院校在教学实践中积极提出本系列教材的意见和建议，并及时反馈给我们。清华大学出版社将对已出版的教材不断地进行修订并使之更加完善，以提高教材质量，完善教材服务体系，继续出版更多的高质量教材，从而为我国的职业教育贡献我们的微薄之力。

编审委员会

2017 年 3 月

前　言

随着互联网技术的高速发展，网络正逐步改变着人们的生活方式和工作方式。越来越多的个人、企业等纷纷建立自己的网站，利用网站来宣传和推广自己。

Dreamweaver CC 2018 是一款可视的网页制作编辑软件，针对网络及移动平台进行设计、开发并发布，而不需要为程式代码烦恼。Dreamweaver 经过重新设计，添加了新式界面和快速灵活的编码引擎，可让 Web 设计人员和前端开发人员更轻松地创建、编码和管理外观精美且适合任何屏幕大小的网站。现在的 Dreamweaver 比以往任何时候更专注、高效和快速，具备全新代码编辑器、更直观的用户界面（可选择深色主题）和多种增强功能，包括对 HTML 5/CSS 3 和 jQuery 提供的支持。

一、本书内容

本书在编写过程中以真实项目为导向，采用由浅入深、由易到难的方式讲解。全书结构清晰、内容丰富，主要内容包括以下三个方面。

(1) 基础入门：本书第 1、2 章，介绍网页制作基础、网页的基本要素、网页设计工具、网站规划、Dreamweaver CC 2018 工作界面及基本操作、创建与管理站点等内容。

(2) 网页制作与设计：本书第 3～11 章，介绍了 HTML 语言基础、在网页中创建文本、使用图像与多媒体丰富网页内容、网页中的超链接和使用表格及浮动框架布局页面、表单网页的制作、创建 CSS 样式、将 CSS 应用到网页、应用 CSS＋DIV 灵活布局网页、利用模板和库创建网页等内容。

(3) 动态网页设计：本书第 12～14 章，介绍使用 JavaScript 行为创建动态效果的操作方法与技巧，完善网站，以及制作移动设备网页的知识。

二、本书特点

(1) 以能力的培养和提高为目标来构建教学内容：在构建教学内容

时，首先是布置学习目标，通过案例引入、分析案例说明每个任务的学习目的，以企业网站建设项目作为主线展开，介绍网站设计与制作的全过程，将理论与实践完美地结合，把实用技术作为重点。

(2) 满足社会的需求：本书内容突出职业院校特点，以职业能力为本，以技能教育为重点。教学内容以学生为中心，以实用性和就业为目标。教学内容的编写以学生兴趣为先导，采用项目教学的方法，在教学内容中采用实际项目案例，以便增强教材的可读性。一线企业的资深人员参与编写课后实训，让学生接触到行业最新资讯。

在此，要特别感谢来自企业的高级工程师吴一兵，在本书的编写过程中，他除了参编了课后实训内容外，还在百忙之中提出了很多有参考价值的意见和建议。

本书配备立体化的教学资源，包括教学课件(PPT)、操作视频、思考与练习和课程网站等，以方便教师教学和学生课后学习。使用本书的教师可以联系编辑获取教学资源(联系邮箱：743569646@qq.com)。

信息技术的发展日新月异，书中难免会有错误之处，恳请广大读者批评、指正。

编　者

2019 年 6 月

目　录

项目 1　网页设计的基础知识

项目描述

互联网(Internet)又称因特网。互联网始于 1969 年美国的阿帕网,是网络与网络之间所联成的庞大网络,这些网络以一组通用的协议相连,形成逻辑上的单一巨大国际网络。通常的 internet(首字母小写)泛指互联的网络,而 Internet(首字母大写)则特指互联网(因特网)。这种将计算机网络互相连接在一起的方法称作"网络互联",在这基础上发展出覆盖全世界的全球性互联网络称为互联网,即是互相连接在一起的网络结构。互联网并不等同于万维网,万维网只是一种基于超文本相互链接而成的全球性系统,且是互联网所能提供的服务之一。

本项目主要通过介绍互联网基础、网页的基本组成元素、网站类型和结构、Web 标准、布局结构和网页制作的常用软件及网站开发流程等内容,让大家对互联网的基础知识和网页设计有一个初步的认识。

知识目标

- 了解互联网基础。
- 了解网页设计的元素。
- 了解网站的类型和结构。
- 了解开发网站的基本流程。
- 了解网页设计及制作工具。

技能目标

- 认识网页的组成元素。
- 了解 Web 标准。
- 了解网站的开发流程。
- 熟悉网页制作的常用软件。

任务 1.1　互联网基础

任务描述

互联网看似很复杂,如果从它的工作方式上看,可以划分为两大块。一是边缘部分:由所有连接在互联网上的主机组成,这一部分是用户直接使用的,用来进行通信(传送数据、音频或视频)和资源共享;二是核心部分:有大量网络和连接这些网络的路由器组成,这一部分是为边缘部分提供服务的(提供连通性和交换)。如图 1-1 所示。

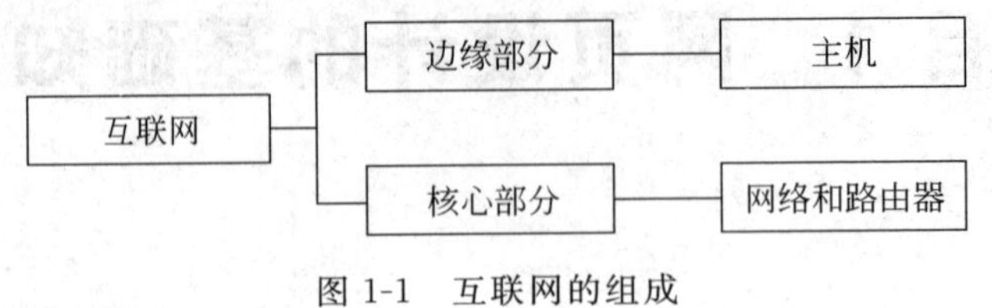

图 1-1　互联网的组成

相关知识与技能

1. 网络的分类

计算机网络可以畅通无阻地交换信息,它包括局域网和广域网等。

(1) 局域网

局域网(Local Area Network,LAN)是指在某一区域内由多台计算机互联而形成的的计算机工作组。一般在方圆几千米以内。局域网可以实现文件管理、应用软件共享、打印机共享、工作组内的日程安排、电子邮件和传真通信服务等功能。局域网是封闭型的,可以由办公室内的两台计算机组成,也可以由一个公司内的上千台计算机组成。

(2) 广域网

广域网(Wide Area Network,WAN)又称外网、公网,是连接不同地区局域网或城域网并进行计算机通信的远程网络。通常跨接很大的地理范围,所覆盖的范围从几十千米到几千千米,它能连接多个地区、城市和国家,或横跨几个洲并提供远距离通信,形成国际性的远程网络。

2. 网络相关概念

(1) WWW

WWW 是环球信息网的缩写(也称作 Web、W3,英文全称为 World Wide Web),中文名为"万维网""环球网"等。WWW 一般分为 Web 客户端和 Web 服务器程序。WWW 可以让 Web 客户端(常用浏览器)访问 Web 服务器上的页面,这是一个由许多互相链接的超文本组成的系统,通过互联网访问。在这个系统中,每个有用的事物称为一种"资源",并且由一个全局"统一资源标识符"(URI)标识,这些资源通过超文本传输协议(HyperText Transfer Protocol,HTTP)传送给用户,而用户通过单击超链接来获得资源。

任何一个网站在初建时都应参考 W3C 组织的标准。

(2) IP 地址

互联网协议地址(Internet Protocol Address)简写为 IP 地址(IP Address),是分配给用户上网使用的网际协议(Internet Protocol, IP)设备的数字标签。常见的 IP 地址分为 IPv4 与 IPv6 两大类,但是也有其他不常用的小分类。

IP 地址就是给每个连接在 Internet 上的主机分配一个 32bit 的地址。bit(比特)换算成字节，就是 4 字节，相当于 2 个汉字。例如，一个采用二进制形式的 IP 地址是 00001010000000000000000000000001，这么长的地址让人们处理起来十分费劲。为了方便人们的使用，IP 地址经常被写成十进制的形式，中间使用符号“.”分开四组数字。于是，上面的 IP 地址可以表示为 10.0.0.1。

IP 地址应用分为 A、B、C 三类，D、E 类是保留和专用的。

(3) 域名

网域名称系统(Domain Name System，DNS)有时也简称为域名，是因特网的一项核心服务，它作为可以将域名和 IP 地址相互映射的一个分布式数据库，能够使人更方便地访问互联网，而不用去记住能够被机器直接读取的 IP 地址数串。

国际域名：常用的有.com(用于商业公司)、.net(用于网络服务)、.org(用于组织协会等)、.gov(用于政府部门)、.edu(用于教育机构)、.mil(用于军事领域)、.int(用于国际组织)。

顶级域名：比如，.CN 代表中国，.UK 代表英国，.US 代表美国。共有 243 个国家和地区的代码。

新顶级域名：比如，biz、info、name、pro、aero、coop、museum。

(4) TCP/IP 技术

TCP/IP 是 Internet 的核心，利用 TCP/IP 协议可以方便地实现多个网络的无缝连接。假如某台主机在 Internet 上，有 IP 地址并运行 TCP/IP 协议，则可以向 Internet 上的所有其他主机发送 IP 分组。

(5) URL

URL 是统一资源定位符，是对可以从互联网上得到的资源位置和访问方法的一种简洁的表示，是互联网上标准资源的地址。互联网上的每个文件都有一个唯一的 URL，它包含的信息指出文件的位置以及浏览器应该怎么处理它。

(6) Web 服务器

Web 服务器一般是指网站服务器，即驻留于互联网上某种类型计算机的程序，可以向浏览器等 Web 客户端提供文档，也可以放置网站文件让全世界的人浏览，还可以放置数据文件让全世界的人下载。目前最主流的三个 Web 服务器是 Apache、Nginx 和 IIS。

(7) 浏览器

浏览器是一种用于检索并展示万维网信息资源的应用程序。这些信息资源可以是网页、图片、影音或其他内容，它们由统一资源标识符标志。信息资源中的超链接可使用户方便地浏览相关信息。

3. 路由器

路由器(Router)是连接互联网中各局域网、广域网的设备，它会根据信道的情况自动选择和设定路由，以最佳路径、按前后顺序发送信号。路由器是互联网的枢纽，目前路由器已经广泛应用于各行各业，各种不同档次的路由器已成为实现各种骨干网内部连接、骨干网间互联以及骨干网与互联网互联互通业务的主力军。路由器和交换机之间的主要区别是：交换机相关功能发生在 OSI 参考模型的第二层（数据链路层），而路由器相关功能发生在 OSI 参考模型的第三层（网络层）。这一区别决定了路由器和交换机在移动信息的过程中需使用不同的控制信息，所以说两者实现各自功能的方式是不同的。

路由器又称网关设备，用于连接多个逻辑上分开的网络。所谓逻辑网络，是代表一个单独的网络或者一个子网。当数据从一个子网传输到另一个子网时，可通过路由器的路由功能来完成。因此，路由器具有判断网络地址和选择 IP 路径的功能，它能在多网络互联环境中建立灵活的连接，可以用完全不同的数据分组和介质访问的方法连接各种子网，路由器只接收源站或其他路由器的信息。

任务实现

通过百度百科了解互联网的基础知识。

任务 1.2 网站欣赏

任务描述

互联网已经发展多年，网络已经成为人们生活中不可或缺的一部分，Internet、局域网及手机移动互联网等，生活中处处反映着网络的力量。伴随着网络的快速发展，也拉动了一些新兴产业，如网络游戏、网络聊天、网上影视等产业都在飞速发展，同时，网络传媒、电子商务等给更多企业带来了无限的商机。使互联网具有这些强大功能的载体就是网站，在互联网上的交流离不开网站。当然，具有载体功能的网站也是要遵循一定规则和标准的，并不是随意生成的。

相关知识与技能

1. 网页和网站

网站是由网页集合而成的，人们通过浏览器所看到的画面就是网页。网页对应着一个 HTML 文件，浏览器是用来解读这份文件的，网站是由许多 HTML 文件集合而成。

(1) 网页

网页(Web Page)是一个文件，它存放在世界上某个角落的某部计算机中，而这部计算机必须是与互联网相连的。网页经由网址(URL)来识别与存取，是万维网中的一"页"，是超文本标记语言格式(标准通用标记语言的一个应用，文件扩展名为.html 或.htm)。在浏览器中输入网址后，经过一段复杂而又快速的程序，网页文件会被传送到用户的计算机，然后再通过浏览器解释网页的内容，并展示到用户的眼前。

(2) 网站

网站(Website)是指在互联网上根据一定的规则，使用 HTML 等工具制作的用来展示特定内容的相关网页的集合。简单地说，网站是一种通信工具，人们可以通过网站来发布自己想要公开的资讯，或者利用网站来提供相关的网络服务。人们可以通过网页浏览器来访问网站，获取自己需要的资讯或者享受网络服务。衡量一个网站的性能通常从网站空间大小、网站位置、网站连接速度(俗称“网速”)、网站软件配置、网站提供服务等几方面考虑，最直接的衡量标准是这个网站的真实流量。

(3) 网站的类型

① 按照制作技术分类。按照制作技术可以分为静态网页和动态网页组成的网站。

静态网页通常使用.html、shtml 等后缀，是实际存在的网页文件，但是它无法处理用户的信息交互过程。

动态网页通常以.asp、.aspx 和.php 等为后缀，常与数据库结合，由程序动态生成，可以处理复杂的用户信息交互过程。

② 按照网站内容分类。按照网站内容可以分为门户网站、企业网站、个人网站、专业网站及职能网站。

(4) 网站的结构

① 线状结构。线状结构是网站最简单的结构方式，一般分为单向线状和双向环状两种方式。在这种结构中，网页一层层链接起来，逐步深入，逻辑清晰。单向线状只提供到下一层网页的链接，即从网页 1 可以链接到网页 2，从网页 2 可以链接到网页 3，以此类推。双向环状除了像单向线状那样链接外，还可以倒着从网页 3 回到网页 2，从网页 2 回到网页 1。但无论是单向线状还是双向环状，都不能在网页之间自由跳跃链接。线状结构如图 1-2 所示。

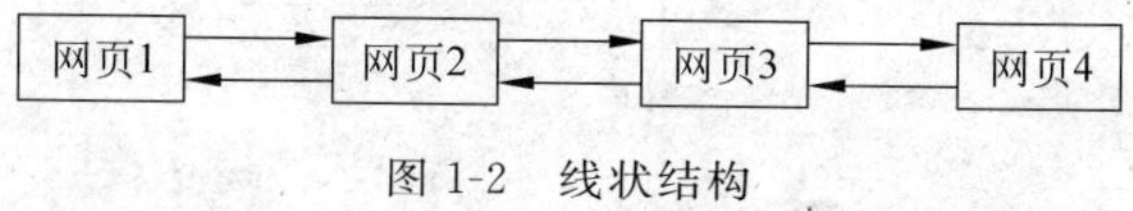

图 1-2　线状结构

线状结构一般用于信息量较少的小型网站、索引站点，或者用来表示网站中的一部分内容，如在线手册、电子图书、联机文档等。对于信息内容较多的网站，采用这种结构方式就显得层次太深、结构过于单薄。因此，一般不用线状结构设计网站的总体结构。

② 树状结构。顾名思义，整个网站的架构就像一棵大树，有根、有干、有枝、有叶。整个站点把一个网页作为中心，然后从这个中心向外分散出多个分支，在这些分支上可以继续生出新的枝干。每一级网页与上、下级网页都是相互连通的，但在不同枝干的上、下级网页间不能随意跳转链接。树状结构如图 1-3 所示。

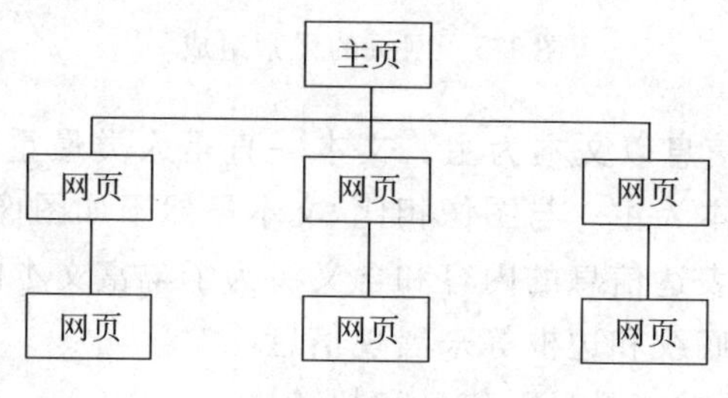

图 1-3　树状结构

树状结构是组织复杂信息的最好方式之一，也是目前网站所采用的主要形式之一，它结构清晰，访问者可以根据路径清楚地知道所在的位置。但在建立枝干的层次时，最多不应超过四个，层次太多会降低访问者的阅读效率，使访问者产生厌烦情绪。

③ 网状结构。网状结构是指网页之间像一张网一样，可相互链接，随意跳转。在网络结构中有一个主页，所有的网页都可以和主页进行链接，同时，各个网页之间也可随意链接。网页之间没有明显的结构，而是靠网页的内容进行逻辑联系。网状结构如图 1-4 所示。

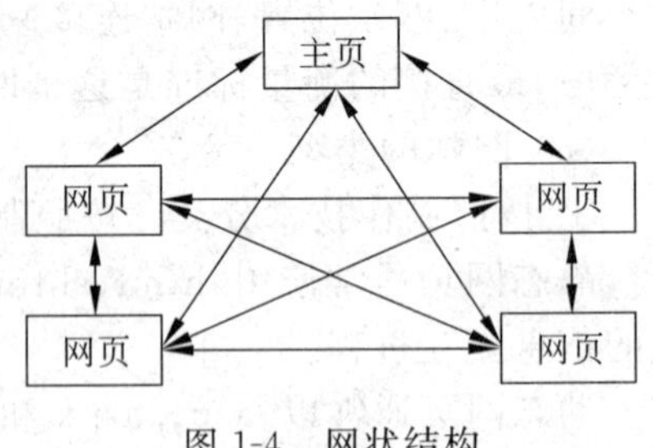

图 1-4　网状结构

采用这种结构的网站，如果网页信息内容不能科学分类，访问者容易在网页跳转过程中迷失方向，很难快速找到所需要的信息。因此，在使用这种结构时，要适度地进行网页间的链接。

实际上人们发现，一个访问轻松、寻找信息快捷的网站往往是多种网站结构的综合，以树状结构为主框架，在此基础上按照网页信息的分类，对各级网页进行网状编排，对某些特殊的内容进行线状链接。

(5) 网页的基本元素

网页的基本元素如图 1-5 所示。

图 1-5　网页的元素组成

① 文本。网页中的信息以文本为主。文本一直是人类最重要的信息载体与交流工具，网页中的信息也以文本为主。与图像相比，文本虽然不如图像那样能够很快引起浏览者的注意，但却能准确地表达信息的内容和含义。为了丰富文本的表现力，人们可以通过文本的字体、字号、颜色、底纹和边框等来展现信息。

文本在网页中的主要功能是显示信息和超链接。

② 图像。图像的功能是提供信息、展示作品、装饰网页、表现风格和超链接。

网页中使用的图像主要是 GIF、JPEG、PNG 等格式。

GIF 文件格式的扩展名是“. gif”。GIF 文件的特点是：文件小，使用时占用系统内存少，调用时间短。

JPEG 文件格式的扩展名是“.jpg”。JPEG 文件格式是扫描照片、带材质的图像、带渐变色过渡的图像或者多于 256 种颜色图像的最佳格式。

PNG 文件格式的扩展名是“.png”。PNG 文件为可移植的网络图形，支持透明背景和动态效果。

③ 超链接。超链接是网站的灵魂，是从一个网页指向另一个目的端的链接。例如，指向另一个网页或相同网页上的不同位置。这个目的端通常是另一个网页，但也可以是一幅图片、一个电子邮件地址、一个文件、一个程序或者是网页中的其他位置。

④ 动画。动画实质上是动态的图像。在网页中使用动画可以有效地吸引浏览者的注意。由于活动的对象比静止的对象更具有吸引力，因此网页上通常有大量的动画。网页中使用较多的动画是 GIF 动画与 Flash 动画。

动画的功能是：提供信息、展示作品、装饰网页、动态交互。

⑤ 声音。声音是多媒体网页的一个重要组成部分。当前存在着一些不同类型的声音文件和格式，也有不同的方法将这些声音添加到 Web 页中。

一般来说，不要使用声音文件作为网页的背景音乐，因为会影响网页的下载速度。

⑥ 视频。在网页中的视频文件格式也非常多，常见的有 RealPlayer、MPEG、AVI 和 DivX 等，视频文件的采用让网页变得非常精彩而且有动感。

⑦ 表单。表单通常用来接收用户在浏览器端的输入，然后将这些信息发送到用户设置的目标端。

通常表单的用途是：收集联系信息，接收用户要求，获得反馈意见，设置访问者签名，让浏览者输入关键字去搜索相关网页，让浏览者注册会员或以会员的身份登录，如用户反馈表单、留言簿表单、搜索表单和用户注册表单等。

⑧ 色彩。一个好的网页设计会给用户带来记忆深刻、好用易用的体验。从网页设计的版式、信息层级、图片、色彩等视觉方面的运用，直接影响到用户对网站的最初感觉，而在这些内容中，色彩的配色方案是至关重要的，网站整体的定位、风格都需要通过颜色给用户带来感官上的刺激，从而产生共鸣。

一个网站不可能单一地运用一种颜色，因为这会让人感觉单调、乏味，当然，也不能将所有的颜色都运用到一个网站中去。一个网站必须有一种或两种主题色，不至于让人迷失方向，也不会让人感到单调、乏味，所以确定网站的主题色也是设计者必须考虑的问题之一。

一个页面尽量不要超过 4 种颜色，用太多的颜色会让人感觉没有方向、没有侧重。当主题色确定好以后考虑其他配色时，一定要考虑其他配色与主题色的关系，要体现什么样的效果。

2. 布局结构

布局就是以最适合浏览的方式将图片和文字排放在页面的不同位置。不同的制作者会有不同的布局设计。网页布局有以下几种常见结构。

(1)“国”字型

“国”字型也可以称为“同”字型,是一些大型网站喜欢的类型,即最上面是网站的标题以及横幅广告条,接下来是网站的主要内容,左右分列一些小条内容,中间是主要部分,与左右一起罗列到底,最下面是网站的一些基本信息、联系方式、版权声明等。这种结构几乎是我们在网上见到的最多的一种结构类型。

(2)拐角型

拐角型结构与“国”字型结构只是形式上的区别,其实结构很相近。它上面是标题及广告横幅,接下来的左侧是一窄列链接等,右列是很宽的正文,下面也是一些网站的辅助信息。在这种类型中,一种很常见的类型是最上面是标题及广告,左侧是导航链接。

(3)标题正文型

标题正文型即最上面是标题或类似的一些内容,下面是正文,比如一些文章页面或注册页面等就是这种类型。

(4)封面型

封面型基本上是出一些网站的首页,大部分为一些精美的平面设计结合一些小的动画,放上几个简单的链接或者仅是一个“进入”的链接,甚至直接在首页的图片上做链接而没有任何提示。这种类型大部分是企业网站和个人主页,如果处理得好,会给人带来赏心悦目的感觉。

(5)T 形结构布局

T 形结构布局是指网页上边和左边相结合,页面顶部为横条网站标志和广告条,左下方为主菜单,右边显示内容,这是网页设计中使用最广泛的一种布局方式。在实际设计中还可以改变 T 形结构布局的形式,如左右两栏式布局,一半是正文,另一半是形象的图片、导航。或正文不等两栏式布置,通过背景色区分,分别放置图片和文字等。

这样的布局有其固有的优点,因为人的注意力主要在右下角,所以企业想要发布给用户的信息,大都能被用户以最大的可能性获取,而且很方便;其次是页面结构清晰,主次分明,易于使用。其缺点是规矩、呆板,如果细节色彩上不注意,很容易让人“看之无味”。

(6)“口”形布局

“口”形布局是一种形象的说法,是指页面上下各有一个广告条,左边是主菜单,右边是友情链接等,中间是主要内容。

这种布局的优点是页面充实、内容丰富、信息量大,是综合性网站常用的结构,特别之处是顶部中央的一排小图标起到了活跃页面的作用。其缺点是页面拥挤,不够灵活。也有将四边空出,只有页面中央部分可以滚动,界面类似游戏界面。使用此类版式的有多维游戏娱乐性网站。

(7)“三”形布局

“三”形布局多用于国外网站,国内用得不多。其特点是页面上有横向的两条色块,将页面整体分割为四个部分,色块中大多放广告条。

(8)对称对比布局

对称对比布局是指采取左右或者上下对称的布局,页面一半深色,一半浅色,一般用于设计型网站。其优点是视觉冲击力强;其缺点是将两部分有机地结合起来比较困难。

(9) POP布局

POP源自广告术语,是指页面布局像一张宣传海报,以一张精美图片作为页面的设计中心。POP布局常用于时尚类网站,其优点是外观漂亮,吸引人;其缺点是速度慢。

3. Web标准

(1) Web标准的概念

Web标准即网站标准,它不是某一个标准,而是一系列标准的集合。网页主要由三部分组成:结构化(Structure)、表现类(Presentation)和行为类(Behavior)。对应的标准也分为三个方面:结构化标准语言主要包括XHTML和XML,表现类标准语言主要包括CSS,行为类标准语言主要包括对象模型(如W3C DOM、ECMAScript)等。这些标准大部分由万维网联盟(缩写为W3C)起草和发布,也有一些是其他标准组织制定的标准,比如ECMA(European Computer Manufacturers Association,欧洲计算机制造商协会)的ECMAScript标准。

(2) 建立Web标准的目的

建立Web标准的目的是解决网站中由于浏览器升级、网站代码冗余、臃肿等带来的问题。Web标准是在W3C的组织下建立的,主要有以下几个目的。

① 简化了代码,从而降低了建设成本。

② 实现了结构和表现分离,确保了任何网站文档都能够长期有效。

③ 让网站更容易使用,能适应更多不同用户和更多网络设备。

④ 当浏览器版本更新或者出现新的网络交互设备时,确保所有应用能够继续正确执行。

⑤ 提供更多的利益给网站用户。

(3) 使用Web标准的优势

建立Web标准的优势是能够实现加快网页解析的速度,实现信息跨平台的可用性以及更加良好的用户体验,以高效开发与简单维护降低服务成本,最重要的是它便于改版,实现与未来兼容。对浏览者和网站拥有者都有相应的好处。

① 使用网站标准对网站浏览者的好处如下。

- 文件下载与页面显示速度更快。
- 内容能被更多的用户所访问(包括失明、视弱、色盲等残障人士)。
- 内容能被更广泛的设备所访问(包括屏幕阅读机、手持设备、搜索机器人、打印机、电冰箱等)。
- 用户能够通过样式选择定制自己的表现界面。
- 所有页面都能提供适于打印的版本。

② 使用网站标准对网站所有者的好处如下。

- 更少的代码和组件使维护工作变得容易。
- 带宽要求降低(代码更简洁),成本降低。
- 更容易被搜寻引擎搜索到。
- 改版方便,不需要变动页面内容。

- 提供打印版本而不需要复制内容。
- 提高网站的易用性。

任务实现

1. 门户网站

门户网站是指通向某类综合性互联网信息资源并提供有关信息服务的应用系统。门户网站最初提供搜索服务、目录服务，后来由于市场竞争日益激烈，门户网站不得不快速地拓展各种新的业务类型，希望通过门类众多的业务来吸引和留住互联网用户，以至于目前门户网站的业务包罗万象，成为网络世界的“百货商场”或“网络超市”。

搜狐是全球较大的中文门户网站之一，为用户提供 24 小时不间断的最新资讯及搜索、邮件等网络服务，内容包括全球热点事件、突发新闻、时事评论、热播影视剧、体育赛事等。

打开 IE 浏览器，在地址栏中输入 www. sohu. com，按 Enter 键打开“搜狐”网站，如图 1-6 所示。

图 1-6 搜狐首页

2. 静态网站

静态网站是指全部由 HTML（标准通用标记语言的子集）代码格式页面组成的网站，所有的内容包含在网页文件中。网页中也可以出现各种视觉动态效果，如 GIF 动画、Flash 动画、滚动字幕等，而网站主要是由静态化的页面和代码组成，一般文件名均以 htm、html、shtml 等为后缀，如图 1-7 所示。

3. 动态网站

动态网站并不是指具有动画功能的网站，而是指网站内容可根据不同情况动态变更

图 1-7　静态网站

的网站，一般情况下动态网站通过数据库进行架构。动态网站除了要设计网页外，还要通过数据库和编程来使网站具有更多自动与高级的功能。动态网站一般是用 ASP（或 ASP. NET）、PHP、JSP 等工具开发的，网页文件一般是以 asp、jsp、php、aspx 等文件扩展名结束；静态网站一般是 HTML 格式的网页文件，通常以. html 或. htm 结尾。动态网站能实现用户注册、信息发布、产品展示、订单管理等交互功能，如图 1-8 所示。

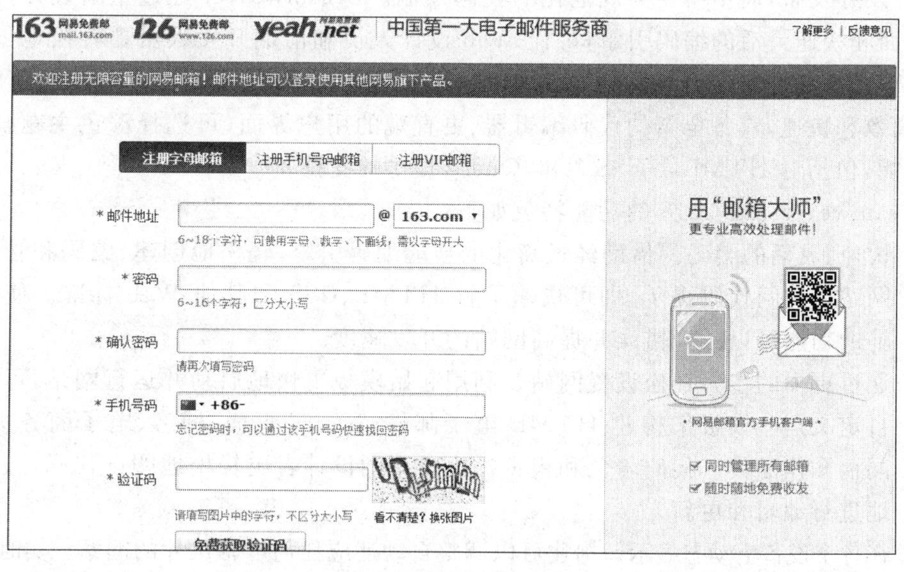

图 1-8　动态网站

任务 1.3　网页设计工具

任务描述

制作网页的专业工具的功能越来越完善，操作也越来越简单，处理图像、制作动画、发布网站的专业网站非常广泛。

常用制作网页的工具如下。

- 制作网页的专门工具：Dreamweaver、HTML。
- 动态网页编程语言：ASP、PHP 和 JSP。
- 图像处理工具：Photoshop、JPEGView、Flash、Avocode、Pixlr。
- 网站原型图设计工具：Axure RP、Balsamiq Mockups、Pencil Project 和 OmniGraffle。
- 网站发布工具：CuteFTP、FlashFXP。

相关知识与技能

1. 网页编辑工具

（1）超文本标记语言

超文本标记语言即 HTML（HyperText Markup Language），是用于描述网页文档的一种标记语言。

（2）Dreamweaver CC 2018

Dreamweaver CC 2018 是一款可视的网页制作编辑软件，针对网络及移动平台进行设计、开发并发布，而不需要为规范化的代码烦恼。Dreamweaver 经过重新设计，添加了新式界面和快速灵活的编码引擎，可让 Web 设计人员和前端开发人员更轻松地创建、编码和管理外观精美且适合任何屏幕大小的网站。Dreamweaver 现在比以往任何时候更专注、高效和快速，具备全新的代码编辑器、更直观的用户界面（可选择深色主题）和多种增强功能，包括对 HTML 5/CSS 3 和 jQuery 提供的支持。

Dreamweaver CC 2018 的功能特色如下：

- 快速、灵活的编码。借助经过简化的智能编码引擎，轻松地创建、编码和管理动态网站。访问代码提示，即可快速了解 HTML、CSS 和其他 Web 标准。使用视觉辅助功能可以减少错误并提高网站的开发速度。
- 通过更少的步骤轻松设置网站。利用起始模板更快地启动并运行网站，可以通过自定义这些模板来构建 HTML 电子邮件、“关于”页面、博客、电子商务页面、新闻稿和作品集。代码着色和视觉提示可帮助设计者更轻松地阅读代码，进而快速地进行编辑和更新。
- 在各个设备上动态显示。构建可以调整自动适应任何屏幕尺寸的网站。实时预览网站并进行编辑，确保在进行发布之前网页的外观和工作方式均符合设计者的需求。

2. 动态网页编程语言

目前，最常用的三种动态网页语言有 ASP(Active Server Pages)、PHP(HyperText Preprocessor)、JSP(Java Server Pages)。三者都提供在 HTML 代码中混合某种程序代码、由语言引擎解释执行程序代码的能力。但 JSP 代码被编译成 Servlet 并由 Java 虚拟机解释执行，这种编译操作仅在对 JSP 页面的第一次请求时发生。在 ASP、PHP、JSP 环境下，HTML 代码主要负责描述信息的显示样式，而程序代码则用来描述处理逻辑。普通的 HTML 页面只依赖于 Web 服务器，而 ASP、PHP、JSP 页面需要附加的语言引擎分析和执行程序代码。程序代码的执行结果被重新嵌入到 HTML 代码中，然后将它们一起发送给浏览器。ASP、PHP、JSP 三者都是面向 Web 服务器的技术，客户端浏览器不需要任何附加的软件支持。

(1) ASP

ASP 是 Microsoft 公司开发的服务器端脚本环境，可用来创建动态交互式网页并建立强大的 Web 应用程序。当服务器收到对 ASP 文件的请求时，它会处理包含在用于构建发送给浏览器的 HTML 网页文件中的服务器端脚本代码。除服务器端脚本代码外，ASP 文件也可以包含文本、HTML(包括相关的客户端脚本)和 com 组件调用。

ASP 简单、易于维护，是小型页面应用程序的选择，在使用 DCOM(Distributed Component Object Model)和 MTS(Microsoft Transaction Server)的情况下，ASP 甚至可以实现中等规模的企业应用程序。

该语言的特点如下：

- 用 VBScript、JavaScript 等简单易用的脚本语言，结合 HTML 代码，即可快速完成网站的应用程序，实现动态网页技术。
- ASP 文件是包含在 HTML 代码所组成的文件中的，易于修改和测试，无须编译或链接就可以解释执行。
- ASP 所使用的脚本语言均在 Web 服务器端执行，服务器上的 ASP 解释程序会在服务器端执行 ASP 程序，并将结果以 HTML 格式传送到客户端浏览器上。
- ASP 提供了一些内置对象，使用这些对象可以使服务器端脚本功能更强。
- ASP 可以使用服务器端 ActiveX 组件来执行各种各样的任务，例如存取数据库、发送 E-mail 或访问文件系统等。
- 由于服务器是将 ASP 程序执行的结果以 HTML 格式传回客户端浏览器，因此使用者不会看到 ASP 所编写的原始程序代码，可防止 ASP 程序代码被窃取。

(2) PHP

PHP 是一种跨平台的服务器端的嵌入式脚本语言，也是一种通用开源脚本语言。PHP 的语法吸收了 C 语言、Java 和 Perl 的特点，利于学习，使用广泛，主要适用于 Web 开发领域。PHP 独特的语法混合了 C、Java、Perl 以及 PHP 自创的语法。它可以比 CGI 或者 Perl 更快速地执行动态网页。用 PHP 做出的动态页面与其他的编程语言相比，PHP 是将程序嵌入到 HTML(标准通用标记语言下的一个应用)文档中去执行，执行效率比完全生成 HTML 标记的 CGI 要高许多；PHP 还可以执行编译后代码，编译可以达到加密和优化代码运行，使代码运行更快。

该语言的特点如下：

- PHP 独特的语法混合了 C、Java、Perl 以及 PHP 自创新的语法。
- PHP 可以比 CGI 或者 Perl 更快速地执行动态网页。在动态页面方面，与其他的编程语言相比，PHP 是将程序嵌入到 HTML 文档中去执行，执行效率比完全生成 HTML 标记的 CGI 要高许多；PHP 具有非常强大的功能，所有的 CGI 的功能 PHP 都能实现。
- PHP 支持几乎所有流行的数据库以及操作系统。
- 最重要的是 PHP 可以用 C、C++ 进行程序的扩展。

(3) JSP

JSP 的中文名叫 Java 服务器页面，它实际上是一个简化的 Servlet 设计，它是由 Sun 公司倡导、许多公司参与一起建立的一种动态网页技术标准。JSP 技术有点类似 ASP 技术，它是在传统的网页 HTML(标准通用标记语言的子集)文件(*.htm、*.html)中插入 Java 程序段(Scriptlet)和 JSP 标记(tag)，从而形成 JSP 文件，后缀名为(*.jsp)。用 JSP 开发的 Web 应用是跨平台的，既能在 Linux 操作系统中运行，也能在其他操作系统中运行。

3. 图形图像编辑工具

(1) Photoshop

Photoshop 简称 PS，是由 Adobe 公司开发和发行的图像处理软件。Photoshop 主要处理以像素所构成的数字图像。使用其众多的编修与绘图工具可以有效地进行图片编辑工作。PS 有很多功能，在图像、图形、文字、视频、出版等各方面都有涉及。

2003 年，Adobe Photoshop 8 被更名为 Adobe Photoshop CS。2013 年 7 月，Adobe 公司推出了最新版本的 Photoshop CC，Photoshop CS 6 是 Adobe Photoshop CS 系列较新的一个版本。

Adobe 只支持 Windows 操作系统和 Mac OS 操作系统版本的 Photoshop，但 Linux 操作系统用户可以通过使用 Wine 来运行 Photoshop CS 6。

(2) JPEGView

JPEGView 是一款小巧且快速的图片查看、编辑的软件，支持的图片格式包括 JPEG、BMP、PNG、WEBP、GIF 和 TIFF。JPEGView 提供即时的图片处理功能，允许调整典型的图片参数，如锐度、色彩平衡、对比度和感光度。

(3) Flash

Flash 是一个集动画创作与应用程序开发于一身的创作软件，较新的版本为 Adobe Flash Professional CC(2013 年发布)。Adobe Flash Professional CC 为创建数字动画、交互式 Web 站点、桌面应用程序以及手机应用程序开发提供了功能全面的创作和编辑环境。Flash 广泛用于创建吸引人的应用程序，它们包含丰富的视频、声音、图形和动画。可以在 Flash 中创建原始内容或者从其他 Adobe 应用程序(如 Photoshop 或 Illustrator)导入它们，快速设计简单的动画，以及使用 Adobe Action Script 3.0 开发高级的交互式项目。设计人员和开发人员可使用它来创建演示文稿、应用程序和其他允许用户交互的内容。Flash可以包含简单的动画、视频内容、复杂的演示文稿和应用程序以及介于它们之间的任何内容。通常，使用Flash创作的各个内容单元称为应用程序，即使它们可能只是很简单的动画，也可以通过添加图片、声音、视频和特殊效果构建包含丰富媒体的Flash应用程序。

(4) Avocode

Avocode是前端切图神器，它实现从视觉到代码的过渡，自动生成导出图片的代码。

(5) Pixlr

Pixlr是一个超强的免费在线处理图片工具。内置600多种特效及滤镜，包含了优秀的免费修图软件常见的特效滤镜套用、曝光对比调整、相框与特殊光线外挂等，类似Photoshop的Web软件，适合进行图片处理。

4. 网站原型图设计工具

常用的Web应用原型设计工具有四种：Axure RP Pro、Balsamiq Mockups、Pencil Project和OmniGraffle。

(1) Axure RP Pro

Axure RP Pro是美国Axure Software Solution公司的杰作，可以说Axure RP Pro是Windows中比较出色的原型设计软件，也是Web产品前期设计的首选。其原因是：操作简单，上手快，能帮助网站需求设计者快捷而简便地创建基于目录组织的原型文档、功能说明、交互界面以及带注释的线框网页，并可自动生成用于演示的网页文件和Word文档，以提供演示与开发。Axure RP Pro具备强大的六合一功能，即网站构架图、示意图、流程图、交互设计、自动输出网站原型、自动输出Word格式规格文件。

(2) Balsamiq Mockups

Balsamiq Mockups是用Flex和Air实现的，在Mac OS、Linux和Windows下都能使用，有桌面版本、Confluence、JIRA和XWiki中的版本；有涂鸦风格，使用起来也很简单，各模块工具也很齐全。

(3) Pencil Project

Pencil Project是一个原型界面设计的Firefox插件，通过它内置的模板可以创建可链接的文档，并输出成为HTML文件、PNG、OpenOffice文档、Word文档、PDF。

(4) OmniGraffle

OmniGraffle可以用来绘制图表、流程图、组织结构图以及插图，也可以用来组织头脑中思考的信息，组织头脑风暴的结果，作为样式管理器，可设计网页或PDF文档的原型。遗憾的是，它只能运行在Mac OS X和iPad平台之上。

5. 网站上传工具

(1) CuteFTP

CuteFTP是FTP的工具之一，具有友好的用户界面、稳定的传输速度，LeapFTP与FlashFXP、CuteFTP堪称FTP三剑客。FlashFXP传输速度比较快，但有时对于一些教育网 FTP 站点却无法连接；LeapFTP 传输速度稳定，能够连接绝大多数 FTP 站点（包括一些教育网站点）；CuteFTP 虽然相对来说比较庞大，但其自带了许多免费的 FTP 站点，资源丰富。

CuteFTP 最新的 Pro 版是最好的 FTP 客户程序之一，如果你是 CuteFTP 老版本的用户，会发现很多有用的新特色，如目录比较、目录上传和下载、远端文件编辑，以及 IE 风格的工具条，可让你按编列顺序一次下载或上传同一网站中不同目录下的文件。

(2) FlashFXP

FlashFXP 是一个功能强大的 FXP/FTP 软件，融合了一些其他优秀 FTP 软件的优点，如像 CuteFTP 一样可以比较文件夹，支持彩色文字显示；像 BpFTP 支持多文件夹选择文件，能够缓存文件夹；具有像 LeapFTP 一样的外观界面，甚至设计思路也相近。支持文件夹（带子文件夹）中的文件传送、删除；支持上传、下载及第三方文件续传；可以跳过指定的文件类型，只传送需要的文件；可以自定义不同文件类型的显示颜色；可以缓存远端文件夹列表，支持 FTP 代理及 Socks 3&4；具有避免空闲功能，防止被站点踢出；FlashFXP 还可以显示或隐藏带有“隐藏”属性的文件、文件夹；支持每个站点使用被动模式等。

任务实现

贯穿本书的项目实例“珠海航展”网站的文本编辑工具是 Dreamweaver CC 2018，图像用 Photoshop 处理实现。

任务 1.4　开发网站的基本流程

任务描述

网站开发是制作一些专业性强的网站，比如 ASP、PHP、JSP 等动态网页。网站开发大部分是原创，网站制作可以用别人的模板。网站开发字面上的意思比制作有更深层次的内涵，还不仅仅是网站美工和内容，还可能涉及域名注册查询、网站的一些功能的开发。对于较大的组织和企业，网站开发团队可以是数以百计的人（Web 开发者）。规模较小的企业可能只需要一个永久的网站管理员，以及相关的工作职位，如一个平面设计师和/或信息系统技术人员等。Web 开发可能是一个部门，而不是域指定的部门之间的协作努力。

相关知识与技能

网站设计要能充分吸引访问者的注意力，让访问者产生视觉上的愉悦感，因此，在网页创作的时候就必须将网站的整体设计与网页设计的相关原理紧密结合起来。网站设计是将策划案中的内容、网站的主题模式，以及结合自己的认识通过艺术的手法表现出来；而网页制作通常就是将网页设计师所设计出来的设计稿，按照 W3C 规范用 HTML（标准通用标记语言下的一个应用）将其制作成网页格式。

虽然每个网站的主题、内容、规模和功能等可能各有异同，但是都有一个基本的开发流程可以遵循，大致分为四个阶段。

1. 需求分析阶段

（1）目标定位：做这个网站干什么？这个网站的主要职能是什么？网站的用户对象是谁？用户用网站干什么？

（2）用户分析：网站主要用户的特点是什么？用户需要什么？用户厌恶什么？如何针对用户的特点引导他们？如何做好用户服务？

（3）市场前景：网站如同一个企业，它需要能养活自己，这是前提，否则任何惊天动地的目标都是虚无的。网站的市场结合点在哪里？这些确定了才能决定网站的主题、风格。

2. 平台规划阶段

（1）内容策划：这个网站要经营哪些内容？其中分重点内容、主要内容和辅助性内容，这些内容在网站中具有各自的体现形式。内容划分好以后，就进行文字策划（取名），把每个内容包装成栏目。

（2）界面策划：结合网站的主题进行风格策划，如色彩包括主色、辅色、突出色，版式设计包括全局、导航、核心区、内容区、广告区、版权区及板块设计。

（3）网站功能：主要是管理功能和用户功能。管理功能是我们通常说的后台管理，关键是做到管理方便、智能化。而用户功能就是用户可以进行的操作，这涉及交互设计，它是用户和网站对话的接口，非常重要。

3. 项目开发阶段

（1）界面设计：根据界面策划的原则，对网站界面进行设计及完善。

（2）程序设计：根据网站功能规划，进行数据库设计和代码编写。

（3）系统整合：将程序与界面结合，并实施功能性调试。

4. 测试验收阶段

（1）测试、调试与完善网站。

（2）发布与推广网站。

（3）维护和更新网站。

任务实现

在网站制作之前，在我们在珠海市及周边市区进行了实地调研，结果显示有很多外省在珠海的务工人员根本不知道每隔两年的珠海航展。因此，决定制作开发以"珠海航展"为名的关于航展的网站。旨在通过这个网站让更多的人了解航展、关心航天、热爱航天、支持航展和参与航展，同时希望通过珠海航展这样的活动，不仅可以使中外航空航天工作者增进了解，而且搭建了一个展示中国航空航天发展成就的平台。

小　结

在互联网时代,互联网已经成为人们生活中不可或缺的部分,它为人们提供了大量的服务,其中最重要的就是 WWW 服务。本项目主要介绍了网页设计的基础知识,包括网页和网站、Web 标准、布局结构和网页设计工具及开发网站的基本流程等。

思考与练习

1. 思考题

(1) 网页从制作技术上基本可以分为哪两大类?它们有何不同?
(2) 网页有哪些基本元素?
(3) 简述网站的设计流程。

2. 操作题

(1) 参照任务 1.1,打开动态网站或静态网站,熟悉网站和网页及网页中的基本元素。
(2) 参照任务 1.2,熟悉网页设计制作软件。
(3) 参照任务 1.3 的网站开发流程,对"酷致网络科技有限公司"网站进行设计,并初步规划出该网站的架构为树状结构,导航菜单如图 1-9 所示。

网站首页　产品中心　客户案例　公司动态　公司概况　加入我们

图 1-9　导航菜单

项目 2　Dreamweaver CC 2018 的基础操作

项目描述

Dreamweaver CC 2018 支持代码、拆分、设计、实时视图等多种方式来创作、编写和修改网页，对于初级人员，可以无须编写任何代码就能快速创建 Web 页面。通过本次项目的学习，对站点有比较清晰的了解，对网页文档的基本操作会更加熟练。

知识目标

- 认识 Dreamweaver CC 2018 界面。
- 熟练使用 Dreamweaver CC 2018 自定义页面。
- 了解本地站点和远程站点。
- 熟悉创建网站站点的方法。
- 熟悉文档的基础操作。

技能目标

- 能够使用 Dreamweaver CC 2018 自定义页面。
- 能够创建网站站点。
- 能够熟练操作文档。

任务 2.1　使用 Dreamweaver CC 2018 自定义页面

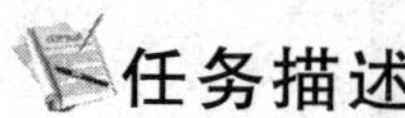

任务描述

通过 Dreamweaver CC 2018 自定义页面，在熟悉 Dreamweaver CC 2018 工作界面的同时，也对 Dreamweaver CC 2018 工作界面各个组成部分的主要功能有了更直观的认识，另外，可以为以后使用这个软件节省时间。

相关知识与技能

1. 认识 Dreamweaver CC 2018 的软件界面

启动 Dreamweaver CC 2018，弹出如图 2-1 所示的启动界面。随即出现工作区、主题等选择界面，如图 2-2～图 2-5 所示。

图 2-1　Dreamweaver CC 2018 启动界面

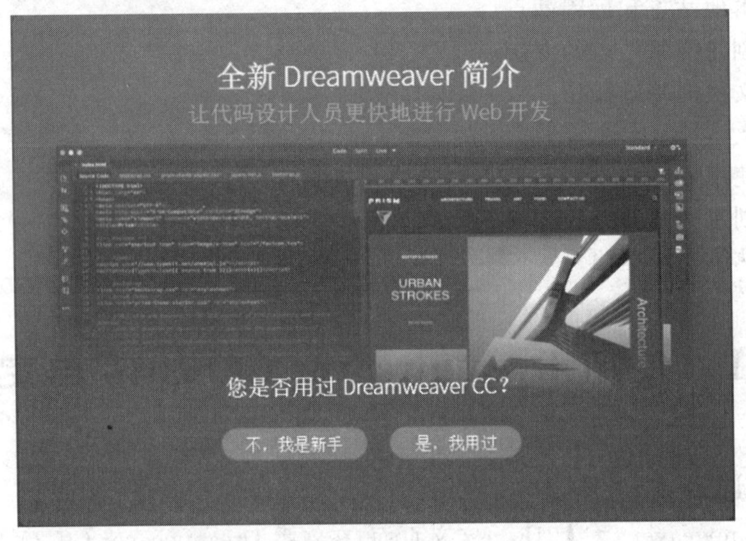

图 2-2　界面选择

图 2-6 是 Dreamweaver CC 2018 的软件界面，整体软件界面布局和 Photoshop 界面布局有点类似。

(1) 菜单栏

顶部是菜单栏，Dreamweaver CC 2018 的菜单栏包括"文件""编辑""查看""插入""工具""查找""站点""窗口"和"帮助"9 个菜单，所有 Dreamweaver 的功能都在顶部的主菜单栏中。

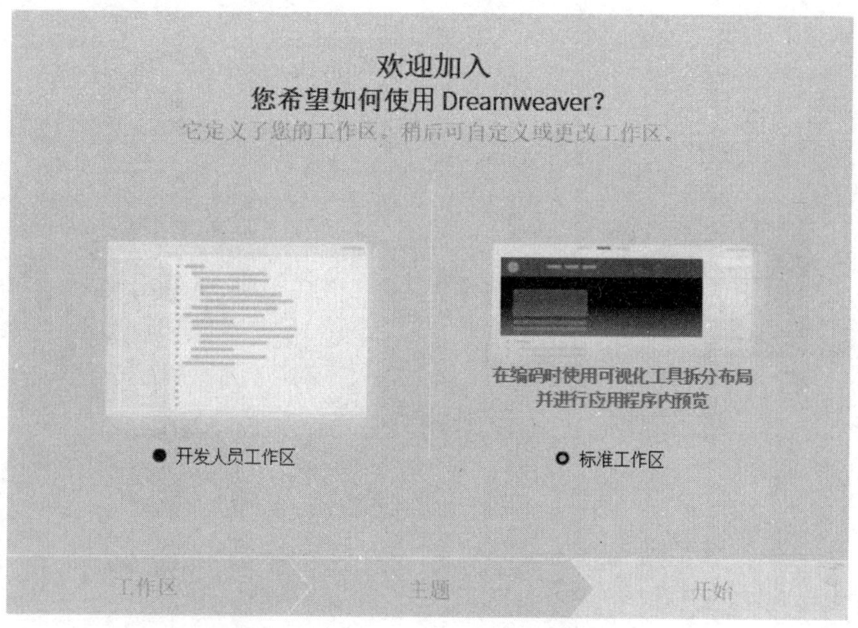

图 2-3　Dreamweaver CC 2018 工作区选择

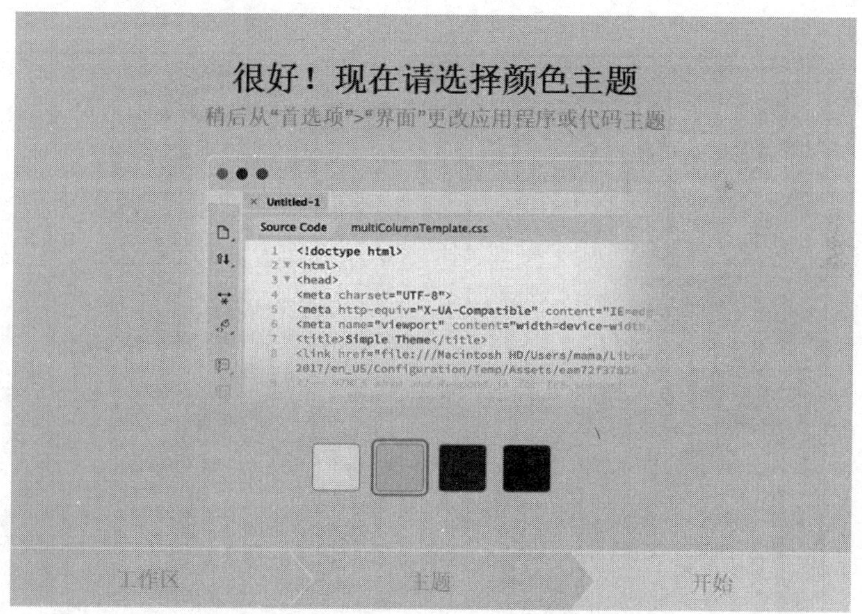

图 2-4　Dreamweaver CC 2018 主题选择

(2) 管理站点

左侧是管理 Dreamweaver 站点用的，单击展开后可以看到当前的站点(新安装的 Dreamweaver 没有创建过站点，因此是不显示当前站点的)。

图 2-5　Dreamweaver CC 2018 开始界面选择

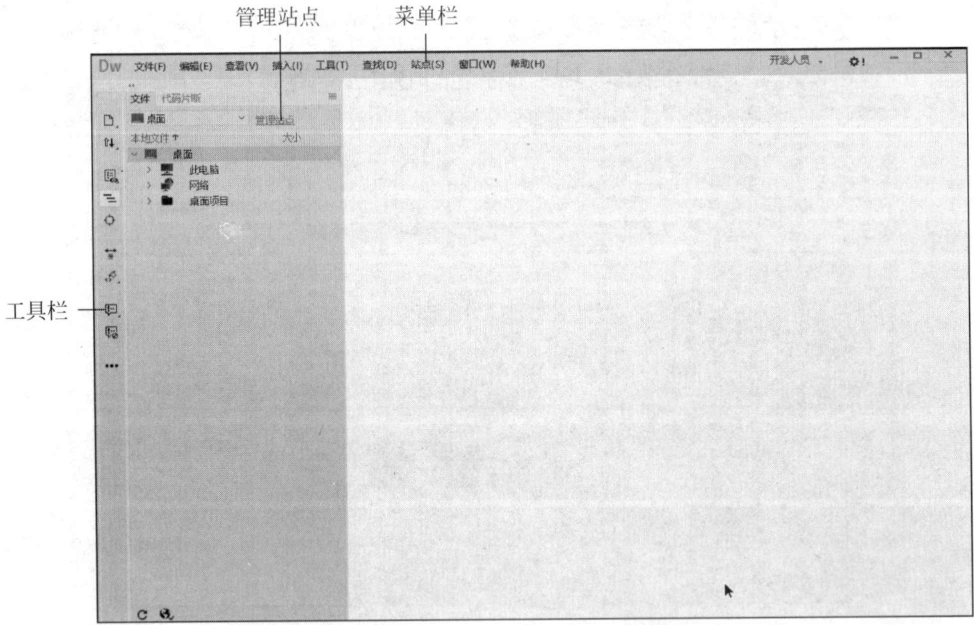

图 2-6　Dreamweaver CC 2018 软件界面

（3）工具栏

最左侧的是工具栏，默认有打开文档、文件管理、实时视图选项、格式化源代码等常用工具。单击工具栏中三个圆点的图标，可以根据需要自定义工具栏，例如选中"实时代码"工具时的显示如图 2-7 所示。

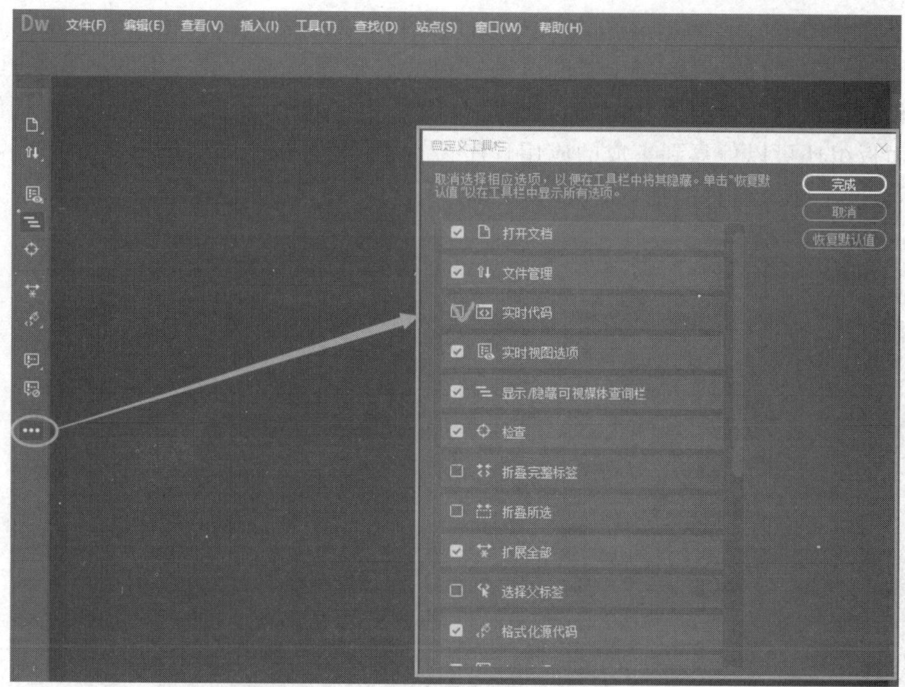

图 2-7 Dreamweaver CC 2018 自定义工具栏

(4) 开发人员界面

在顶部菜单栏右边的是“开发人员”选项，单击该选项右下边的小三角，可以展开预设的界面选项，可以看到预设的界面除了“开发人员”，还有“标准”(页面)，如图 2-8 所示。

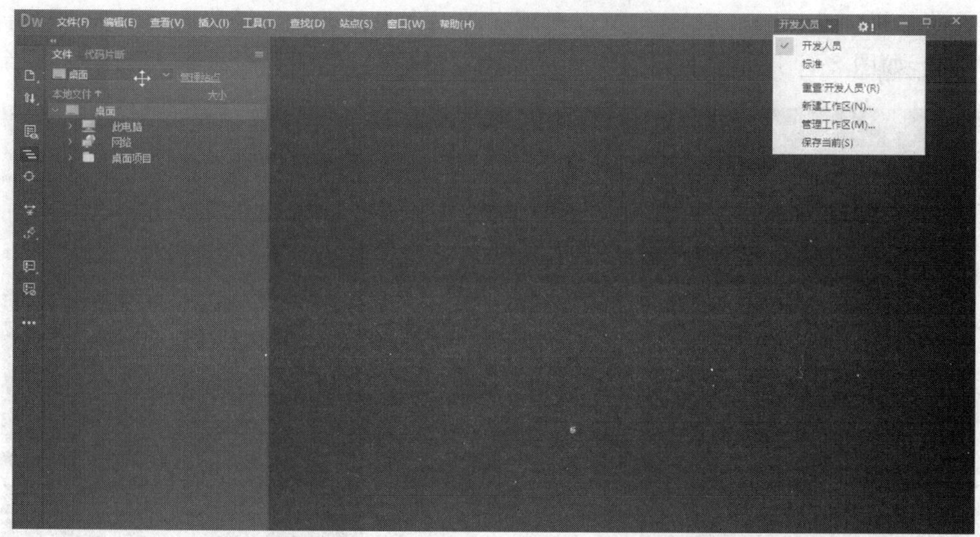

图 2-8 Dreamweaver CC 2018 开发人员界面

(5) “浮动”面板窗口

单击“开发人员”下拉列表中的“标准”选项，可以切换到标准工作界面。标准工作界面类似于之前的 Dreamweaver 版本界面，右边是可以拖动的“浮动”面板。这些面板有不同的功能，分管各自的区域，集中了网页编辑和站点管理过程中最常用的一些工具按钮。这些面板被集合到面板组中，每个面板组都可以展开或折叠，并且可以和其他面板停靠在一起。面板组还可以停靠到集成的应用程序窗口中，这样就能够很容易地访问所需的面板，而不会使工作区变得混乱，如图 2-9 所示。

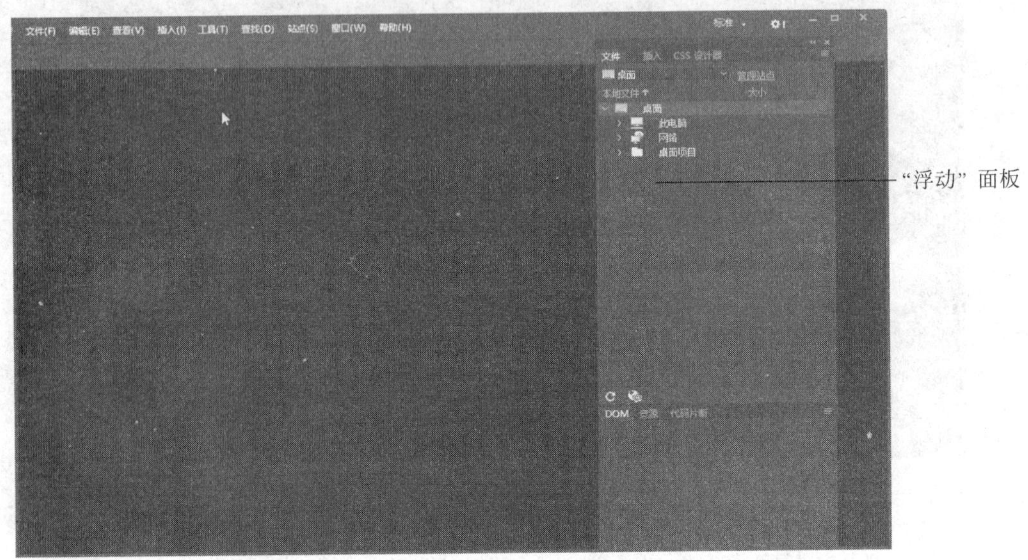

图 2-9　Dreamweaver CC 2018 标准工作界面

（6）窗口

在菜单栏中选择“窗口”菜单，可以对现在的工作页面的功能模块进行删减，根据需要进行设置，如图 2-10 所示。自定义工作界面后，可以在“标准”下拉列表中选择“保存当前”

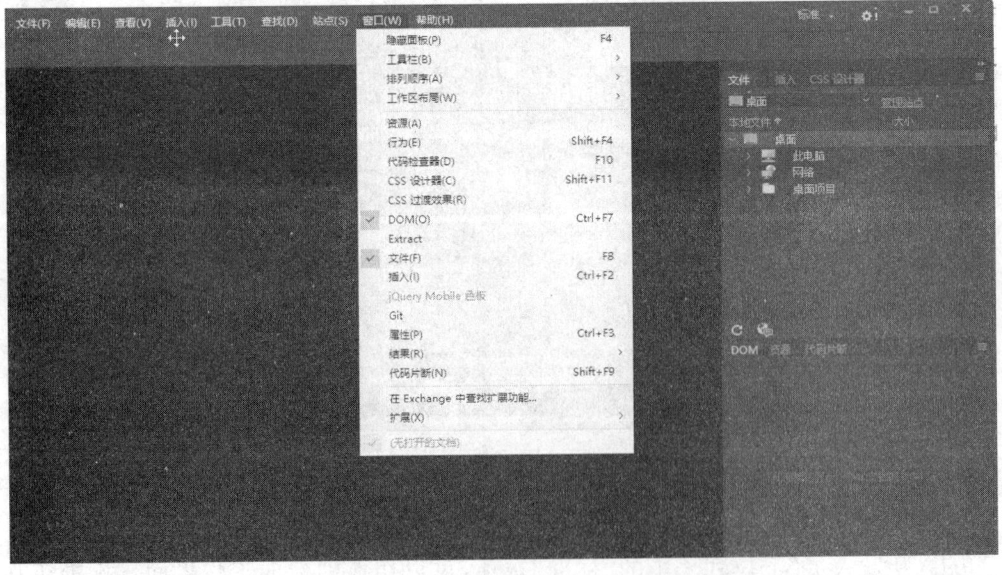

图 2-10　Dreamweaver CC 2018 自定义浮动窗口

选项。如果不满意当前的设置,可以选择“标准”下拉列表中的“重置‘标准’”选项,则返回到初始状态,如图 2-11 所示。

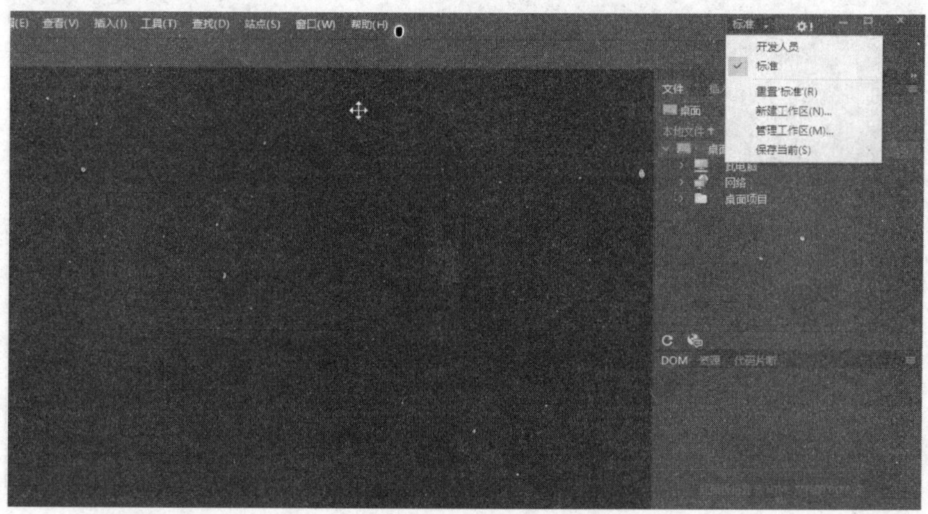

图 2-11 让窗口返回到初始状态

2. 自定义页面

自定义页面主要是对 Dreamweaver 的工作区布局类型、文档窗口视图方式等进行自定义操作。

(1) 自定义工作区布局

① 运行 Dreamweaver CC 2018,按 Ctrl+N 组合键新建文档,在打开的对话框中单击“创建”按钮。

② 在标准界面中选择“查看”→“拆分”命令中的子命令,即可进行相应的拆分,如图 2-12 所示。

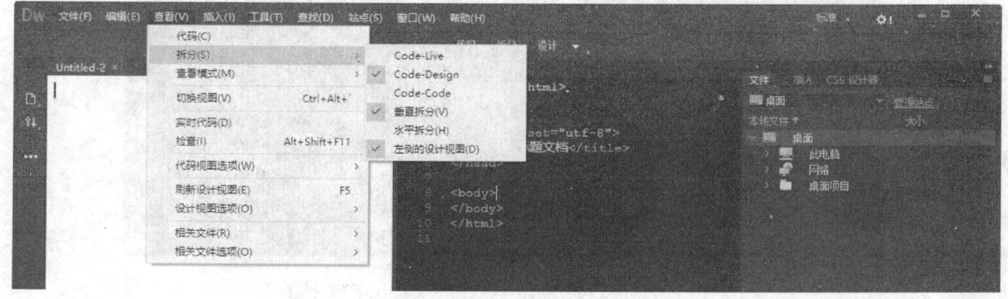

图 2-12 自定义工作区布局

(2) 自定义文档窗口视图方式

① 运行 Dreamweaver CC 2018,选择“文件”→“新建”命令或按 Ctrl+N 组合键新建文档,在打开的对话框中单击“创建”按钮,如图 2-13 所示。

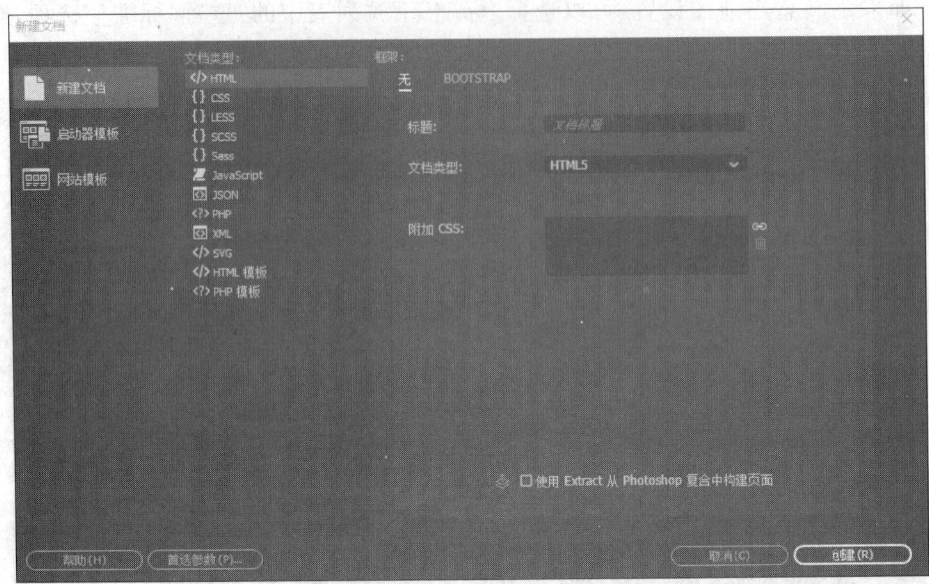

图 2-13　新建文档

② 在标准界面中选择“工具”菜单中的“代码”“拆分”及“设计”中的一个命令，可以将文档窗口切换至相应的显示模式。如图 2-14 所示的是“代码”显示模式。

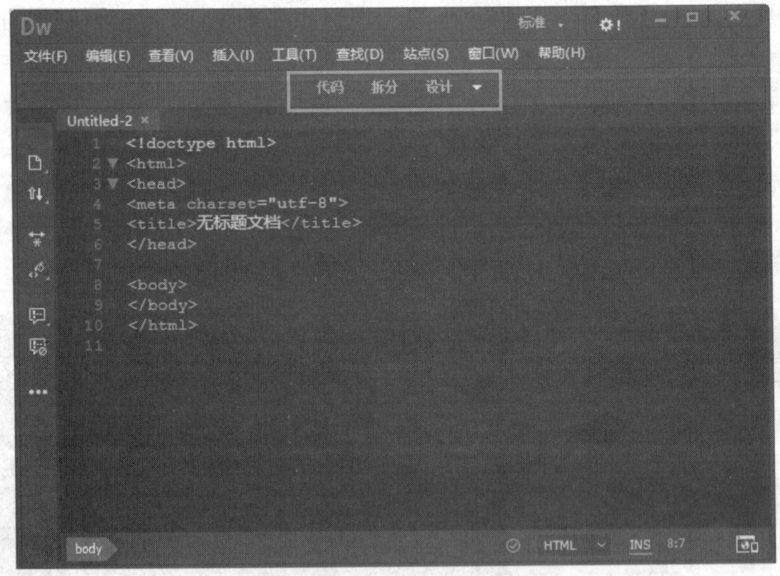

图 2-14　自定义 Dreamweaver CC 2018 文档窗口

(3) 自定义文档显示方式

① 隐藏所有面板。选择“窗口”→“隐藏面板”命令，将所有的面板隐藏，以便使文档窗口获得更大的显示范围，如图 2-15 所示。

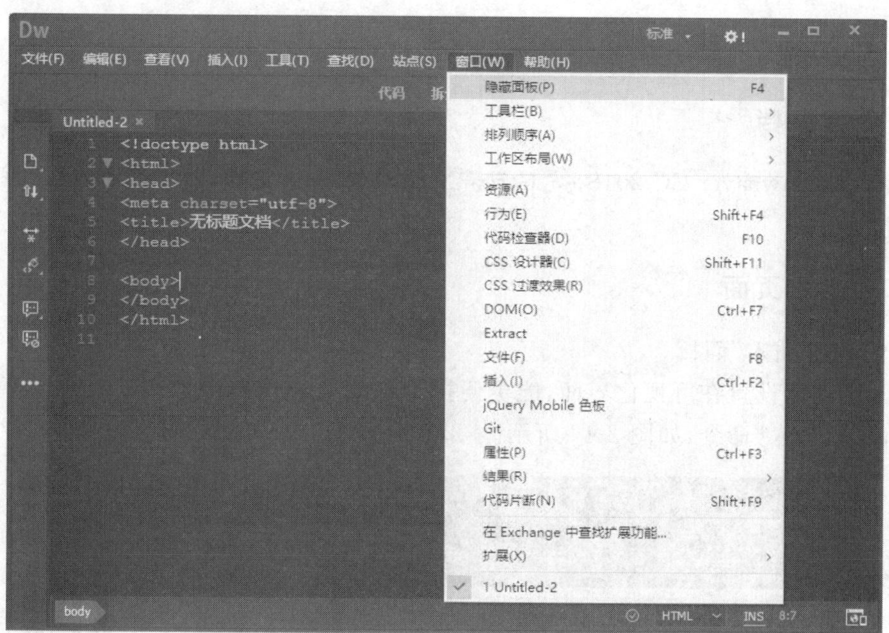

图 2-15　自定义文档窗口的显示方式

② 文档窗口最大化显示。当文档窗口非最大化时，单击文档窗口右上角的“最大化”按钮，可以使文档窗口达到最大化显示方式。当鼠标光标放置在红色框中时，弹出 Maximize 字样，如图 2-16 所示。

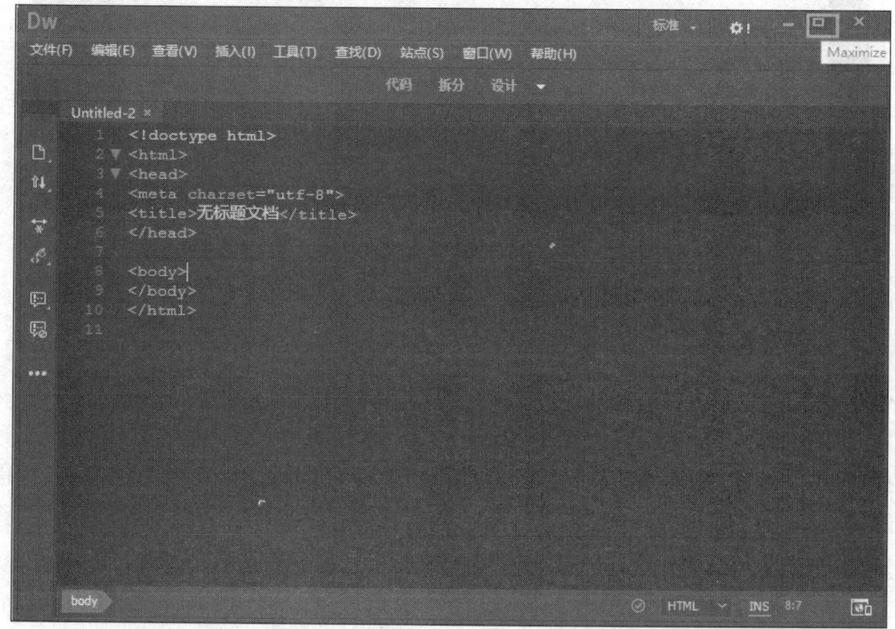

图 2-16　自定义文档窗口的显示方式

任务实现

1. 新建文档

运行 Dreamweaver CC 2018，按 Ctrl＋N 组合键新建文档，在打开的对话框中单击"创建"按钮。

2. 自定义页面

(1) 设置"插入"面板

将常用功能设置在可视化界面，能更便捷地编辑文档窗口中的内容。在菜单栏中选择"窗口"→"插入"命令，如图 2-17 所示。

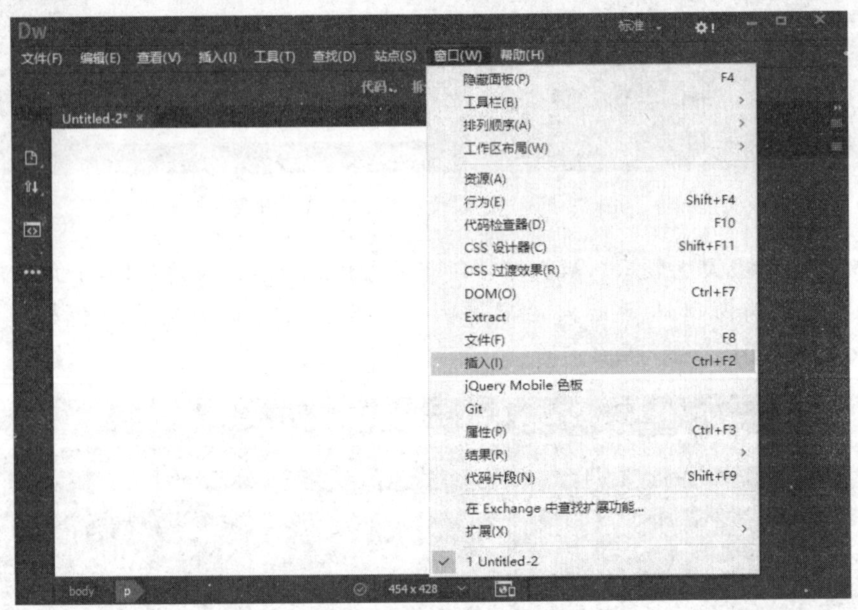

图 2-17 选择"插入"命令

在 Dreamweaver CC 2018 主界面的右侧面板区域显示面板的内容，按住鼠标左键可以拖动并放在菜单栏下面，如图 2-18 所示。第一次设置好"插入"面板后，以后每次启动 Dreamweaver CC 2018 时，"插入"面板会自动加载在当前文档窗口中。

(2) 隐藏面板

选择"窗口"→"隐藏面板"命令，可以将所有的面板隐藏，以便使文档窗口获得更大的显示范围。

(3) 设置文档窗口

单击文档工具栏中的"拆分"按钮，以后每次启动 Dreamweaver CC 2018 后，当前文档窗口就是默认的拆分窗口形式。

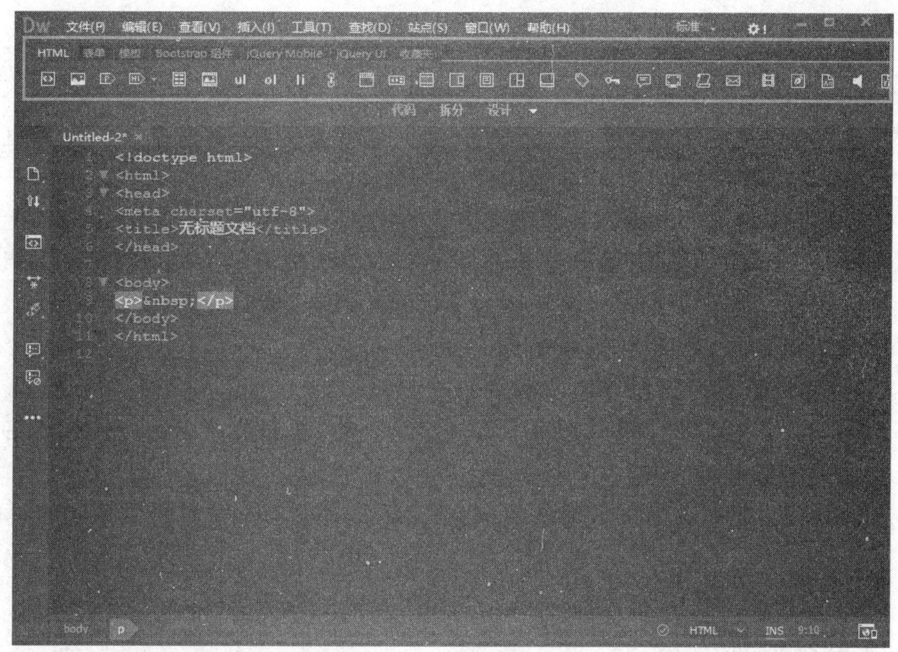

图 2-18　改变面板的位置

任务 2.2　创建网站站点

任务描述

在使用 Dreamweaver 制作网页前，最好先创建站点，这是为了更好地利用站点对文件进行管理，尽可能地减少错误，如路径出错、链接出错等。站点是一系列文档的组合，这些文档之间通过各种超链接关联起来。站点用于存放用户网页、素材等本地文件夹，是用户工作的目录与网页关联的所有文件。

相关知识与技能

1. 规划站点

网页是指某一个页面。一个网站是由很多个页面组成的，要设计好一个网站，必须提前规划。例如，某企业网站一般应包括公司简况、产品展示、服务信息、价格信息、联系方式等诸多内容，这些内容如何进行组织才更方便访问者获取信息呢？这时就要进行网站的规划。

规划网站时可利用不同的文件夹将不同的网页内容分门别类地保存，合理地组织站点的结构，以提高工作效率，加快对站点的设计。可根据规划制作出一个导航草图以理清思路。

2. 站点的分类

(1) 站点按地理位置分为本地站点和远程站点

- 本地站点：这是本地计算机硬盘中存放网页的文件夹，通常是用户计算机的工作目录，是存放网页、素材的本地文件夹。
- 远程站点：这是 Internet 网络服务器上存放网页的文件夹。在 Internet 上浏览各种网站，其实就是用浏览器打开存储于 Internet 服务器上的 HTML 文档与其他相关资源。基于 Internet 服务器的不可知特性，通常将存储于 Internet 服务器上的站点和相关文档称作远程站点。

(2) 站点按交互性分为静态站点和动态站点

- 静态站点：浏览者与网页之间不涉及交互活动，静态页面向每一位浏览者发送完全相同的响应。
- 动态站点：动态页面可自定义响应，根据浏览者的输入信息提供不同的页面。

3. 创建和管理站点

(1) 新建站点

在菜单栏中依次选择“站点”→“新建站点”命令，即可新建站点，如图 2-19 所示。

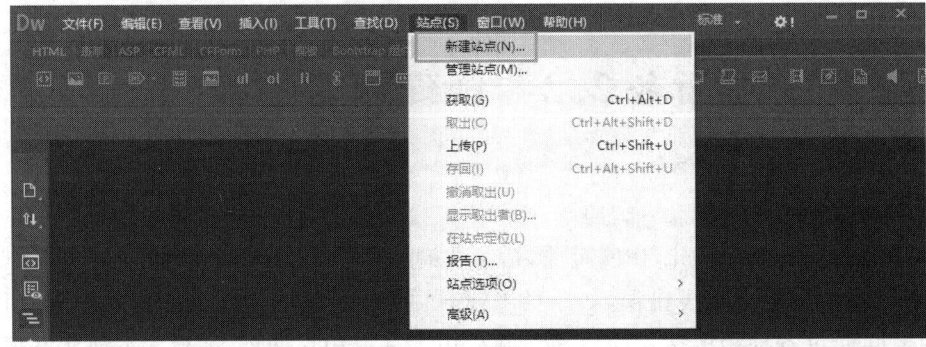

图 2-19　新建站点

(2) 设置站点信息

① 在弹出的“站点设置对象”对话框中设置站点信息，如图 2-20 所示。在“站点名称”中输入相应的名字，在“本地站点文件夹”中单击右侧的“浏览文件夹”按钮，在打开的“选择根文件夹”对话框中选择具体位置，单击“打开”按钮，如图 2-21 所示。

② 设置后的站点信息如图 2-22 所示。在该对话框中单击“保存”按钮，即将设置好的站点信息保存在磁盘中。

此时，在“文件”面板中可以看到创建的本地站点 webs，如图 2-23 所示。如该站点中有文件和文件夹，则在此均能看见。

(3) 在站点中新建文件夹

在网页制作中，一般网站中的素材文件夹包含 images(存放图片/图像)、CSS(存放样

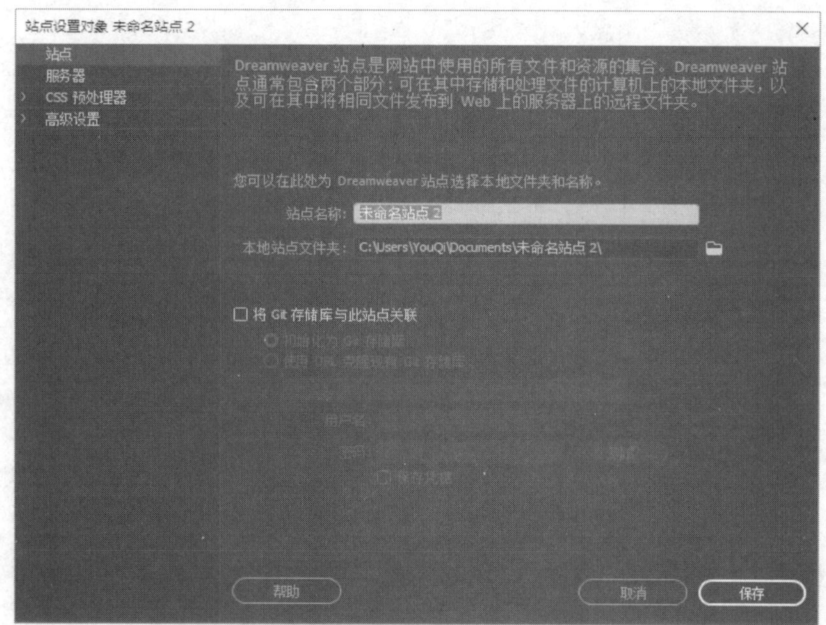

图 2-20　站点的设置

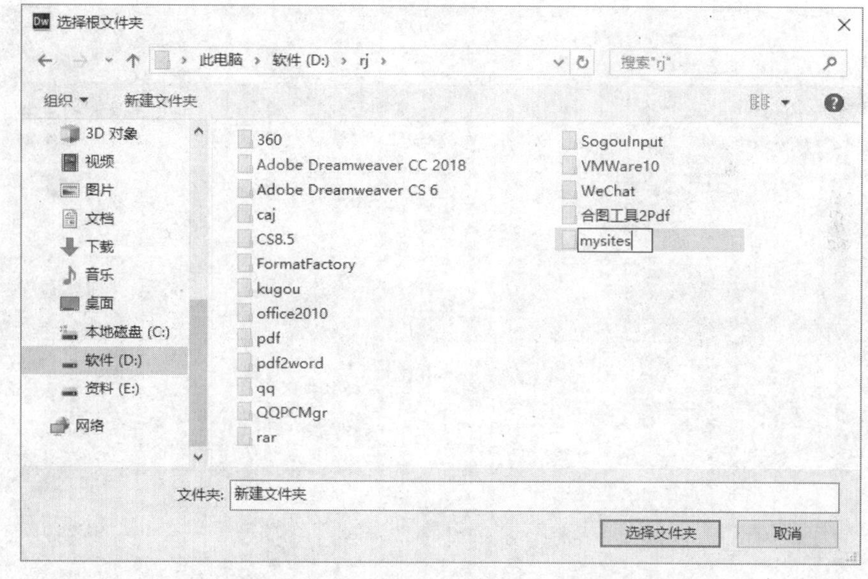

图 2-21　选择站点的根文件夹

式)、Flash(存放 Flash 格式动画)、HTML(存放除首页以外的页面)等。

在“文件”面板中选择“站点 - webs”并右击，在弹出的快捷菜单中选择“新建文件夹”命令，在新建的文件夹名称文本框中输入 images，按 Enter 键完成文件夹名称的设置，如图 2-24 所示。

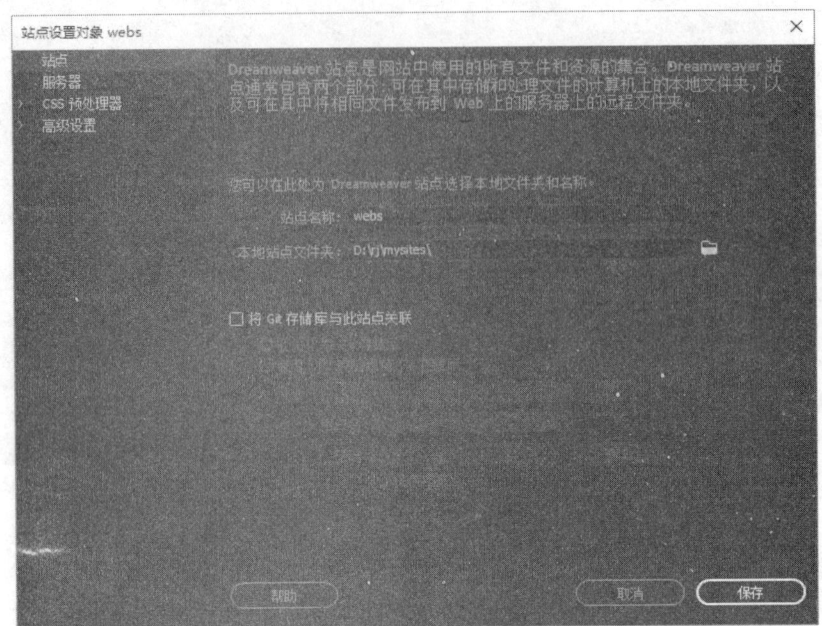

图 2-22 设置后的站点信息

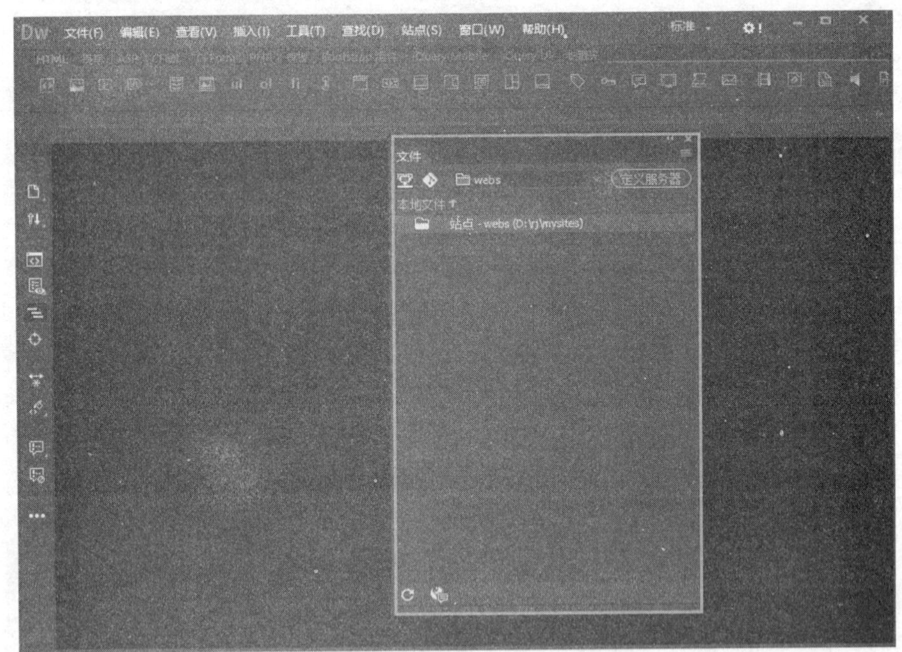

图 2-23 创建的本地站点 webs

(4) 在站点的新建文件夹中新建或者添加文件

在“文件”面板中选择“站点 - webs”并右击，在弹出的快捷菜单中选择“新建文件”命令，在新建的文件名称文本框中输入 index. html，按 Enter 键完成文件名称的设置，如

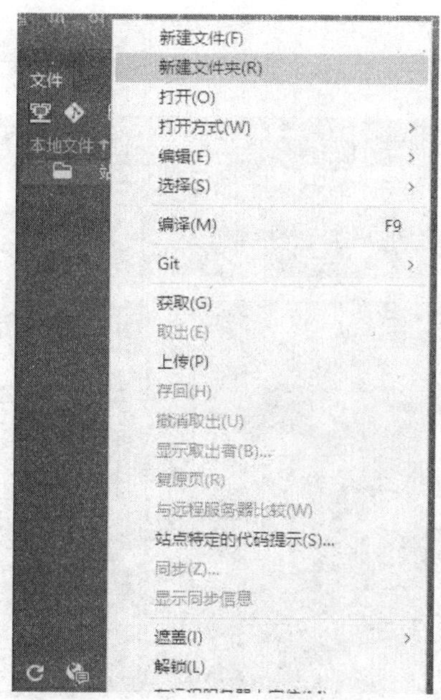

图 2-24　在站点中新建文件夹并重命名

图 2-25 所示。

(5) 管理站点

① 编辑站点。选择“站点”→“管理站点”命令,打开“管理站点”对话框。选中 webs,单击按钮,在弹出的对话框中可以修改站点的名称,如图 2-26 所示。

② 复制与删除站点。选择“站点”→“管理站点”命令,打开“管理站点”对话框,选中 webs,单击按钮并复制该站点,如图 2-27 所示。

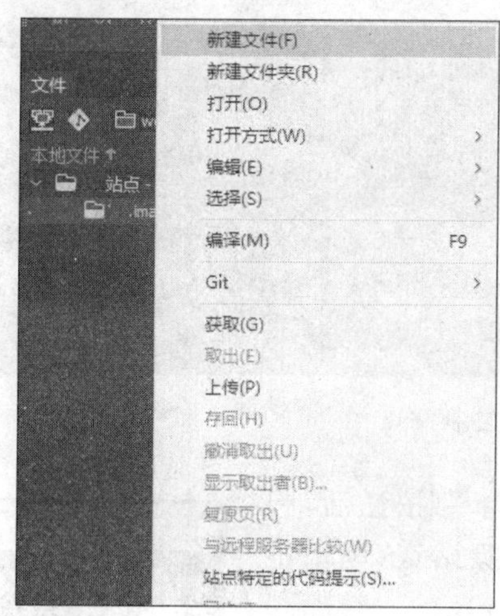

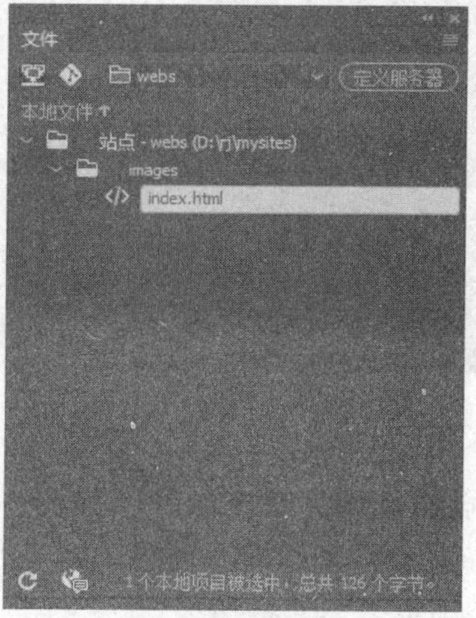

图 2-25　在站点中新建文件并重命名

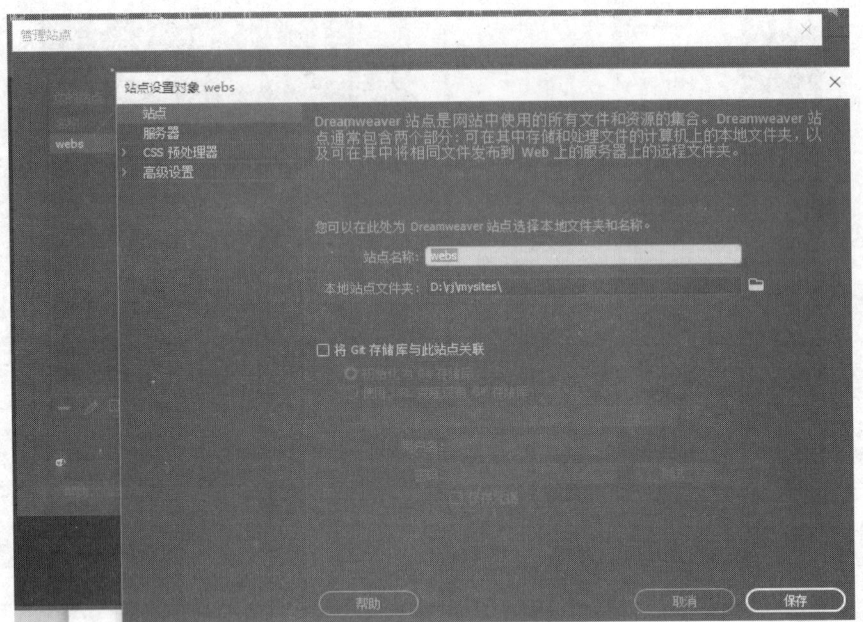

图 2-26　修改站点的名称

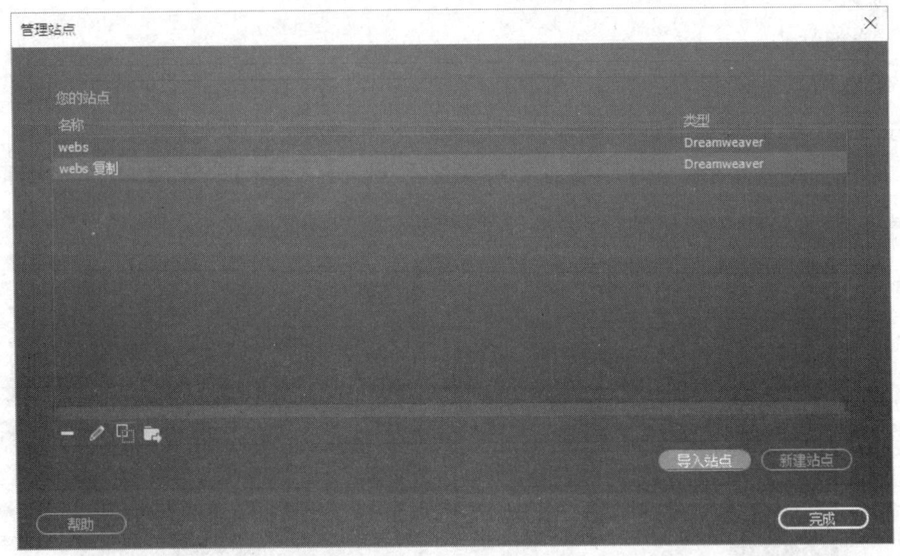

图 2-27　复制站点

删除站点操作与复制类似，不同的是选择▬按钮后，弹出如图 2-28 所示的选择框。如果确认要删除站点，则单击“是”按钮；否则单击“否”按钮。

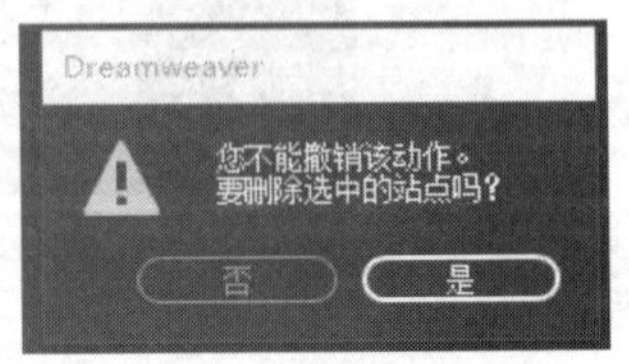

图 2-28　删除站点

③ 导入和导出站点。可以将站点设置导出为 XML 文件（*.ste），并在以后将该文件导入 Dreamweaver 中。导出/导入站点能将站点设置传输到其他计算机和产品版本

中，与其他用户共享站点的设置，以及备份站点的设置。

选择“站点”→“管理站点”命令，打开“管理站点”对话框。单击按钮，在弹出的“导出站点”对话框中选择保存路径，文件名为 webs. ste，单击“保存”按钮，导出该站点文件，如图 2-29 所示。

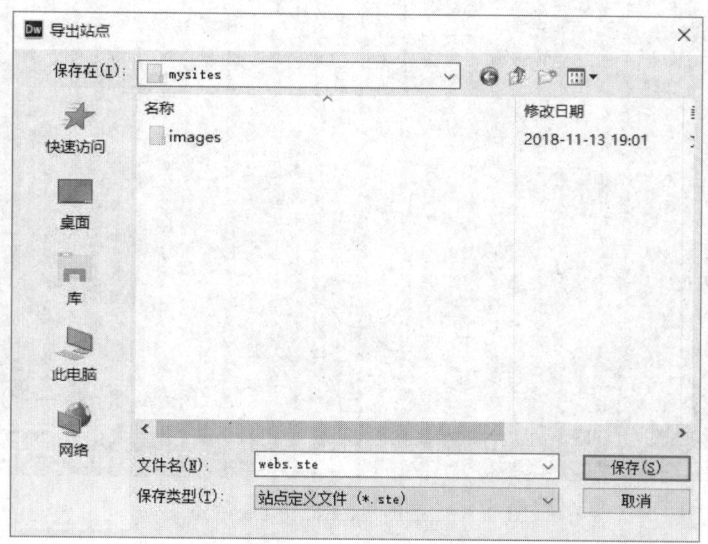

图 2-29　导出站点

导入站点与导出站点操作类似。

任务实现

1. 新建站点并设置站点信息

(1) 选择“站点”→“新建站点”命令，在弹出的“站点设置对象”对话框中设置站点信息，在站点名称中输入相应的名字，设置后的站点信息如图 2-30 所示。

(2) 单击“保存”按钮。

2. 在站点中新建文件夹和文件

(1) 选择“珠海航展”选项，单击“完成”按钮，即切换为当前站点。

(2) 在“文件”面板中选择“站点 - webs(D:\珠海航展)”并右击，在弹出的快捷菜单中选择“新建文件夹”命令，在新建的文件夹名称文本框中输入相应的名称，按 Enter 键完成文件夹名称的设置。按类似的方法新建文件，如图 2-31 所示。

3. 管理站点

(1) 编辑站点

选择“站点”→“管理站点”命令，打开“管理站点”对话框，在该对话框中选中“珠海航展”对应的站点 webs，单击按钮，在弹出的对话框中可以修改站点的名称，如图 2-32

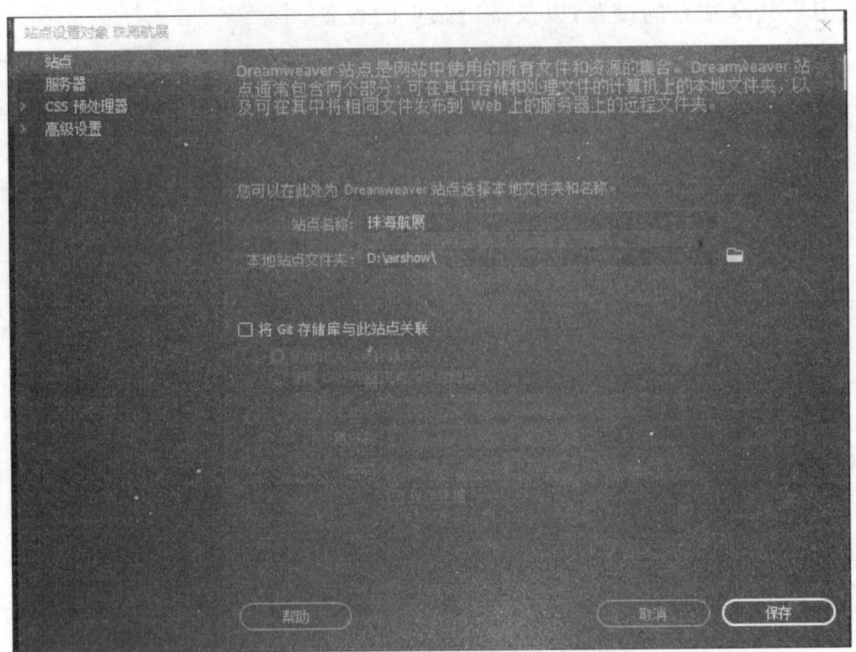

图 2-30 新创建的珠海航展站点

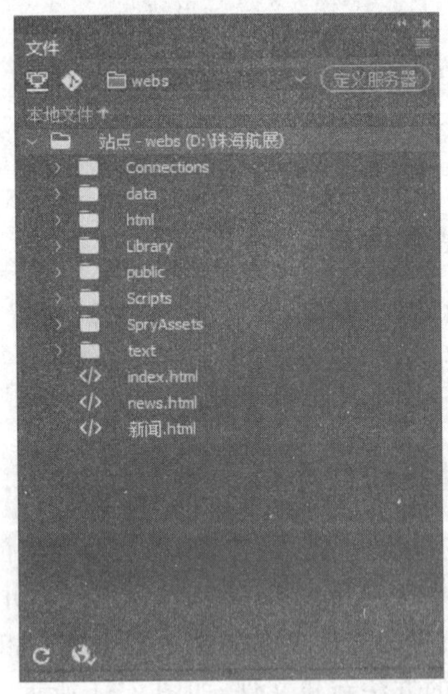

图 2-31 在站点中新建文件夹及文件

所示。

(2) 复制与删除站点

复制与删除站点操作与编辑站点类似，不同的是选择的按钮分别是、。

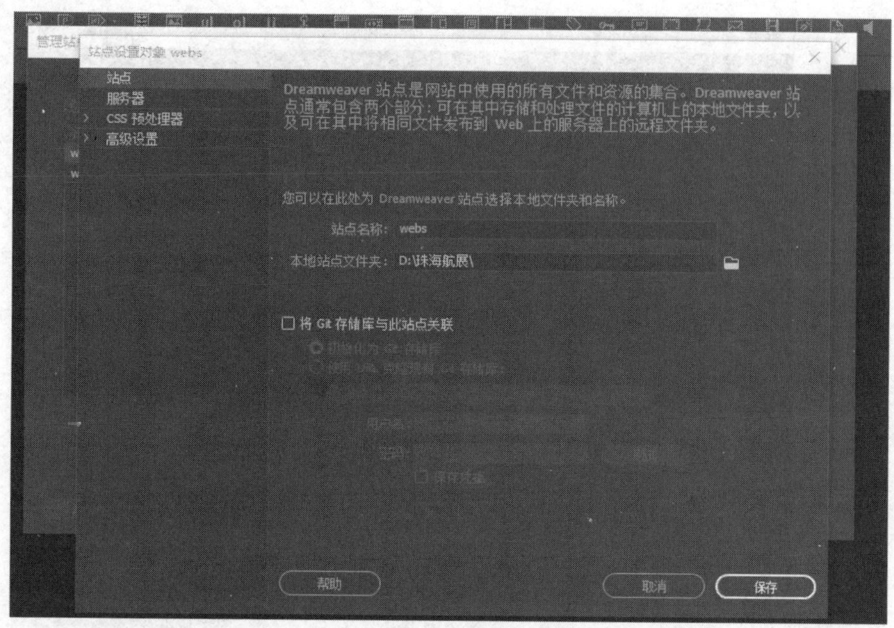

图 2-32　编辑站点

(3) 导出和导入站点

选择"站点"→"管理站点"命令，打开"管理站点"对话框。单击按钮导出站点，在弹出的"导出站点"对话框中选择保存路径，文件名为"珠海航展. ste"，单击"保存"按钮，导出该站点文件。导入站点与导出站点操作类似。

任务 2.3　网页文档的基本操作

任务描述

网页文档的基本操作包括新建网页、打开网贞、编辑网页、保存网页和预览网页等。

相关知识与技能

1. 常用参数的设置

为了更好地使用 Dreamweaver CC 2018，可在使用前根据需要对 Dreamweaver CC 2018 进行相关的参数设置。

(1) 设置首选参数

在 Dreamweaver CC 2018 的主窗口中依次选择"编辑"→"首选项"命令，在弹出的"首选项"对话框左边的"分类"列表框中列出了多种不同的类别。选择需要的类别后，在对话框的右侧会显示参数设置区域，如图 2-33 所示。

① 设置允许网页中有多个连续的空格。在"首选项"对话框中选择"常规"选项卡，在

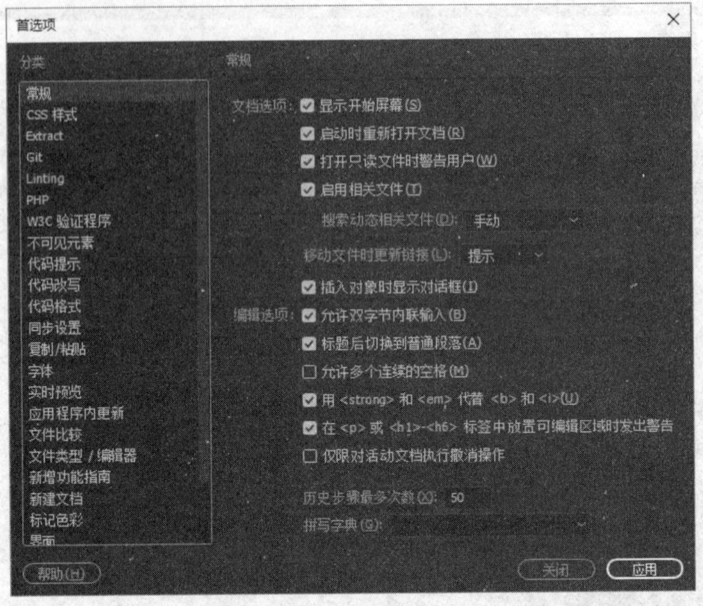

图 2-33 “首选项”对话框

此选项卡中勾选“允许多个连续的空格”复选框，单击“应用”按钮即可。

② 设置“复制/粘贴”参数。在“首选项”对话框中选择“复制/粘贴”选项卡，在此选项卡中选中“带结构的文本以及全部格式(粗体、斜体、样式)”单选按钮，如图 2-34 所示，单击“应用”按钮即可。

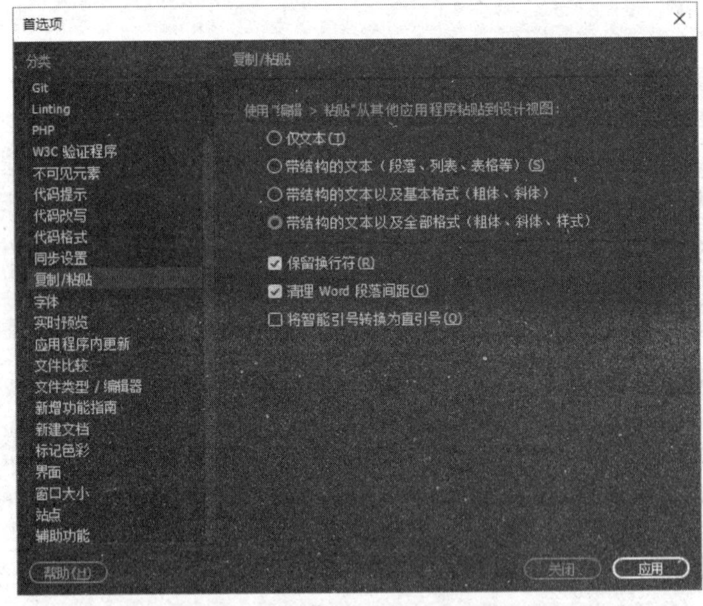

图 2-34 设置“复制/粘贴”参数

③ 设置工作区亮度。在 Dreamweaver CC 2018 中，默认的界面背景是黑色的，这个背景颜色是可以修改的。在“首选项”对话框中选择“界面”选项卡后，将界面设置为如图 2-35 所示的效果，则工作区会对应不同的亮度，可以根据自己的喜好进行设置，设置完成后单击“应用”按钮，再单击“关闭”按钮退出首选项的设置。

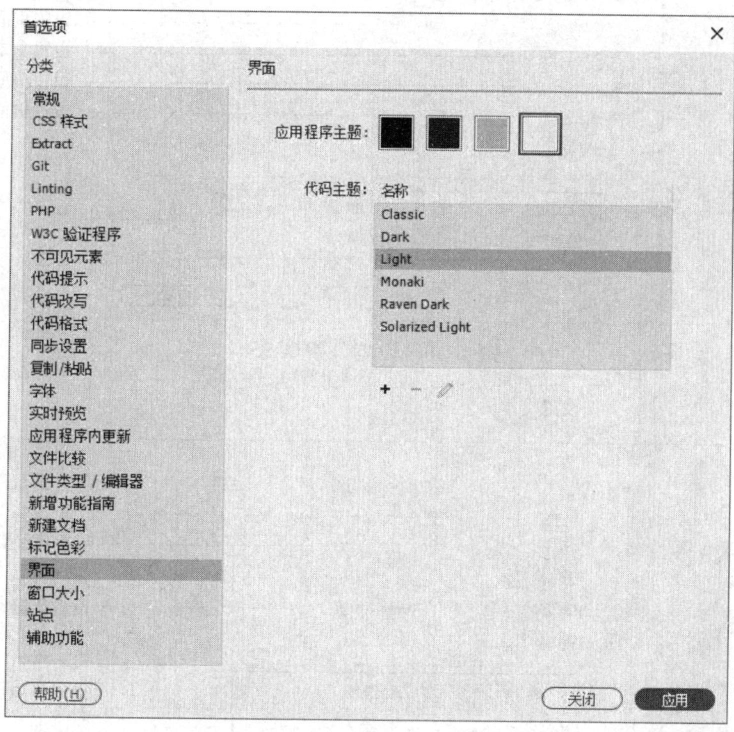

图 2-35 设置工作区亮度

(2) 页面属性

在 Dreamweaver CC 2018 主窗口的文档窗口中右击，或者单击“属性”面板上的“页面属性”按钮，或者选择“文件”→“页面属性”命令，均能弹出“页面属性”对话框。页面属性设置主要包括外观(CSS)、外观(HTML)、链接(CSS)、标题(CSS)、标题/编码、跟踪图像六类。

① 在“页面属性”对话框中单击左侧“分类”列表中的“外观(CSS)”选项，可以设置页面的样式属性，如图 2-36 所示。

② 在“页面属性”对话框中单击左侧“分类”列表中的“外观(HTML)”选项，可以设置页面的结构属性，如图 2-37 所示。

提示：如果外观(CSS)和外观(HTML)中关于页面设置有重复的设置，则外观(CSS)优先。

③ 在“页面属性”对话框中单击左侧“分类”列表中的“链接(CSS)”选项，可以设置页面的“链接”属性，如图 2-38 所示。

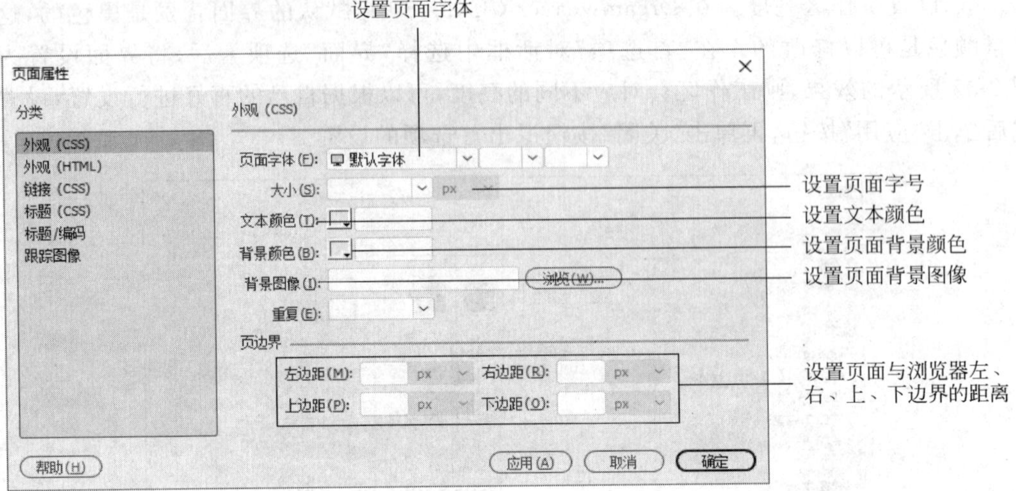

图 2-36　设置外观（CSS）

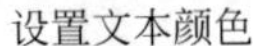

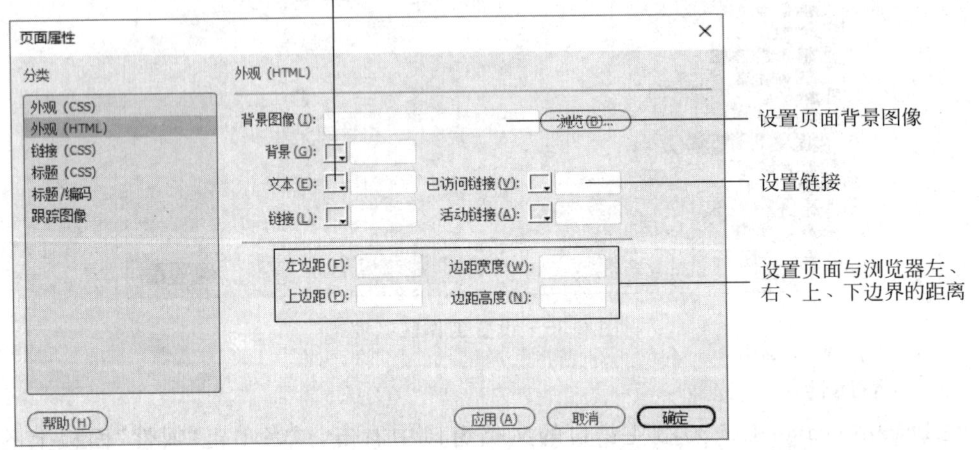

图 2-37　设置外观（HTML）

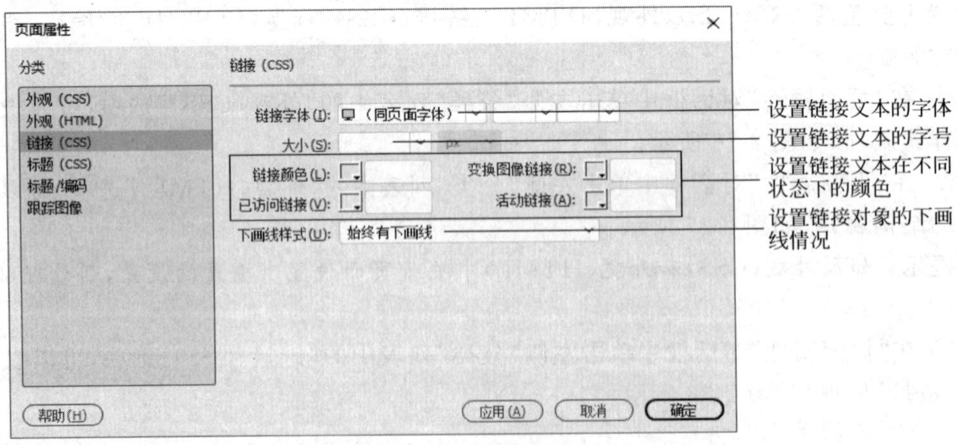

图 2-38　设置链接（CSS）

④ 在"页面属性"对话框中单击左侧"分类"列表中的"标题(CSS)"选项,可以设置页面的"标题"属性,如图 2-39 所示。

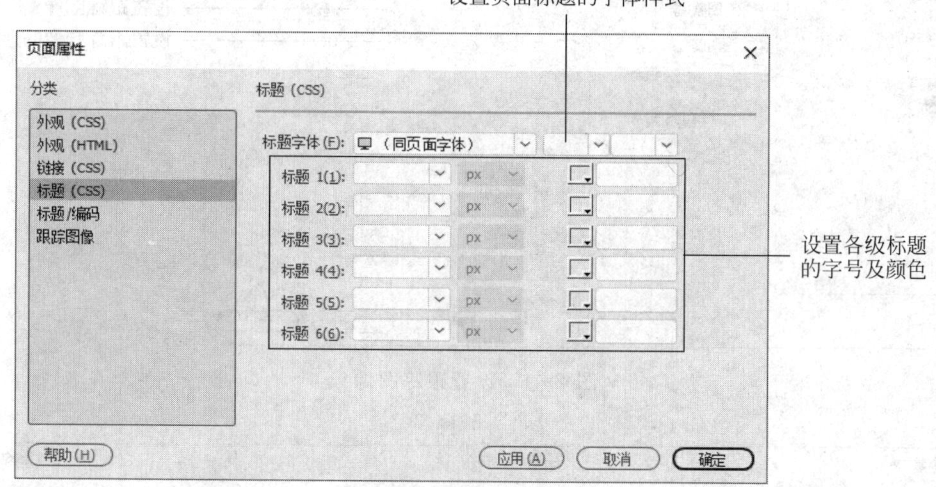

图 2-39 设置标题(CSS)

⑤ 在"页面属性"对话框中单击左侧"分类"列表中的"标题/编码"选项,可以设置页面的"标题/编码"属性,如图 2-40 所示。

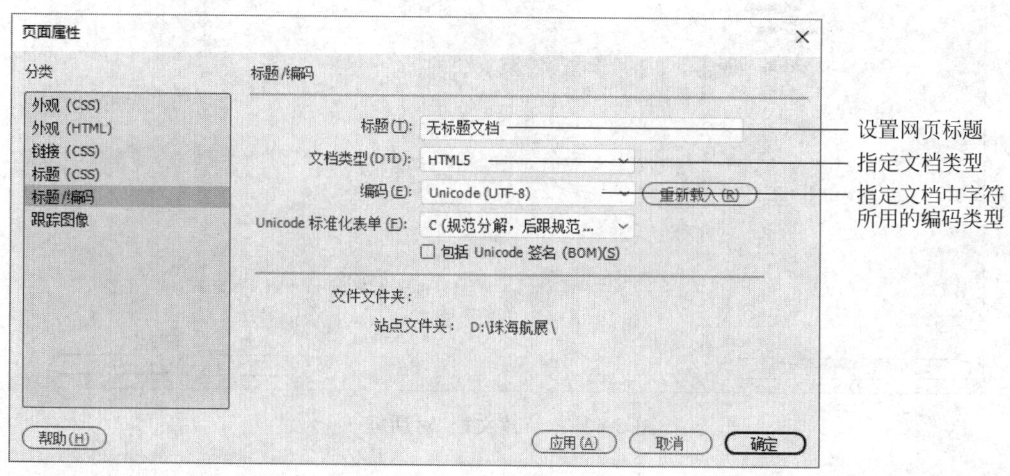

图 2-40 设置标题/编码

⑥ 在"页面属性"对话框中单击左侧"分类"列表中的"跟踪图像"选项,可以设置页面的"跟踪图像"属性,如图 2-41 所示。

2. 文档类型

启动 Dreamweaver CC 2018,按 Ctrl+N 组合键打开如图 2-42 所示的"新建文档"对话框,其中新建文档的文档类型有 HTML、CSS 和 LESS 等 12 种,默认的文档类型是 HTML,在框架中的文档类型是 HTML 5。

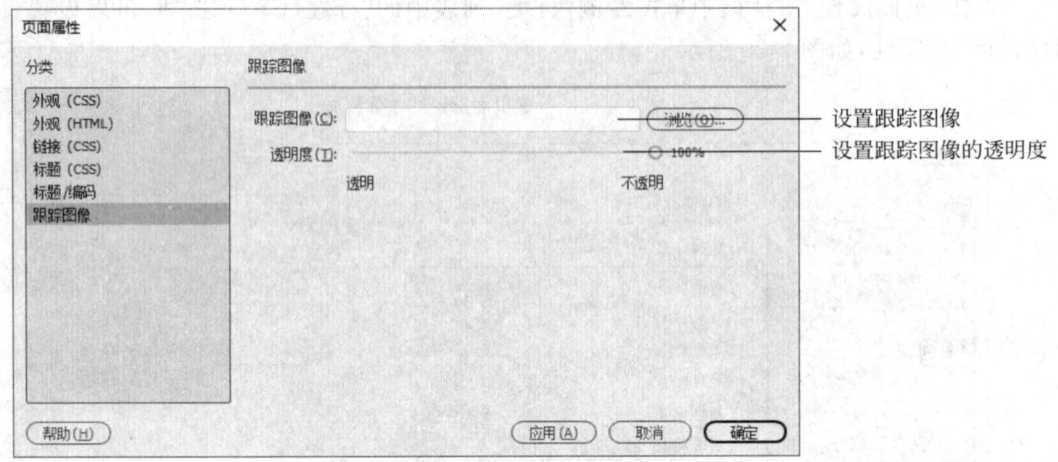

图 2-41　设置跟踪图像

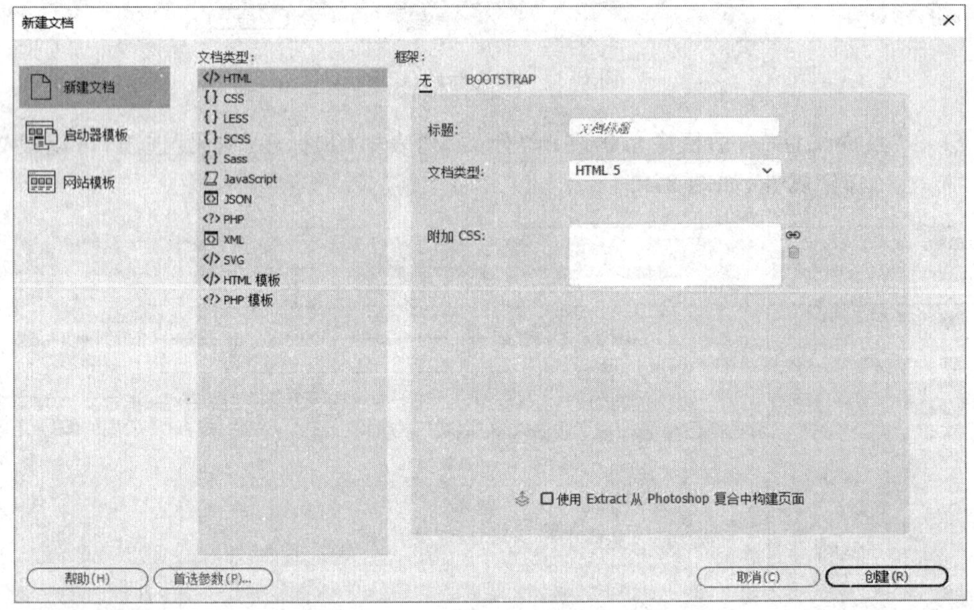

图 2-42　"新建文档"对话框

任务实现

1. 新建文档

在 Dreamweaver CC 2018 的主窗口中，依次按 Ctrl＋N 组合键打开"新建文档"对话框。

2. 保存文档

保存文档是 Dreamweaver 中最常用的操作之一，要养成经常对编辑中的文档进行保存的习惯，这样可以避免因意外情况（如死机或停电）造成文件丢失。Dreamweaver 中有“保存”“另存为”“保存全部”“保存所有相关文件”“另存为模板”和“恢复上次的保存”等保存文档方式，其中最常用的是“保存”及“另存为”。

（1）在 Dreamweaver CC 2018 主窗口中依次选择“文件”菜单中的“保存”或“另存为”命令，弹出“另存为”对话框。

（2）在该对话框中选择保存在“珠海航展”这个站点文件夹中，并命名为 index，单击“保存”按钮，如图 2-43 所示。

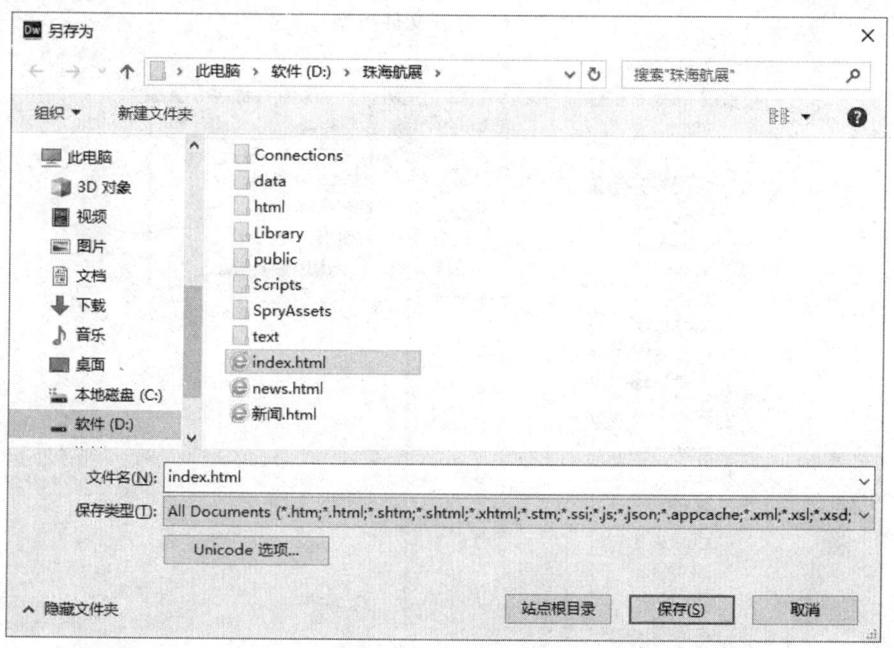

图 2-43　“另存为”对话框

3. 打开文档

要对网页文档进行编辑，首先要在 Dreamweaver 中打开该网页文档。

（1）在 Dreamweaver CC 2018 主窗口中依次选择“文件”→“打开”命令，在弹出的“打开”对话框中能打开如图 2-44 所示的文件类型。

（2）在 Dreamweaver CC 2018 主窗口中依次选择“文件”→“打开最近的文件”命令，如图 2-45 所示，从级联菜单中选择需要打开的文件即可。

4. 关闭文档

在 Dreamweaver CC 2018 主窗口中依次选择“文件”菜单中的“关闭”或“全部关闭”命令，即可关闭网页文档。如果页面尚未保存，则会弹出一个确认是否需要保存文档的对话框。

All Documents (*.htm;*.html;*.shtm;*.shtml;*.xhtml;*.stm;*.ssi;*.js;*.json;*.appcache;*.xml;*.xsl;*.xsd;*.dtd;*.rss;*.rdf;*.lbi;*.dwt;*.asp;*.asa;*.aspx;*.ascx;*.asmx;*.config;*.cs;*.cs
HTML Documents (*.htm;*.html;*.hta;*.htc;*.xhtml)
Server-Side Includes (*.shtm;*.shtml;*.stm;*.ssi;*.inc)
JavaScript Documents (*.js)
XML Files (*.xml;*.dtd;*.xsd;*.xsl;*.xslt;*.rss;*.rdf)
Library Files (*.lbi)
Template Files (*.dwt)
Style Sheets (*.css;*.scss;*.less;*.sass)
Active Server Pages (*.asp;*.asa)
Active Server Plus Pages (*.aspx;*.ascx;*.asmx;*.cs;*.vb;*.config;*.master)
ColdFusion Templates (*.cfm;*.cfml;*.cfc)
Manifest (*.appcache)
Directory Configuration File (*.htaccess)
Text Files (*.txt)
PHP Files (*.php;*.php3;*.php4;*.php5;*.tpl;*.php-dist;*.phtml)
Tag Library Descriptor Files (*.tld)
SQL Files (*.sql)
VTML Files (*.vtm;*.vtml)
Scalable Vector Graphics Files (*.svg)
Json Files (*.json)
所有文件(*.*)
All Documents (*.htm;*.html;*

图 2-44　打开文件类型

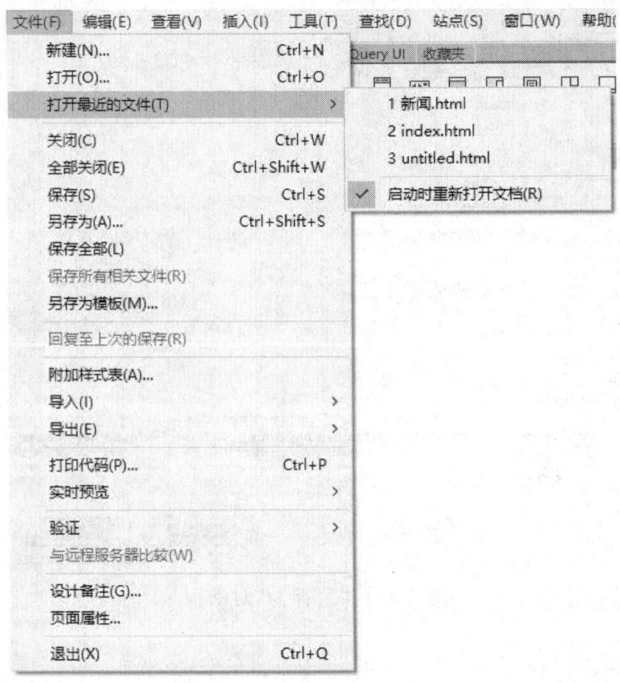

图 2-45　打开最近的文件

小　结

本项目主要介绍了在 Dreamweaver CC 2018 软件中自定义页面、创建和管理站点及设置常用的参数等。

思考与练习

1. 思考题

(1) Dreamweaver CC 2018 工作界面包括哪些内容？

(2) 在一个站点中，为什么要将文件夹进行分类存放？

(3) 什么是本地站点和远程站点？

2. 操作题

(1) 参照任务 2.1，熟悉 Dreamweaver CC 2018 工作界面及自定义页面。

(2) 参照任务 2.2，创建“酷致网络科技有限公司”网站站点“酷致”。在该站点中创建如图 2-46 所示的文件夹和文件。

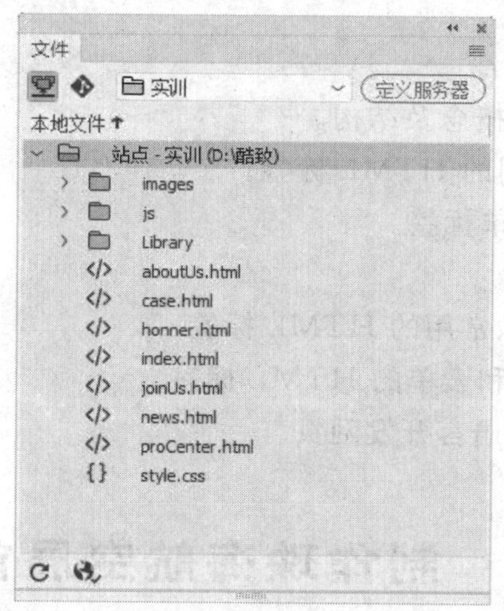

图 2-46　在“酷致”站点中创建文件夹和文件

项目3　HTML语言基础

项目描述

HTML是使用特殊标记来描述文档结构和表现形式的一种语言，由World Wide Web Consortium所制定和更新。HTML是一种用于网页制作的排版语言，是Web最基本的构成元素，它可以控制网页的基本结构，以及文本和图像等内容在网页中显示的方式。本项目利用HTML制作珠海航空展网站的基本框架，控制文本和图像显示样式，以及列表、表格和表单的使用。

知识目标

- 掌握HTML的基本概念及结构。
- 掌握文本和图像常用的HTML标签。
- 熟悉列表、表格和表单标签。

技能目标

- 熟练运用文本和图像常用的HTML标签。
- 熟练运用列表、表格和表单的HTML标签。
- 能使用HTML标记语言开发网页。

任务3.1　制作珠海航空展首页框架

任务描述

通过HTML语言的基本框架标签完成“珠海航空展首页”的主体结构，如图3-1所示。

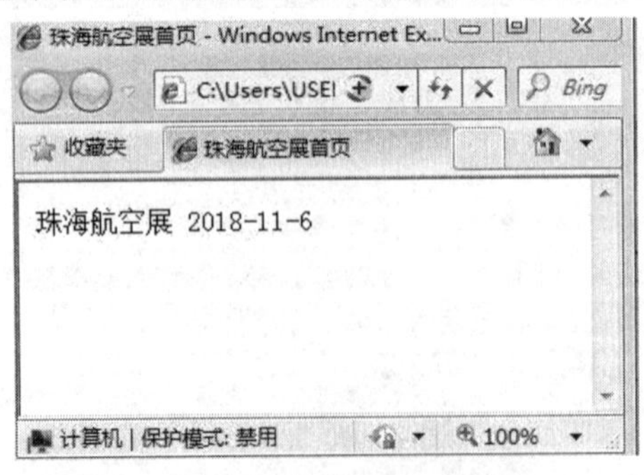

图3-1　最终首页主体效果图

相关知识与技能

1. HTML 语言概述

HTML 是一种超级文本标记语言，它是一种规范和标准，通过标签符号来标记要显示的网页中的各个元素。网页内容本身是一种文本文件，通过在文本文件中添加标签符来控制文字、图片、视频等元素在浏览器中显示的样式。

可以用任何一种文本编辑器来编辑 HTML 文件，因为它就是一种纯文本文件，其扩展名是.html 或.htm。HTML 文档的基本结构包括 HTML 文件、头文件、标题文件、主体文件等 HTML 标签。

1）HTML 语言的特点

HTML 语言文档制作不是很复杂，但功能强大，支持不同数据格式的文件，其主要特点如下。

- 简易性：HTML 语言不是程序语言，它是一种标记语言及文本语言，任何一种文本编辑器都可以编辑。
- 速度快：使用 HTML 语言描述的文件无须解释运行，通过浏览器就可以显示出效果。
- 通用性：HTML 语言的编写和应用与平台无关，适用于所有浏览器，正因为有此特点，才使得万维网盛行。
- 与平台无关：HTML 语言的执行与平台无关，它独立于各种平台。

2）HTML 发展的历程

HTML 发展的历程如下：

- 超文本标记语言（第1版）——在1993年6月作为互联网工程工作小组（IETF）工作草案发布（并非标准）。
- HTML 2.0——1995年11月作为 RFC 1866 发布，在 RFC 2854 于 2000年6月发布之后被宣布已经过时。
- HTML 3.2——1997年1月14日，W3C 推荐标准。
- HTML 4.0——1997年12月18日，W3C 推荐标准。
- HTML 4.01——1999年12月24日，W3C 推荐标准。
- HTML 5.0——2014年10月28日，W3C 推荐标准。

3）HTML 文档的编写方法

- 手工直接编写：用记事本等存成.htm 或者.html 格式。
- 使用可视化 HTML 编辑器：用 Dreamweaver、xhEditor 等。
- 动态生成：由 Web 服务器（或称 HTTP 服务器）一方实时动态地生成。

4）HTML 5.0 与 HTML 的区别

（1）文档类型声明。

① HTML 4.01 和 XHTML 1.0

- strict模式：<!DOCTYPE HTML PUBLIC "-//W3C//DTD HTML 4.01//

EN" "http://www.w3.org/TR/html4/strict.dtd">

<!DOCTYPE html PUBLIC "-//W3C//DTD XHTML 1.0 Strict//EN" "http://www.w3.org/TR/xhtml1/DTD/xhtml1-strict.dtd">

- 过渡模式：<!DOCTYPE HTML PUBLIC "-//W3C//DTD HTML 4.01 Transitional//EN""http://www.w3.org/TR/html4/loose.dtd">

  <!DOCTYPE html PUBLIC "-//W3C//DTD XHTML 1.0 Transitional//EN" "http://www.w3.org/TR/xhtml1/DTD/xhtml1-transitional.dtd">
- 框架集：<!DOCTYPE HTML PUBLIC "-//W3C//DTD HTML 4.01 Frameset//EN""http://www.w3.org/TR/html4/frameset.dtd">

  <!DOCTYPE html PUBLIC "-//W3C//DTD XHTML 1.0 Frameset//EN" "http://www.w3.org/TR/xhtml1/DTD/xhtml1-frameset.dtd">

② HTML 5.0

<!DOCTYPE html>

文档声明 HTML 5 方便书写、精简，有利于程序员快速地阅读和开发。

(2) 结构语义。

① HTML 4.0：没有体现结构语义化的标签，举例如下。

<div id="nav"></div>

② HTML 5.0：添加了许多具有语义化的标签。举例如下。

<article>、<aside>、<audio>、<bdi>...

(3) HTML 5.0 新增加的绘图功能。

- Canvas：HTML 5.0 的 Canvas 元素使用脚本(通常使用 JavaScript)在网页上绘制图像，可以控制画布的每一个像素。
- SVG：是指可伸缩矢量图形，用于定义网络的基于矢量的图形。

注：在 Dreamweaver CC 2018 中新建的默认文档类型就是 HTML 5.0。

2. HTML 文档的基本结构

(1) HTML 文档的基本结构要求

所有 HTML 标记都是必须用尖括号(<>)括起来，标记大部分都是成对出现的，每一对元素一般都有一个开始的标记，也有一个结束的标记。元素的标记要用一对尖括号括起来，并且结束的标记总是在开始的标记前加一个斜杠，如<html>...</html>、<head>...</head>、<body>...</body>。

(2) 创建 HTML 文件

① 新建文本文件。

② 重命名文本文件，后缀名改为 html。

(3) 制作 HTML 文档的基本结构

```
<HTML>
  <HEAD>
```

```
    <TITLE>学习 HTML </TITLE>
  </HEAD>
  <BODY BGCOLOR =lavender>
    <H1>欢迎来到 HTML 世界</H1>
  </BODY>
</HTML>
```

(4) HTML 文件

<html>…</html>：每一个 HTML 文件都必须以<html>开头，以</html>结束。

(5) HTML 文件头

<head>…</head>：通过标签定义文档的头部。head 区是指首页 HTML 代码的<head>和</head>之间的内容，是必须加入的标签。在此之内的所有文字都属于文件的头部，并不属于文件本体。

在<head>…</head>之间一般有以下属性。举例说明如下。

- 注释：<!--- 版权所有：珠海航展公司--->
- 网页显示字符集(简体中文)：<meta http-equiv="Content-Type" content="text/html; charset=gb_2312"/>
- 网页制作者信息：<meta name="author" content="李四">
- 网站简介：<meta name="description" content="航空展览">
- 搜索关键字：<meta name="keywords" content="LED,字幕屏,控制卡">
- 网页的 CSS 规范：<link href="style/style.css" rel="stylesheet" type="text/css">
- 网页标题：<title>欢迎访问珠海航展网站！</title>
- 自动跳转：<meta http-equiv="refresh" content="2;url=http://www.baidu.com">
- 调用 JavaScript：<script language="javascript" src="menux.js"></scirpt>

(6) HTML 文件标题

<title>…</title>：在此之间写下的所有内容都将写在网页最上面的标题栏中。

(7) HTML 主体文件

<body>…</body>：在此之间写下的内容都是文件的主体，也就是说将会被显示在浏览器主窗体区中。

<body>标签有以下属性。

- text：设置页面文字的颜色。
- bgcolor：设置页面的背景颜色。
- link：设置页面默认超链接的颜色。
- alink：设置鼠标单击时超链接的颜色。
- vlink：设置访问过的超链接的颜色。
- background：设置页面的背景图片。

- bgproperties：设置页面背景图片为固定，不随页面滚动。
- topmargin：设置页面上边距。
- leftmargin：设置页面左边距。
- bottommargin：设置页面下边距。
- rightmargin：设置页面右边距。

3. 使用文本文件制作珠海航展首页框架

(1) 书写 HTML 代码，如图 3-2 所示。

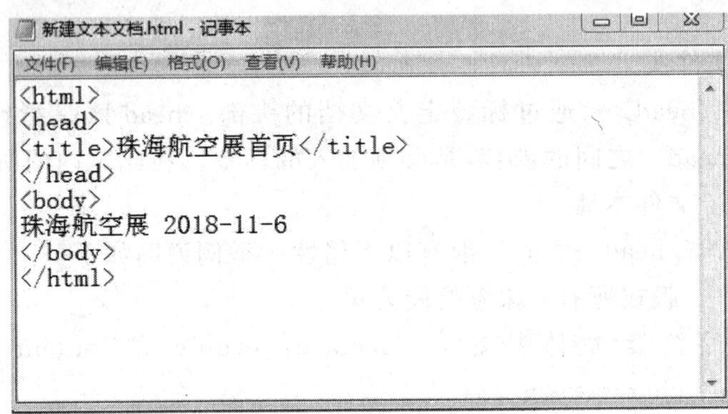

图 3-2 HTML 文档的基本结构

(2) 使用浏览器浏览的效果如图 3-3 所示。

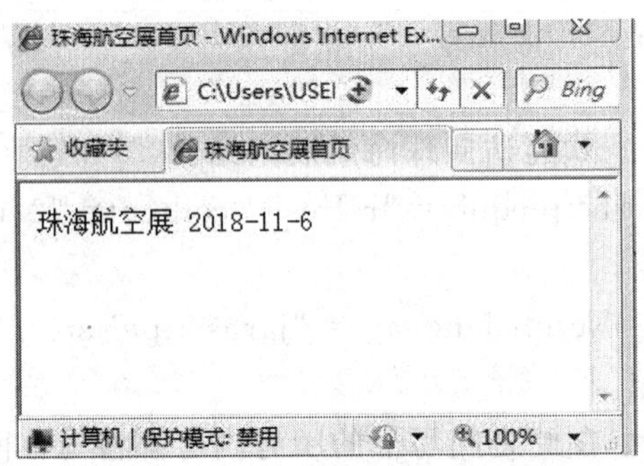

图 3-3 珠海航空展首页效果图

4. 使用 Dreamweaver CC 2018 制作 HTML 文档的基本结构

(1) 创建 HTML 页面：在 Dreamweaver CC 2018 的主窗口中选择菜单栏中的“文件”→“新建”命令，选择默认的新建文档类型，最后选择“创建”命令，进入 Dreamweaver CC 2018 代码窗口，HTML 基本框架代码全部自动写好，如图 3-4 所示。

(2) 完善代码：修改标题为“珠海航空展”，添加主体内容“珠海航空展 2018-11-6”，如图 3-5 所示。

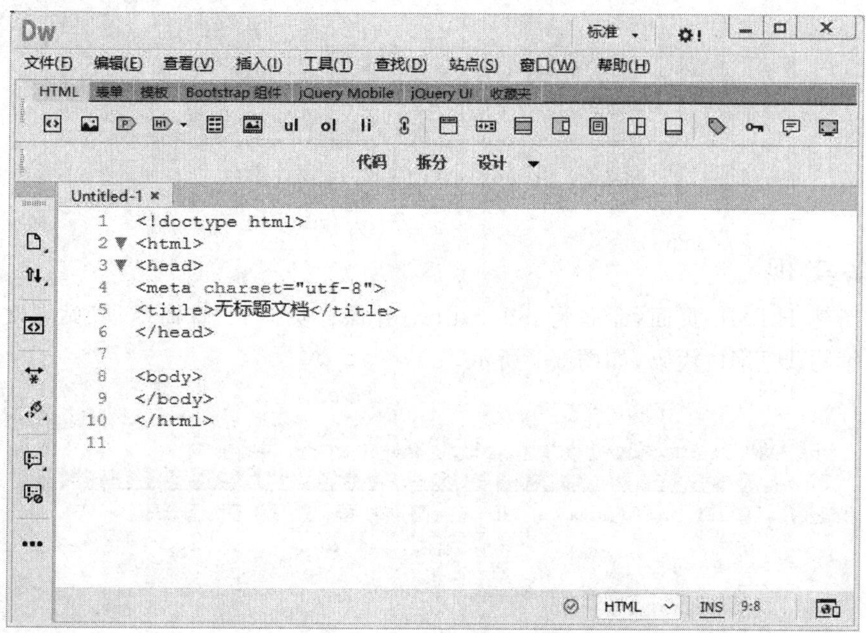

图 3-4　Dreamweaver CC 2018 代码窗口

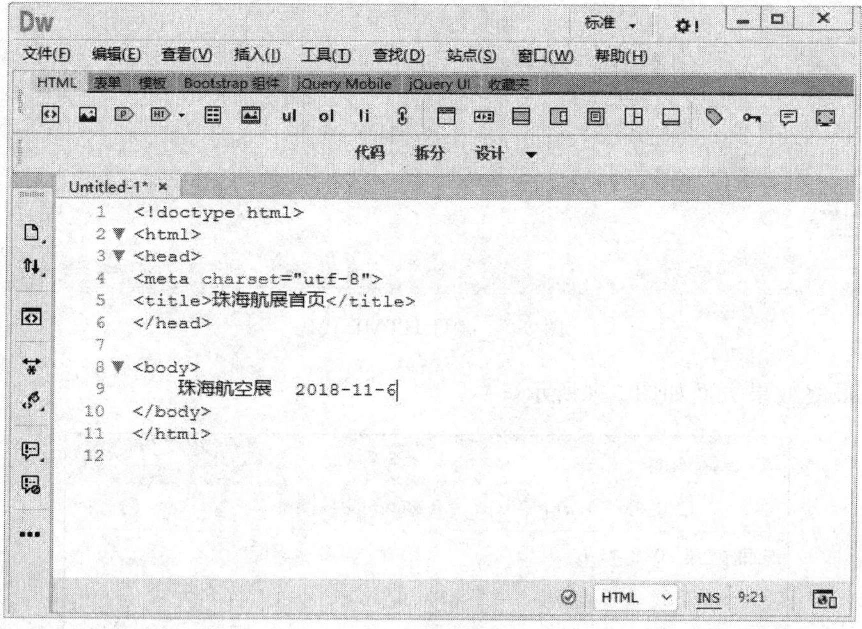

图 3-5　修改代码

(3) 测试效果。

① 选择 Dreamweaver CC 2018 主工作区的“文档工具栏”中的“设计”选项，可以看到初步效果，如图 3-6 所示。

② 按 F12 键，保存并运行页面，效果如图 3-3 所示。

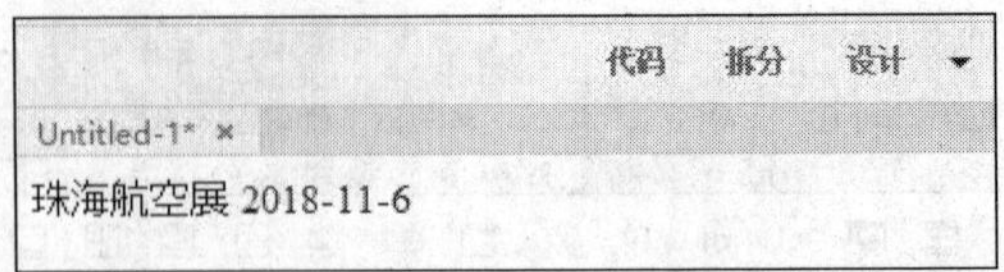

图 3-6 Dreamweaver CC 2018 设计窗口

任务实现

(1) 新建 HTML 页面,命名为 index.htm,并保存页面到“珠海航展”站点文件夹中。

(2) 编写 HTML 代码,如图 3-7 所示。

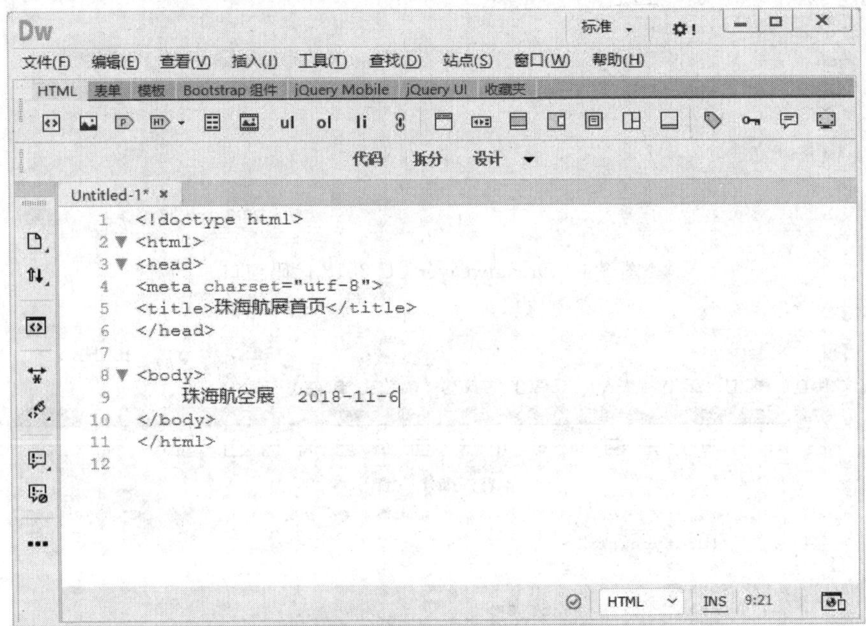

图 3-7 编写 HTML 代码

(3) 最终效果页面如图 3-8 所示。

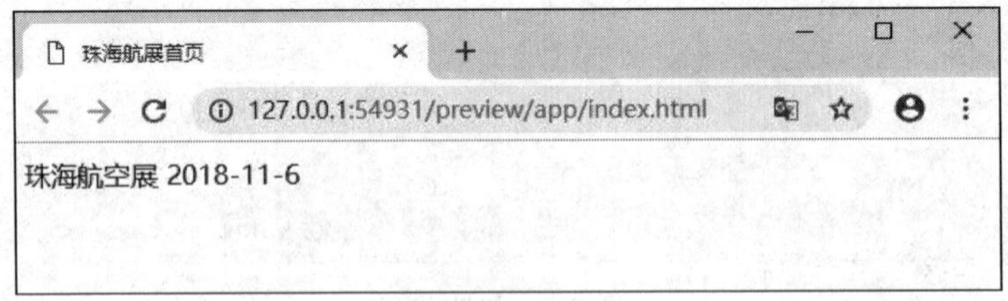

图 3-8 最终效果图

任务 3.2　编写文本的排版与格式——航展新闻列表

任务描述

文本是网页不可缺少的元素之一，是网页发布信息所采用的主要形式。为了让网页中的文本看上去编排有序、整齐美观、错落有致，我们就要设置文本的大小、颜色、字体类型以及换行换段等。通过对航展新闻列表文本的设置，效果如图 3-9 所示。

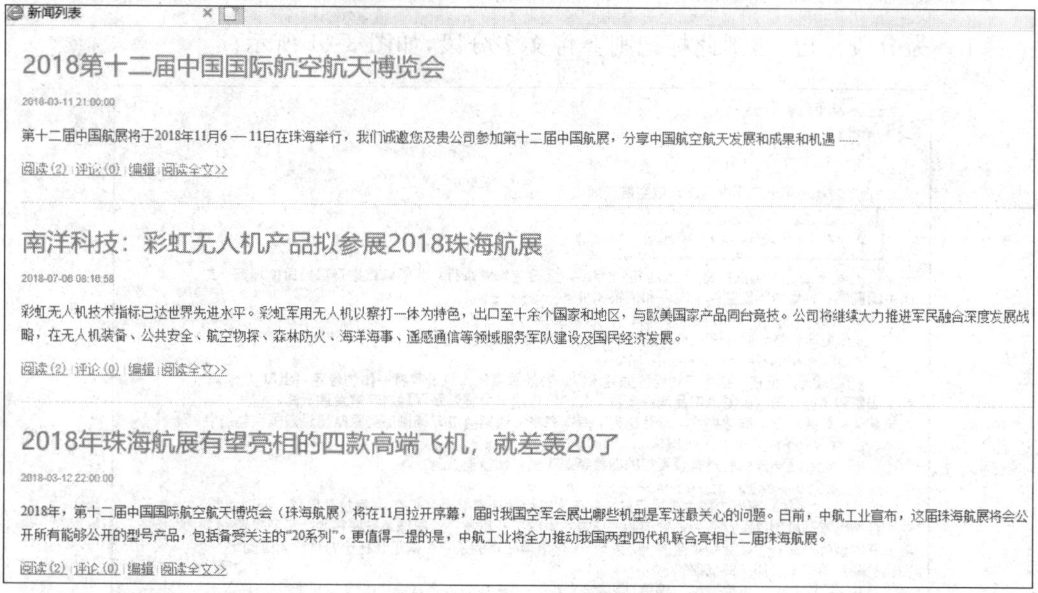

新闻列表

2018第十二届中国国际航空航天博览会

2018-03-11 21:00:00

第十二届中国航展将于2018年11月6 —11日在珠海举行，我们诚邀您及贵公司参加第十二届中国航展，分享中国航空航天发展和成果和机遇……

阅读(2) 评论(0) 编辑 阅读全文>>

南洋科技：彩虹无人机产品拟参展2018珠海航展

2018-07-06 08:16:58

彩虹无人机技术指标已达世界先进水平。彩虹军用无人机以察打一体为特色，出口至十余个国家和地区，与欧美国家产品同台竞技。公司将继续大力推进军民融合深度发展战略，在无人机装备、公共安全、航空物探、森林防火、海洋海事、遥感通信等领域服务军队建设及国民经济发展。

阅读(2) 评论(0) 编辑 阅读全文>>

2018年珠海航展有望亮相的四款高端飞机，就差轰20了

2018-03-12 22:00:00

2018年，第十二届中国国际航空航天博览会（珠海航展）将在11月拉开序幕，届时我国空军会展出哪些机型是军迷最关心的问题。日前，中航工业宣布，这届珠海航展将会公开所有能够公开的型号产品，包括备受关注的"20系列"。更值得一提的是，中航工业将全力推动我国两型四代机联合亮相十二届珠海航展。

阅读(2) 评论(0) 编辑 阅读全文>>

图 3-9　最终文本网页效果图

相关知识与技能

1. 编写文字排版

(1) 设置标题格式

设置标题格式的语法如下：

```
<hn align=left | center | right>标题文字</hn>
```

<h*n*>标记用于标示网页中的标题文字，被标示的文字将以粗体的方式显示在网页中。在 HTML 中，共有 6 个层次的标题，因此其中 n 的范围为 1～6。标题文字标记中可以设置 align 属性，用于控制对齐方式，默认的对齐方式为 left(左)，如图 3-10 所示。

```
<title>新闻列表</title>
</head>

<body>
<h1 align="left">第十二届珠海航展新闻列表</h1>
<div id="rizhi">
<ul class="itmes">
```

图 3-10　标题标签

(2) 设置段落

设置段落的语法如下：

```
<p>文本</p>
```

<p>为分段标记，遇到此标记则会将文字分段，如图 3-11 所示。

```
<title>新闻列表</title>
</head>

<body>
    <h2>2018第十二届中国国际航空航天博览会</h2>

    <p >2018-03-11 21:00:00</p>

    <p>第十二届中国航展将于2018年11月6—11日在珠海举行，我们诚邀您及贵公司参加第十二
届中国航展，分享中国航空航天发展和成果和机遇……</p>
    <p >阅读(2)  |  评论(0)|  编辑  |  阅读全文</p>
    <h2>南洋科技：彩虹无人机产品拟参展2018年珠海航展</h2>
    <p>2018-07-06 08:16:58</p>
    <p>彩虹无人机技术指标已达世界先进水平。彩虹军用无人机以察打一体为特色，出口至十
余个国家和地区，与欧美国家产品同台竞技。公司将继续大力推进军民融合深度发展战略，在无
人机装备、公共安全、航空物探、森林防火、海洋海事、遥感通信等领域服务军队建设及国民经济发展。</p>
    <p>阅读(2)|  评论(0)|  编辑  |  阅读全文&gt;&gt;</p>
     <h2>2018年珠海航展有望亮相的四款高端飞机，就差轰20了</h2>
    <p >2018-03-12 22:00:00</p>
    <p >2018年，第十二届中国国际航空航天博览会（珠海航展）将在11月拉开序幕，届时我国
空军会展出哪些机型是军迷最关心的问题。日前，中航工业宣布，这届珠海航展将会公开所有能
够公开的型号产品，包括备受关注的"20系列"。更值得一提的是，中航工业将全力推动我国两型
四代机联合亮相十二届珠海航展。</p>
    <p >阅读(2)|  评论(0)  |编辑|阅读全文&gt;&gt;</p>
```

图 3-11　编写文字排版代码

排版前、后的预览效果分别如图 3-12 和图 3-13 所示。

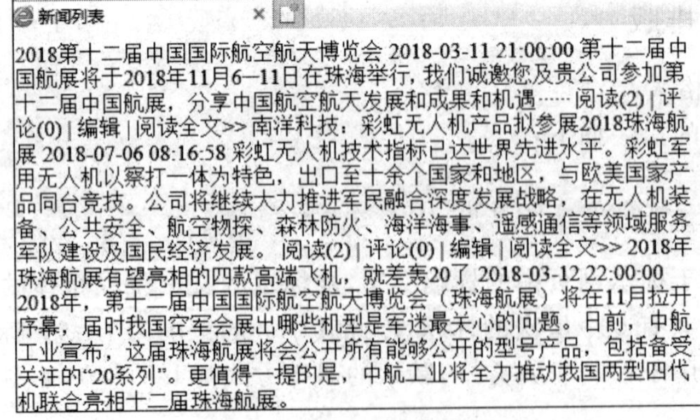

图 3-12　排版前的预览效果

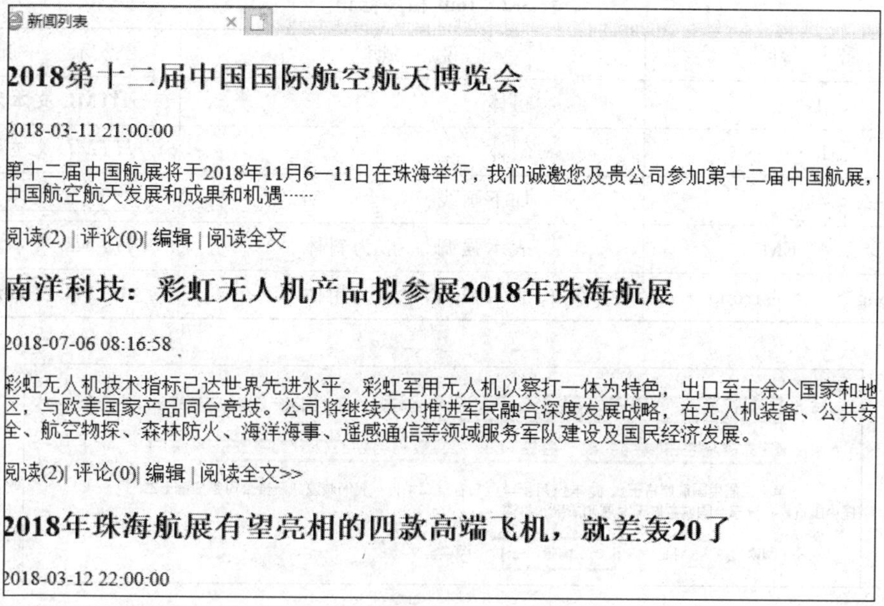

新闻列表

2018第十二届中国国际航空航天博览会

2018-03-11 21:00:00

第十二届中国航展将于2018年11月6—11日在珠海举行，我们诚邀您及贵公司参加第十二届中国航展，中国航空航天发展和成果和机遇……

阅读(2) | 评论(0)| 编辑 | 阅读全文

南洋科技：彩虹无人机产品拟参展2018年珠海航展

2018-07-06 08:16:58

彩虹无人机技术指标已达世界先进水平。彩虹军用无人机以察打一体为特色，出口至十余个国家和地区，与欧美国家产品同台竞技。公司将继续大力推进军民融合深度发展战略，在无人机装备、公共安全、航空物探、森林防火、海洋海事、遥感通信等领域服务军队建设及国民经济发展。

阅读(2)| 评论(0)| 编辑 | 阅读全文>>

2018年珠海航展有望亮相的四款高端飞机，就差轰20了

2018-03-12 22:00:00

图 3-13 排版后的预览效果

2. 设置字体格式

设置字体格式的语法如下：

```
<font 属性=属性值...>文字</font>
```

<font>文字格式标记用于控制文字的字体、大小和颜色。控制的方式是利用<font>标记的属性设置来实现的。属性具体说明如表 3-1 所示，font 相关标记如表 3-2 所示，具体 HTML 语言的编写如图 3-12 所示。

表 3-1 <font>标记的属性

属 性	说 明	示 例
face	设置文字所使用的字体。如果指定的字体在用户的系统中不存在，则将使用默认字体	<font face=隶书>
size	控制文字的大小。在浏览器中，字体的大小分为 7 级，等级 7 为最大的字体。默认值是 3	<font size=5>
color	字体的颜色可以用英文名称或十六进制数设置	<font color="blue"> <font color=#223344>

对新闻列表页面文本进行格式设置，如图 3-14 所示，格式设置后的效果如图 3-15 所示。

表 3-2 font 相关标记

属　性	说　明	示　例
<B>...</B>	粗体	**HTML 文本示例**
<I>...</I>	斜体	*HTML 文本示例*
<U>...</U>	加下画线	HTML 文本示例
<EM>...</EM>	表示强调，一般为斜体	*HTML 文本示例*
<strong>...</strong>	表示强调，一般为粗体	**HTML 文本示例**

```
<body>
    <h2><font face="宋体"  color="#6699cc">2018第十二届中国国际航空航天博览会</font></h2>

    <p ><font color="#666666" size="2"> 2018-03-11 21:00:00</font></p>

    <p>第十二届中国航展将于2018年11月6—11日在珠海举行，我们诚邀您及贵公司参加第十二
届中国航展，分享中国航空航天发展和成果和机遇……</p>

    <p >阅读(2)  | 评论(0)| <u>编辑</u> | 阅读全文</p>
```

图 3-14　设置文本格式

图 3-15　设置文本格式后的显示效果

任务实现

1. 创建 HTML 页面

在 Dreamweaver CC 2018 主窗口中选择菜单栏中的"文件"→"新建"命令，新建默认的 HTML 文档。进入 Dreamweaver CC 2018 代码窗口，然后单击"保存"按钮保存文件，名称为 list. html。

2. 编写文字排版

设置标题格式：把所有新闻的标题设置为二级标题，即加上＜h2＞。
设置段落格式：把各新闻标题、时间、内容及备注内容各分成一段。

3. 编写文本格式

最终效果图如图 3-15 所示。

任务 3.3　编写项目列表——航展新闻列表

任务描述

新闻列表页面 list.html 可以显示更多新闻列表，而且新闻列表之间是并列显示的，效果如图 3-16 所示。

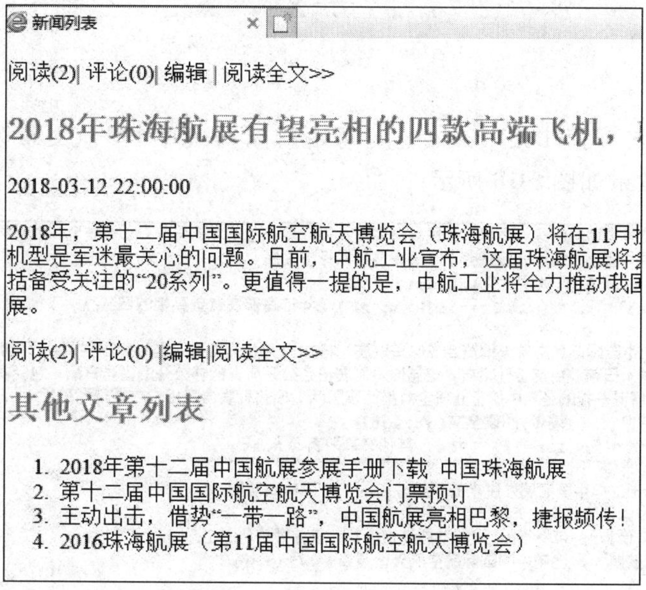

新闻列表

阅读(2)| 评论(0)| 编辑 | 阅读全文>>

2018年珠海航展有望亮相的四款高端飞机，

2018-03-12 22:00:00

2018年，第十二届中国国际航空航天博览会（珠海航展）将在11月
机型是军迷最关心的问题。日前，中航工业宣布，这届珠海航展将
括备受关注的"20系列"。更值得一提的是，中航工业将全力推动我
展。

阅读(2)| 评论(0) |编辑|阅读全文>>

其他文章列表

1. 2018年第十二届中国航展参展手册下载 中国珠海航展
2. 第十二届中国国际航空航天博览会门票预订
3. 主动出击，借势"一带一路"，中国航展亮相巴黎，捷报频传!
4. 2016珠海航展（第11届中国国际航空航天博览会）

图 3-16　最终文本网页效果图

相关知识与技能

1. 无序列表

无序列表是一个项目的列表，此列项目使用粗体圆点（典型的小黑圆圈）进行标记。列表项内部可以使用段落、换行符、图片、链接以及其他列表等，无序列表始于＜ul＞标记，每个列表项始于＜li＞标记，其语法格式如下：

```
<ul>
    <li>…</li>
    <li>…</li>
  …
</ul>
```

2. 有序列表

有序列表也是一个项目的列表，此列项目使用数字进行标记。列表项内部可以使用段落、换行符、图片、链接以及其他列表等。有序列表始于<ol>标记，每个列表项始于<li>标记，其语法格式如下：

```
<ol>
    <li>…</li>
    <li>…</li>
  …
</ol>
```

任务实现

打开新闻列表页面 list.html，航展网站新闻列表中“其他文章列表”新闻设置如图 3-17 所示，其效果如图 3-16 所示。

```
与欧美国家产品同台竞技。公司将继续大力推进军民融合深度发展战略，在无人机装备、公共安全、航空物
探、森林防火、海洋海事、遥感通信等领域服务军队建设及国民经济发展。</p>
<p>阅读(2)| 评论(0)| 编辑 | 阅读全文&gt;&gt;</p>
    <h2><font face="宋体"  color="#6699cc">2018年珠海航展有望亮相的四款高端飞机，就差轰20了</font></h
<p >2018-03-12 22:00:00</p>
<p >2018年，第十二届中国国际航空航天博览会（珠海航展）将在11月拉开序幕，届时我国空军会展出哪些
机型是军迷最关心的问题。日前，中航工业宣布，这届珠海航展将会公开所有能够公开的型号产品，包括备
受关注的“20系列”。更值得一提的是，中航工业将全力推动我国两型四代机联合亮相十二届珠海航展。</p>
   <p >阅读(2)| 评论(0) |编辑|阅读全文&gt;&gt;</p>
<h2><font face="宋体"  color="#6699cc">其他文章列表</font></h2>
    <ol >
      <li>2018年第十二届中国航展参展手册下载  中国珠海航展</li>
      <li>第十二届中国国际航空航天博览会门票预订</li>
      <li>主动出击，借势“一带一路”，中国航展亮相巴黎，捷报频传！</li>
      <li>2016珠海航展（第11届中国国际航空航天博览会）</li>
    </ol>
```

图 3-17　航展网站首页新闻列表的设置

任务 3.4　编写超链接——航展新闻列表

任务描述

单击新闻列表页面中每个新闻标题，即可进入详细新闻页面来浏览新闻的详细内容，

如单击“其他文章列表”新闻标题，进入 list.html 页面。

相关知识与技能

1. 站内页面链接

站内页面链接是指在“文本”上创建一个指向本网站中其他页面的链接，并在空白页面上打开链接，其语法格式如下：

```
<a href="南洋科技.html" target="_new">南洋科技：彩虹无人机产品拟参展 2018 珠海航展</a>
```

2. 站外页面链接

站外页面链接是指在“文本”上创建一个指向其他网站中的页面，并在新页面上打开链接，其语法格式如下：

```
<a href="http://www.china-airshow.com/" target="_new">2018 第十二届中国国际航空航天博览会</a>
```

任务实现

打开新闻列表页面 list.html，为航展网站新闻“南洋科技：彩虹无人机产品拟参展 2018 珠海航展”标题设置内部链接，为“2018 第十二届中国国际航空航天博览会”新闻标题设置外部链接，设置方法如图 3-18 所示，其效果如图 3-19 所示。

```
  <p class="title"><a href="http://www.china-airshow.com/" target="_new">2018第十二届中国国际航
空航天博览会</a></p>
  <p class="time">2018-03-11 21:00:00</p>
  <p class="content">第十二届中国航展将于2018年11月6—11日在珠海举行，我们诚邀您及贵公司参加第十
二届中国航展，分享中国航空航天发展和成果和机遇……</p>
  <p class="other"><a href="#">阅读(2)</a> | <a href="#">评论(0)</a> | <a href="#">编辑</a> | <
href="#">阅读全文>></a> </p>
  </li>
  <li>
  <p class="title"><a href="南洋科技.html" target="_new">南洋科技：彩虹无人机产品拟参展2018珠海航展</a
</p>
  <p class="time">2018-07-06 08:16:58</p>
  <p class="content">彩虹无人机技术指标已达世界先进水平。彩虹军用无人机以察打一体为特色，出口至
```

图 3-18 链接设置

接下来单击“2018 第十二届中国国际航空航天博览会”标题，会跳转到外部页面，如图 3-20 所示。

单击图 3-19 中的“南洋科技：彩虹无人机产品拟参展 2018 珠海航展”标题，会跳转到新闻详细内部页面，如图 3-21 所示。

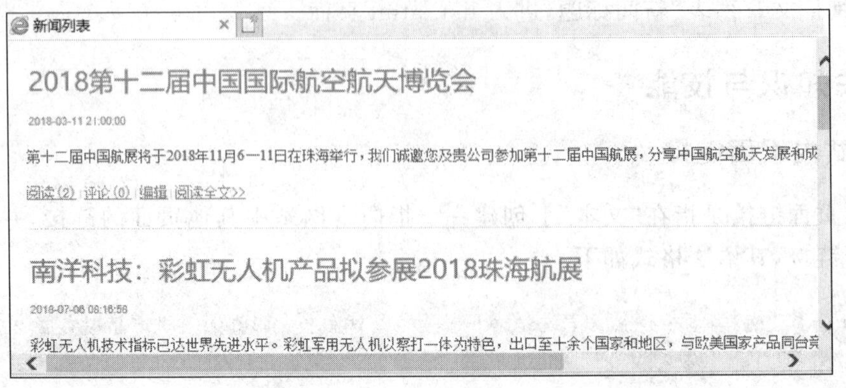

图 3-19　链接设置后的效果

图 3-20　外部页面

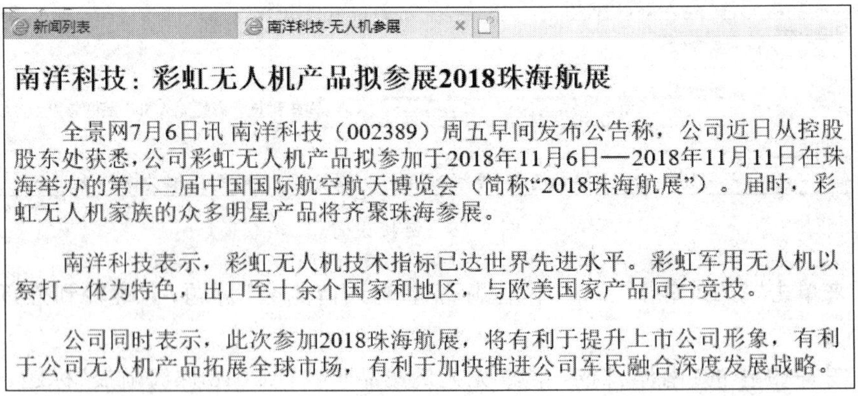

新闻列表　南洋科技-无人机参展

南洋科技：彩虹无人机产品拟参展2018珠海航展

全景网7月6日讯 南洋科技（002389）周五早间发布公告称，公司近日从控股股东处获悉，公司彩虹无人机产品拟参加于2018年11月6日—2018年11月11日在珠海举办的第十二届中国国际航空航天博览会（简称"2018珠海航展"）。届时，彩虹无人机家族的众多明星产品将齐聚珠海参展。

南洋科技表示，彩虹无人机技术指标已达世界先进水平。彩虹军用无人机以察打一体为特色，出口至十余个国家和地区，与欧美国家产品同台竞技。

公司同时表示，此次参加2018珠海航展，将有利于提升上市公司形象，有利于公司无人机产品拓展全球市场，有利于加快推进公司军民融合深度发展战略。

图 3-21　内部页面

任务3.5 表格图片的设置——珠海航展参展飞机清单的公布

任务描述

在"珠海航展参展飞机清单公布"新闻页面 canzhan.html 中插入表格,并在表格中插入热点飞机图片,如图3-22所示。

图3-22 表格图片的设置效果

相关知识与技能

1. 表格的设置

用 HTML 语言制作表格的基本结构作用如下。

<table>…</table>：定义表格,见表3-3。

<caption>…</caption>：定义标题。

<tr>…</tr>：定义表行。

<th>…</th>：定义表头。

<td>…</td>：定义表元(表格的具体数据)。

表 3-3　table 标签属性

属　性	描　述
width	设置表格的宽度
height	设置表格的高度
align	设置表格的对齐方式
background	设置表格的背景图片
bgcolor	设置表格的背景颜色
border	设置表格边框的宽度(以像素为单位)
bordercolor	设置表格边框的颜色
bordercolorlight	设置表格边框明亮部分的颜色
bordercolordark	设置表格边框昏暗部分的颜色
cellspacing	设置单元格之间的间距
cellpadding	设置单元格内容与单元格边界之间的空白距离的大小

2. 图片的设置

(1) 插入图片

插入图片的语法格式如下：

```
<img src="图像文件的路径与名称">
```

插入图片的效果如图 3-23 所示。

说明：<img>标记是用于导入图片的标记，使用此标记可以将图像文件导入到 HTML 文件中显示。目前浏览器支持 GIF 和 JPEG 格式的图像文件。其中，src 属性为<img>标记的必要属性，该属性指定要导入的图像文件的路径与名称。图像文件的路径可以用绝对路径或相对路径表示。

```
<td><img src="../../public/images/picture/feijiqingdan/20轰炸机.png" width="140" height="90" align="top" /></td>
<td><img src="../../public/images/picture/feijiqingdan/20战斗机.png" width="140" height="90" /></td>
<td><img src="../../public/images/picture/feijiqingdan/歼20.png" width="140" height="90" /></td>
```

图 3-23　插入图片

(2) 图片作为超链接

图片作为超链接的语法格式如下：

```
<a href="目标地址"><img src="图像文件地址"></a>
```

图片作为超链接的效果如图 3-24 所示。

```
<td><a href="../picture/index.html"><img src="../../public/images/picture/feijiqingdan/20轰炸机.png" width="140" height="90" align="top" /></a></td>
<td><a href="../picture/index.html"><img src="../../public/images/picture/feijiqingdan/20战斗机.png" width="140" height="90" /></a></td>
<td><a href="../picture/index.html"><img src="../../public/images/picture/feijiqingdan/歼20.png" width="140" height="90" /></a></td>
```

图 3-24　图片作为超链接

任务实现

(1) 打开新闻页面 chanzhan.html。

(2) 插入 8 行 3 列的表格。具体代码如下：

```
<table width="484" border="0" align="center">
  <tr>
    <td> </td>
    <td> </td>
    <td> </td>
  </tr>
  <tr>
    <td> </td>
    <td> </td>
    <td> </td>
  </tr>
  <tr>
    <td> </td>
    <td> </td>
    <td> </td>
  </tr>
  <tr>
    <td> </td>
    <td> </td>
    <td> </td>
  </tr>
  <tr>
    <td> </td>
    <td> </td>
    <td> </td>
  </tr>
  <tr>
    <td> </td>
    <td> </td>
    <td> </td>
  </tr>
  <tr>
    <td> </td>
    <td> </td>
```

```
    <td> </td>
  </tr>
  <tr>
    <td> </td>
    <td> </td>
    <td> </td>
  </tr>
</table>
```

(3) 在各表格插入图片,并设置各图片的超链接。具体代码如下:

```
<table width="200" border="0">
  <tr>
    <td><p> </p></td>
    <td><a href="../picture/index.html"><img src="../../public/images/
    picture/feijiqingdan/20轰炸机.png" width="140" height="90" align="top" />
    </a></td>
    <td><a href="../picture/index.html"><img src="../../public/images/
    picture/feijiqingdan/20战斗机.png" width="140" height="90" /></a></td>
    <td><a href="../picture/index.html"><img src="../../public/images/
    picture/feijiqingdan/歼 20.png" width="140" height="90" /></a></td>
  </tr>
  <tr>
    <td> </td>
    <td align="center">20轰炸机</td>
    <td align="center">20战斗机</td>
    <td align="center">歼 20</td>
  </tr>
  <tr>
    <td> </td>
    <td><img src="../../public/images/picture/feijiqingdan/解放军歼 20.
    png" width="140" height="90" /></td>
    <td><a href="../picture/index.html"><img src="../../public/images/
    picture/feijiqingdan/武直 20.png" width="140" height="90" /></a></td>
    <td><a href="../picture/index.html"><img src="../../public/images/
    picture/feijiqingdan/解放军运 20.png" width="140" height="90" /></a>
    </td>
  </tr>
  <tr>
    <td> </td>
    <td align="center">解放军歼 20</td>
    <td align="center">解放军武直 10</td>
    <td align="center">解放军运 20</td>
```

```
    </tr>
    <tr>
        <td> </td>
        <td><a href="../picture/index.html"><img src="../../public/images/
        picture/feijiqingdan/运-1-20.png" width="140" height="90" /></a></td>
        <td><a href="../picture/index.html"><img src="../../public/images/
        picture/feijiqingdan/运20.jpg" width="140" height="90" /></a></td>
        <td><a href="../picture/index.html"><img src="../../public/images/
        picture/feijiqingdan/运20.png" width="140" height="90" /></a></td>
    </tr>
    <tr>
        <td> </td>
        <td align="center">运20</td>
        <td align="center">运20</td>
        <td align="center">运20</td>
    </tr>
    <tr>
        <td> </td>
        <td><a href="../picture/index.html"><img src="../../public/images/
        picture/feijiqingdan/直20.png" width="140" height="90" /></a></td>
        <td><a href="../picture/index.html"><img src="../../public/images/
        picture/feijiqingdan/海豚直升机.png" width="140" height="90" /></a></td>
        <td><a href="../picture/index.html"><img src="../../public/images/
        picture/feijiqingdan/S-70海鹰.png" width="140" height="90" /></a></td>
    </tr>
    <tr>
        <td> </td>
        <td align="center">直20</td>
        <td align="center">直20</td>
        <td align="center">直20</td>
    </tr>
</table>
```

(4) 最终效果如图3-22所示。

任务3.6 编写表单注册页面——珠海航展注册页面

任务描述

航展网站有些内容不对外公开，只有注册成为会员才有访问权限，因此需要制作一个注册页面来受理用户的注册，如图3-25所示。

欢迎注册！

注册字母邮箱 注册手机号码邮箱

＊机游账号

6～18个字符，可使用字母、数字、下画线，需以字母开头

＊密码

6～16个字符，不区分大小写

＊确认密码

请再次填写密码

同意“服务条款”和“隐私权相关政策”

立即注册

图 3-25　珠海航展注册页面

相关知识与技能

1. 表单标识

表单标识一般包括表单域和表单按钮，如图 3-26 所示。

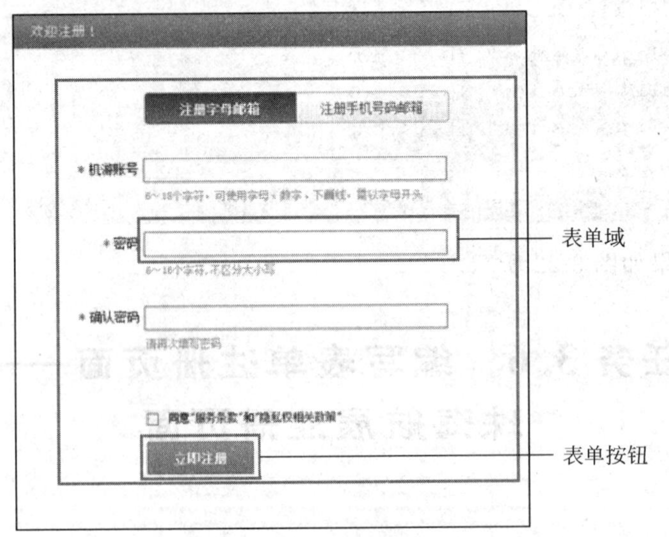

图 3-26　表单标识

2. 表单控件

通过如表3-4所示的这些表单控件，用户可以输入文字信息，或者从选项中选择，以及做提交的操作。

表3-4 表单控件

属 性	说 明
input type="text"	单行文本输入框
input type="password"	密码输入框(输入的文字用*表示)
input type="radio"	单选框
input type="checkbox"	复选框
select	列表框
textarea	多行文本输入框
input type="submit"	将表单内容提交给服务器的按钮
input type="reset"	将表单内容全部清除、重新填写的按钮

3. 表单格式

表单格式语法如下：

```
<form action="单击确定后执行的网页" method="提交方法">
<input type=" " name="">
```

<input type="">用于定义一个输入框；type属性决定输入框的类型。表单格式的具体使用如图3-27所示。

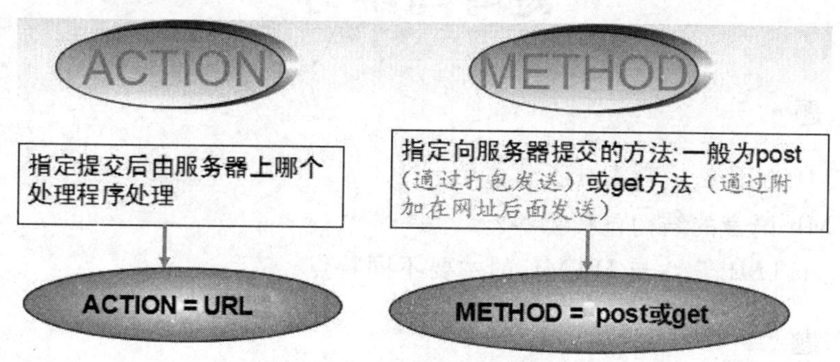

图3-27 表单格式的使用

任务实现

(1) 新建一个HTML页面，命名为register.html。

(2) 编写代码，具体如图3-28所示。

```
<body>
<div id="content">
    <dl>
        <form action="../html/zhuce.html" method="post">
        <dt><span>*</span>机游账号<input name="" type="text" id="username" /></dt>
        <dd id="usernameTips" class="greyColor">
6~18个字符，可使用字母、数字、下画线，需以字母开头</dd>
        <dt><span>*</span>密码<input name="" type="password" id="password" /></dt>
        <dd id="pwdTips" class="greyColor">6~16个字符,不区分大小写</dd>
        <dt><span>*</span>确认密码<input name="" type="password" id="repwd" /></dt>
        <dd id="repwdTips" class="greyColor">请再次填写密码</dd>
        <dd class="h30">
            <input name="" type="checkbox" id="readed" />

            <a href="#">同意"<span>服务条款</span>"和"<span>隐私权相关政策</span>"</a>
        </dd>
        <dd><a href="#" class="rit_bt"><img src="../public/images/register_bt.png" name=
"register" id="register" /></a></dd>
    </form></dl>
    <div class="clear"></div>
</div>


</body>
```

图 3-28　编写注册页面

(3) 按 F12 键预览页面的效果。

小　　结

本项目主要介绍了构成网页的 HTML 语言，从 HTML 语言的基础知识讲到 HTML 的组成，并以实际案例进一步剖析。对 HTML 的常用标识进行了归纳，并对重点标识进行了实例讲解，对珠海航展网站编程经常用到的、最关键的文本、图片、表格、表单、链接进行了细致的分析，尤其对 HTML 中文本和图片的显示样式进行了详细讲解。

思考与练习

1. 思考题

(1) HTML 是什么？它有什么特点？

(2) HTML 语言的结构包括哪些？

(3) 简述 HTML 5.0 与 HTML 的主要不同特点。

2. 操作题

(1) 在网页中插入一段文字，并进行空格、分行、分段排版，要求有一级标题、二级标题和正文，文字的字体、字号及颜色也不相同。

(2) 在网页中做一张课程表，要求所有的文字均居中，背景为黄色，表格居中，宽度为 500 像素，单元格间距与单元格边距为 20 厘米。

(3) 制作"人才招聘"表单页面，要求有应聘职位、姓名、联系电话、电子邮箱等项，如

图 3-29 所示，请用表单完成。

人才招聘	您所在位置：首页 > 人才招聘
应聘职位：	{request.job_title}
姓　　名：	
联系电话：	
电子邮箱：	
备　　注：	
上传简历：	
验 证 码：	
	提 交

图 3-29 人才招聘页面

项目 4　CSS 样式的应用

项目描述

CSS(Cascading Style Sheet,层叠样式表)是一种样式表语言,可用来描述网站的表示形式。用于控制网页样式并允许将网页表示形式与网页内容分离,可以统一定制多个网页的页面布局和页面元素的一致外观,它提供了便利的更新功能,能在不同页面上快速实现相同的格式,也可以在同一页面上快速实现不同内容具有相同的格式。珠海航展网站有多个页面,每个页面的正文格式一样,且每个页面上标题、正文、图片、表格的格式不一致,因此要快速实现这种效果,必须采用 CSS 样式。

知识目标

- 理解 CSS 的概念。
- 掌握层叠样式表的创建、管理。
- 掌握 CSS 样式的应用。

技能目标

- 熟练创建和管理 CSS 样式。
- 熟练应用 CSS 样式。

任务 4.1　使用 CSS 样式修饰文本

任务描述

使用 CSS 样式对 list.html 网页文本做精细的样式设置,标题设置为:仿宋、22 号字体,颜色为#4B9FD0;时间设置为:宋体、9 号字体,颜色为#999999,行高为 40 像素;正文设置为:宋体、12 号字体,颜色为#666666,行高为 21 像素;备注设置为:宋体、9 号字体,颜色为#CCCCCC,行高为 40 像素,设置后的效果如图 4-1 所示。

相关知识与技能

1. CSS 样式概述

CSS 是一组格式设置规则。CSS 不是一种程序设计语言,而是一种用于网页排版的标记性语言,是对现有 HTML 语言功能的补充和扩展。

图 4-1　list. html 页面样式的设置效果

1996 年出现的 CSS 是由 W3C(World Wide Web Consortium)组织开发的，可以对页面布局、背景、字体大小、颜色、表格等属性进行统一的设置，然后再用于页面各个相应的对象。CSS 样式是预先定义的一个格式的集合，包括字体、大小、颜色、对齐方式等。利用 CSS 样式可以使整个站点的风格保持一致，是网页设计中用途最广泛、功能最强大的元素之一。

(1) CSS 的功能

CSS 的功能一般可以归纳为以下几点。

- 灵活控制页面中文字的字体、颜色、大小、间距、风格及位置。
- 随意设置一个文本块的行高、缩进，并可以为其加入三维效果的边框。
- 更便于定位网页中的任何元素，设置不同的背景颜色和背景图片。
- 精确控制网页中各元素的位置，方便灵活地控制网页外观。
- 可以给网页中的元素设置各种过滤器，从而产生诸如阴影、模糊、透明等效果，而这些效果只有在一些图像处理软件中才能实现。
- 可以与脚本语言相结合，使网页中的元素产生各种动态效果。
- 提高页面浏览速度，易于维护和改版。

(2) CSS 的特点

- 文件的使用：很多网页为追求设计效果而大量使用图形，以至于网页的下载速度变得很慢。CSS 提供了很多的文字样式、滤镜特效等，可以轻松替代原来用图形才能表现的视觉效果。这样的设计不仅使修改网页内容变得更方便，也大大提高了下载速度。
- 集中管理样式信息：CSS 可以将网页要展示的内容与样式设定分开，也就是将网页的外观设定信息从网页内容中独立出来并集中管理。这样，当要改变网页外观时，只需要更改样式设定的部分，HTML 文件本身并不需要更改。

- 共享样式设定：将 CSS 样式信息存成独立的文件，可以让多个网页共同使用，从而避免了每一个网页文件中都要重复设定的麻烦。
- 将样式分类使用：多个 HTML 文件可使用一个 CSS 样式文件，一个 HTML 网页文件上也可以同时使用多个 CSS 样式文件。

2. CSS 样式分类

CSS 代码在网页中主要有 3 种存在的形式，内部样式表、内联样式表和外部样式表。

(1) 内部样式表

内部样式表是把样式表放到页面的<head>区内，这样定义样式的好处在于可以将整个页面中所有的 CSS 样式集中管理，以选择器为接口供网页浏览器调用。样式表是用<style>标记插入的，从下面的代码中可以看出<style>标记的用法。

```
<head>
  <style type="text/css">
    <!--
      h1 {font-family:宋体;font-size:12pt;color=blue}
    -->
  </style>
</head>
<body>
      <h1>在这里使用了 H1 标记</h1>
</body>
```

(2) 内联样式表

内联样式表是混合在 HTML 标记中使用的，用这种方法可以很简单地对某个元素单独定义样式。内联样式表的使用是直接在 HTML 标记中加入 style 参数，而 style 参数的内容就是 CSS 的属性和值。例如：

```
<body>
    <h1 style="font-family:宋体;font-size:12pt;color=blue">这是行间定义的 h1
    标记
    </h1>
</body>
```

(3) 外部样式表

外部样式表是一种独立的 CSS 样式，其一般是将代码存放在一个独立的文本文件中，这种外部的 CSS 文件与网页文档并没有什么直接的关系。导入外部样式表是指在内部样式表里导入一个外部样式表，导入时用@import，例如：

```
<head>
  <style type="text/css">
    <!--
      @import  "text.css "
    -->
  </style>
</head>
```

注意：导入外部样式表必须在<head>部分。

3. CSS 在页面中的表现形式

三种不同的源决定了网页上显示的样式：由页面的作者创建的样式表、用户自定义的样式和浏览器本身的默认样式。网页的最终外观是由这三种源的规则共同作用(或者层叠)的结果，最后以最佳方式呈现网页。

一个常见标签(段落标签，即<p>标签)可说明此概念。默认情况下，浏览器自身带有为段落文本(即位于 HTML 代码中<p>标签之间的文本)定义字体和字体大小的样式表。例如在 Internet Explorer 中，包括段落文本在内的所有正文文本都默认显示为 Times New Roman 中等字体。

但是作为网页的作者，可以为段落字体和字体大小创建能覆盖浏览器默认样式的样式表。例如，可以在样式表中创建以下规则。

```
P{
    font-family:Arial;
    font-size:samall;
}
```

当用户加载页面时，作者设置的段落字体和字体大小会取代浏览器的默认段落文本设置。

用户可以选择以最佳方式自定义浏览器显示。例如在 Internet Explorer 中，如果用户认为页面字体太小，则可以选择“查看”→“文字大小”→“最大”命令将页面字体扩展到更容易辨认的大小。最终(至少在这种情况下)用户的选择将覆盖段落字体大小的浏览器默认样式和网页作者创建的段落样式。

继承性是层叠的另一个重要部分，网页上的大多数元素的属性都是有继承性的。例如，段落标签从 body 标签中继承某些属性、span 标签从段落标签中继承某些属性，等等。因此，如果在样式表中创建以下规则。

```
body{
    font-family:Arial;
    font-style:italic;
}
```

网页上的所有段落文本(以及从段落标签继承属性的文本)都会是 Arial 斜体,因为段落标签从 body 标签中继承了这些属性。但是,可以使规则更具体,并创建一些能覆盖标准继承公式的样式。例如,在样式表中创建以下规则。

```
body{
    font-family:Arial;
    font-style:italic;
}
P{
    font-family:Courier;
    font-style:normal;
}
```

所有正文文本将是 Arial 斜体,但段落(及其继承的)文本除外,它们将显示为 Courier 常规(非斜体)。从技术上来说,段落标签首先继承为 body 标签设置的属性,但是随后将忽略这些属性,因为它具有本身已定义的属性。换句话说,虽然页面元素通常从上级继承属性,但是直接将属性应用于标签时始终会导致覆盖标准继承公式。

4. CSS 的基本语法

作为一种网页的标准化语言,CSS 有着严格的书写规范和格式。

(1) 基本组成

CSS 样式一般加在 head 部分,如<style type="text/css">和</style>分别被浏览器识别为 CSS 的开始和结束。而注释标签<!-- -->则是用于避免不支持 CSS 的浏览器将 CSS 内容作为网页正文显示在页面上。

通常情况下,CSS 的描述部分是由三部分组成的,分别是选择器、属性和属性值,一条完整的 CSS 样式语句包括以下几个部分。

```
Selector{
    Property:Value
}
```

在上面的代码中,各关键词的含义如下。

- Selector:即选择器,其作用是为网页中的标签提供一个标识,以供其调用。
- Property:即属性,其作用是定义网页标签样式的具体类型。
- Value:属性值是属性所接收的具体参数。

(2) 书写规范

虽然杂乱的代码同样可被浏览器读取,但是书写简洁、规范的 CSS 代码可以给修改和编辑网页带来很大的便利。

在书写 CSS 代码时,需要注意以下几点。

① 单位的使用。在 CSS 中,如果属性值是一个数字,那么用户必须为这个数字安排一个具体的单位,除非该数字是由百分比组成的比例,或者数字为 0。

例如，分别定义两个层，其中第 1 层为父容器，以数字属性值设置宽度；而第二层为子容器，以百分比设置宽度。

```
#parentCont{
    Width:1024px
}
#childCont{
   Width:60%
}
```

② 引号的使用。多数的 CSS 属性值都是数字值或预先定义好的关键字，然而，有一些属性值则是含有特殊意义的字符串。这时候引用这样的属性值就需要为其添加引号。典型的字符串属性就是各种字体的名称。

```
span{
   font-family:"仿宋";
}
```

③ 多重属性。如果在这条 CSS 代码中有多个属性并存，则每个属性之间需要以分号“;”隔开。

```
.content{
  Color:#FFFFFF;
  font-family:"幼圆体";
  font-size:16px;
}
```

④ 大小写敏感和空格。CSS 对字母大小写十分敏感，它区分字母的大小写。除了一些字符串式的属性值以外，CSS 中的属性和属性值必须小写。

(3) 注释

与多数编程语言一样，用户也可以为 CSS 代码进行注释，但与同样用于网页的 XHTML 语言注释方式不同。在 CSS 中，注释以“/”和“*”开头，以星号“*”和“/”结尾。

```
.text{
   font-family:"幼圆体";
  font-size:16px;
   /*设置字体和大小*/
}
```

(4) 文档的声明

在外部 CSS 文件中，通常需要在文件的头部创建 CSS 的文档声明，以定义 CSS 文档的一些基本属性。常用的文档声明如表 4-1 所示。

表 4-1　常用的文档声明

声明类型	作　用	声明类型	作　用
@import	导入外部 CSS 文件	@fontdef	定义嵌入的字体定义文件
@charset	定义当前 CSS 文件的字符集	@page	定义页面的版式
@font-face	定义嵌入 XHTML 文档的字体	@media	定义设备类型

5. CSS 设计器

选择“窗口”→“CSS 设计器”命令，打开“CSS 设计器”面板，该面板有“全部”和“当前”两种模式，如图 4-2 所示。

- “全部”模式：包括“源”“媒体”“选择器”和“属性”四个窗格。
- “当前”模式：窗格的结构和类型与全部模式类似。

(1)“源”窗格

在 Dreamweaver 中打开网页文档，然后选择“窗口”→“CSS 设计器”命令，打开“CSS 设计器”面板。单击该面板上的“源”窗格并选择“+”符号，弹出如图 4-3 中方框所示的三个选项。

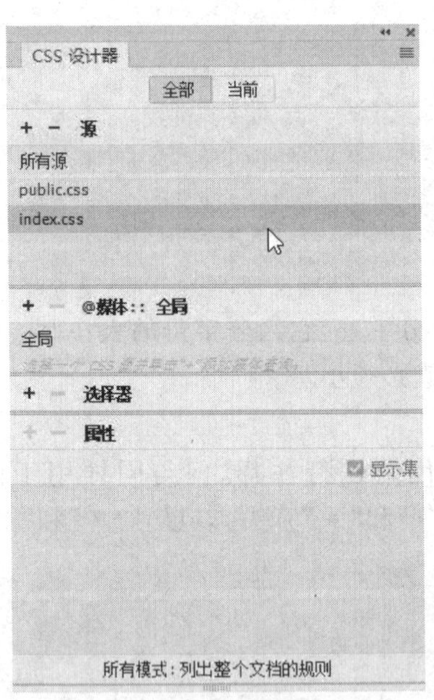

图 4-2　“CSS 设计器”面板

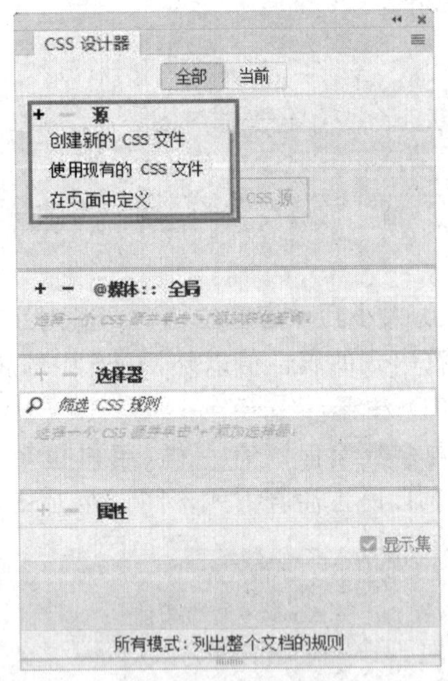

图 4-3　“源”窗格选项

- 创建新的 CSS 文件：选择该选项后，弹出如图 4-4 所示的对话框，输入相应的文件名，单击“确定”按钮即可。此时会创建一个新的 CSS 文档用来存放公共页面的 CSS 样式。
- 使用现有的 CSS 文件：选择该选项后，弹出如图 4-5 所示的对话框，可通过“链接”或“导入”的方式找到已经设置好的 CSS 文档。使用外部 CSS 的优点是用户可以为多个 HTML 文档使用同一个 CSS 文件，通过一个文件控制这些 HTML 文档；“有条件使用(可选)”选项是可用媒体查询设置，如图 4-6 所示，该选项的作用是根据打开网页的设备类型判断使用哪一个 CSS 文档。用户可以通过链接外部样式表为同一网页导入多个 CSS 样式规则文档，然后指定不同的媒体。这样，当用户以不同的设备访问网页时将呈现不同的样式效果。设置完成后，单击“确定”按钮即可。

- 在页面中定义：在当前页面中直接定义 CSS 样式，选择后在“源”窗格中出现＜style＞，在当前文档代码窗口中出现如图 4-7 所示的 style 格式。

图 4-4　创建新的 CSS 文件

图 4-5　使用现有的 CSS 文件

图 4-6　根据网页设备选择 CSS 文件

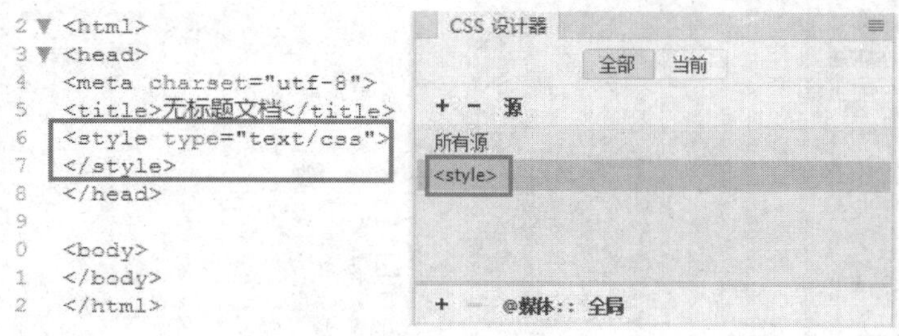

图 4-7　在页面中定义 CSS 样式

(2)“媒体”窗格

单击“@媒体”窗格中的 + 按钮来添加新的媒体查询，显示“定义媒体查询”对话框，如

图 4-8 所示，其中列出 Dreamweaver 支持的所有媒体查询条件，可根据需要添加条件。

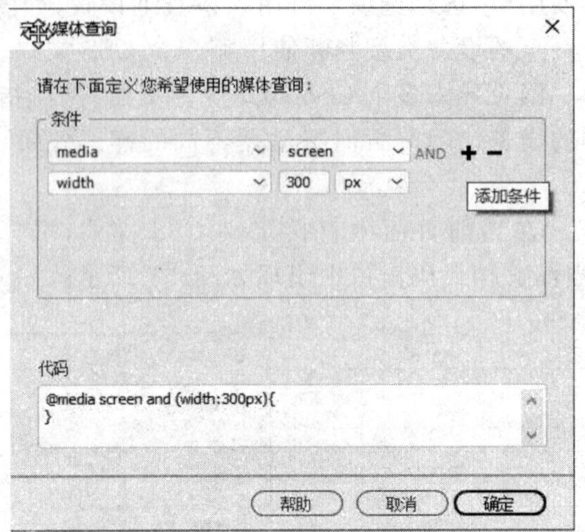

图 4-8 “定义媒体查询”对话框

(3)“选择器”窗格

单击“CSS 设计器”面板中的“选择器”窗格中的 + 按钮，鼠标光标下方出现“添加选择器”字样，打开“新建 CSS 规则”对话框，如图 4-9 所示。例如，设置自定义的 test 选择器，在属性窗格中选择“text-align:center”，在当前文档代码窗口的＜style＞标签中会显示相应的 test 属性和值，如图 4-10 所示。

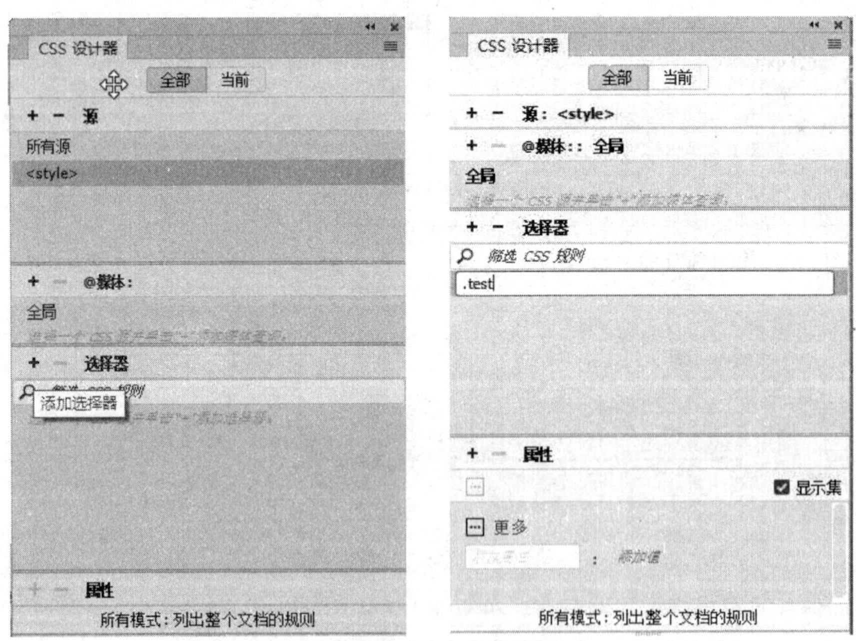

图 4-9 添加选择器

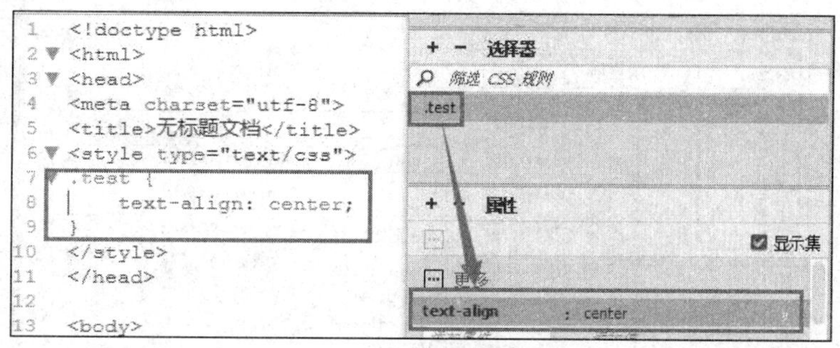

图 4-10　自定义选择器属性

（4）“属性”窗格

在设置了源和选择器后，属性成为可编辑的状态，否则就是灰色不可编辑状态，如图 4-11 所示。

在该窗格中取消勾选“显示集”复选框，则弹出如图 4-12 所示的样式。

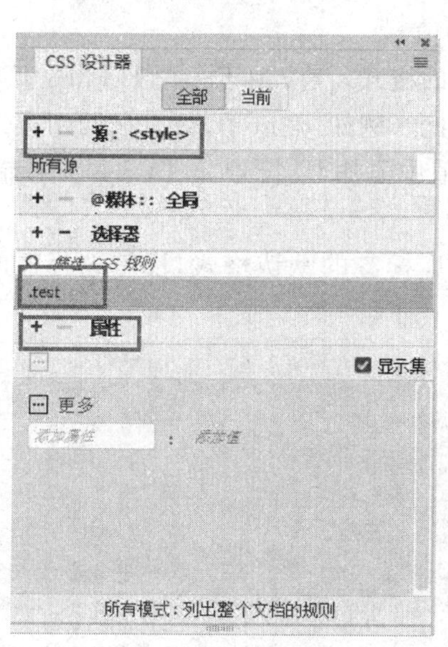

图 4-11　“属性”窗格

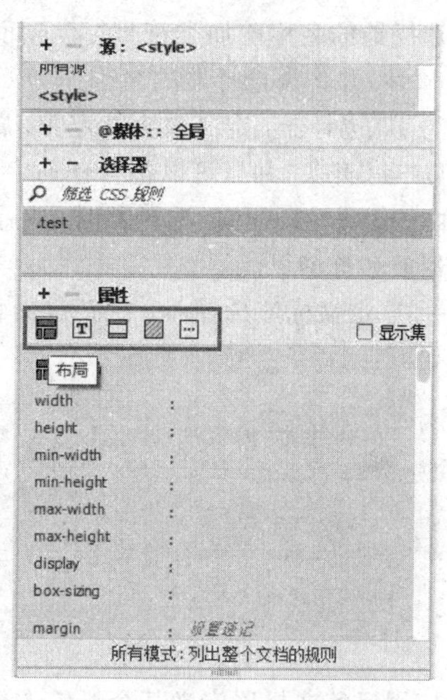

图 4-12　改变后的“属性”窗格

此时，显示布局、文本、边框和背景等规则分类，默认情况下是布局分类，在该分类下方出现相应的标签，根据需要进行设置即可。以前的老版本 CSS 规则是通过每个界面的方式显示，如图 4-13 所示。

下面介绍的选择器类型有以下几种。

① 类选择器：在使用 CSS 定义网页样式时，经常需要对某一些不同的标签进行定义，使之呈现相同的样式。在实现这种功能时，就需要使用类选择器，如图 4-1 所示的“. test”属于文本的类选择器。

类选择器可以把不同的网页标签归为一类，简化 CSS 代码。在使用类选择器时，需

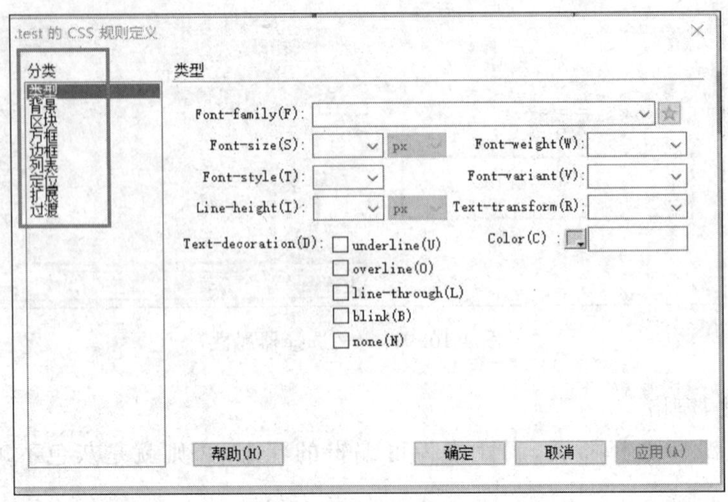

图 4-13 老版本 CSS 规则的定义

要类选择器的名称前加类符号“.”。而在调用类的样式时，则需要为 XHTML 标签添加 class 属性，并将类选择器的名称作为 class 属性的值。

② ID 选择器：定义包含特定 ID 属性的标签的格式，仅应用于一个 HTML 元素，ID 必须以“#”开头，并且可以包含任何字母和数字组合（例如，#myID1）。在调用类选择器时，通过 id 属性调用 ID 选择器时，不需要在属性值中添加 ID 符号“#”，而是直接输入 ID 选择器的名称即可。

③ 重定义标签选择器：重新定义特定 HTML 标签的默认格式，标签选择器的 CSS 代码如下：

```
@ charset "utf-8";
/* CSS Document */
p {
  font-size: 18px;
  color: #0000FF;
}
```

使用标签选择器定义某个标签的样式后，在整个网页文档中，所用该类型的标签都会自动应用这一样式。CSS 在原则上不允许对同一标签的同一个属性进行重复定义。不过在实际操作中，将以最后一次定义的属性值为准。

④ 复合内容选择器：定义同时影响两个或多个标签、类或 ID 的复合规则。

6. 设置文本 CSS 样式

文本的样式多种多样，使用 CSS 样式表，用户既可为文字设置样式，也可为文本对象设置样式。

（1）设置文字样式

在 CSS 中，用户可以方便地设置文本的字体、尺寸、前景色、粗体、斜体和修饰等。

① 字体。设置文字的字体需要使用 CSS 样式表的 font-family 属性。在默认情况下，font-family 属性的值为 Times New Roman，用户可以为 font-family 设置各种各样的中文或其他语言的字体，例如黑体、仿宋等。每种字体的名称都应用英文双引号包括，如需要为文字设置备用的字体，可为已添加的字体添加一个逗号，将多个字体隔开。例如，设置 ID 为 loadtext 的内联文本的字体为“宋体，仿宋，黑体”，代码如下：

```
#loadtext {font-family :"宋体,仿宋,黑体";}
```

② 尺寸。尺寸是字体的大小。使用 CSS，用户可以通过 font-size 属性定义文本字体的尺寸，单位可以是相对单位，也可以是绝对单位。例如，下面的代码设置网页中所有正文的文本尺寸为 20px。

```
Body { font-size : 20px}
```

③ 前景色。前景色是文字本身的颜色。设置文字的前景色，可使用 CSS 的 color 属性，其属性值可以是 6 位十六进制色彩值，也可以是 RGB()函数的值或颜色的英文名称。

例如，设置文本的颜色为红色可使用以下几种方法。

```
Color : #ff0000;
Color : RGB(255,0,0);
Color : red;
```

④ 粗体。加粗是一种重要的文本凸显方式。使用 CSS 设置文字的粗体，可以使用 font-weight 属性。font-weight 的属性值可以是关键字或数字，如表 4-2 所示。

表 4-2　粗体属性表

关键字	属性值	说　明	关键字	属性值	说　明
normal	400	标准字体	bolder	800～900	更粗
bold	700	加粗	lighter	100～300	较细

设置代码如下：

```
.boldText {font-weight :bold;}
```

⑤ 斜体。斜体是各种字母文字的一种特殊凸显方式。使用 CSS 设置文字的斜体，可使用 font-style 属性。font-style 的属性值主要包括 normal（标准的非倾斜文本）、italic（带有斜体变量的字体所使用的倾斜）、oblique（无斜体变量的字体所使用的倾斜）。

⑥ 修饰。修饰是指为文字添加各种外围的辅助线条，使文本更加突出，便于用户识别。使用 CSS 设置文本的修饰，可使用 font-decoration 属性。修饰的样式通常应用在网页的超链接中。例如，删除网页中所有超链接的下画线，可以直接设置 font-decoration 属性，代码设置如下：

```
a  {font-decoration :none;}
```

(2) 设置文本对象的样式

文本对象往往是由文字组成的各种单位，例如段落、标题等。设置文本对象的样式往往与文本的排版密切相关，包括设置文本的行高、段首缩进、水平对齐方式、垂直对齐方式等。

① 行高。行高是文本行的高度。使用 CSS 设置文本对象的行高，可使用 line-height 属性，其属性值既可以是相对长度，也可以是绝对长度，设置代码如下：

```
P {line-height : 25px}
```

② 段首缩进。段首缩进是区别段落与段落的一种文本排版方法，其可以设置段落的开头行向后缩进一段距离。

使用 CSS 设置文本的段首缩进，可使用 CSS 的 tex-indent 属性，其属性值既可以是相对长度，也可以是绝对长度，如下设置代码段首行缩进 2 个字符。

```
P {text-indent : 2em}
```

③ 水平对齐方式。使用 CSS 样式设置文本对象的水平对齐方式可以使用 text-align 属性，其属性值主要包括 left(默认值，左对齐)、right(右对齐)、center(居中对齐)、justify(两端对齐)。水平对齐方式设置代码如下：

```
#exText {text-align : center}
```

④ 垂直对齐方式。垂直对齐方式设置代码如下：

```
Span {vertiacal-align : sub}
```

7. 应用 CSS 样式修饰文本

选择要应用样式的文本，然后单击“属性”面板中的类，选择 title 样式，如图 4-14 所示。

任务实现

1. 创建样式

选择“窗口”→“CSS 设计器”命令，打开“CSS 设计器”面板，在“源”窗格中选择“页面中定义”。

(1) 在“选择器”窗格中新建 title 样式，并按要求设置字体样式，选择 **T** 按钮，在文本属性中显示出如图 4-15 所示的界面。在该界面中选择“default font-管理字体”，弹出如图 4-16 所示的界面，在选项卡中选择“自定义字体堆栈”，然后选择“微软雅黑”，如图 4-17 所示，单击“完成”按钮即可。

图 4-14　应用 CSS 样式

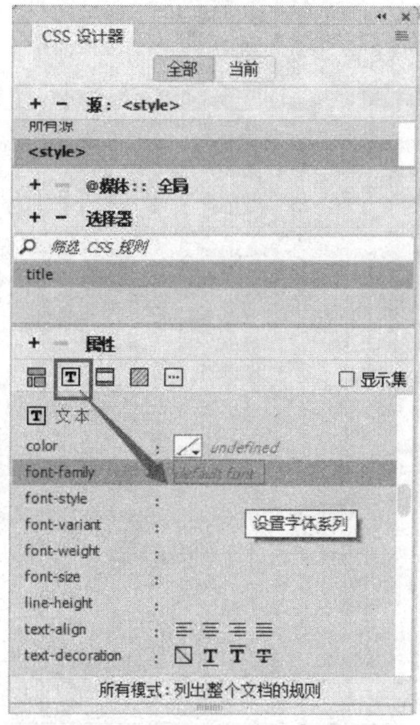

图 4-15　设置文本的属性

图 4-16　自定义字体堆栈

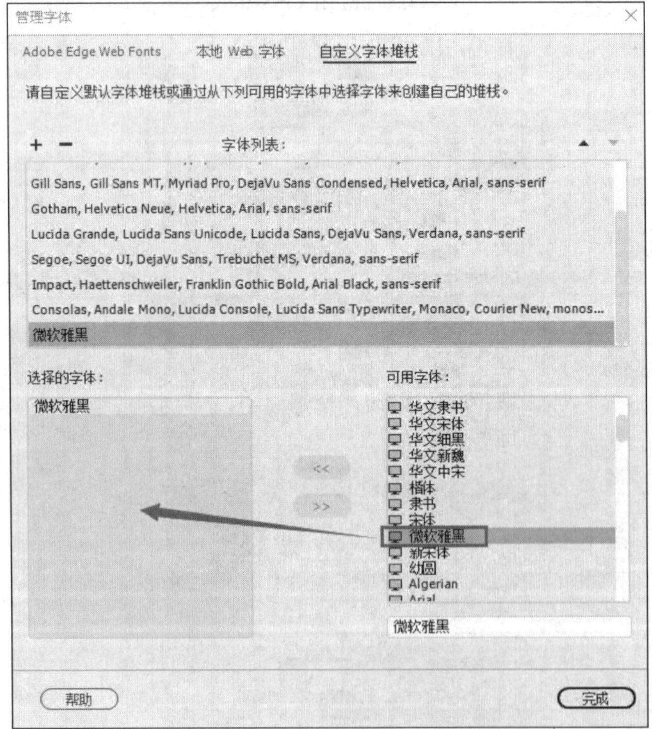

图 4-17　选择“微软雅黑”字体

回到"CSS 设计器"面板中,进行"font-family：微软雅黑""font-size：22px"和"color：＃4B9FD0"的设置,结果如图 4-18 所示。

(2) 用类似的方法进行 time 样式(见图 4-19)、content 样式(见图 4-20)和 other 样式(见图 4-21)的设置。

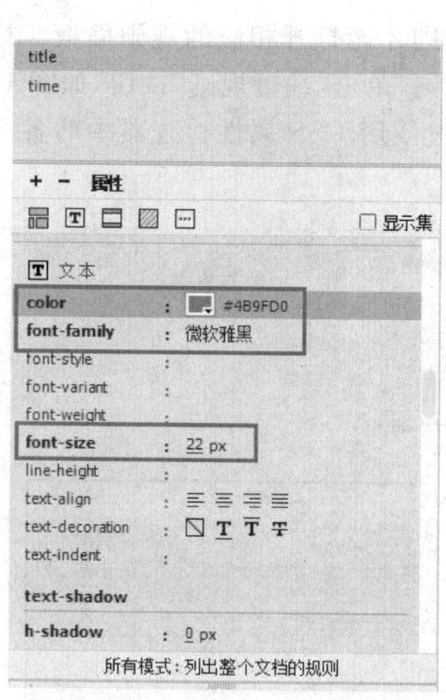

图 4-18　创建 title 样式

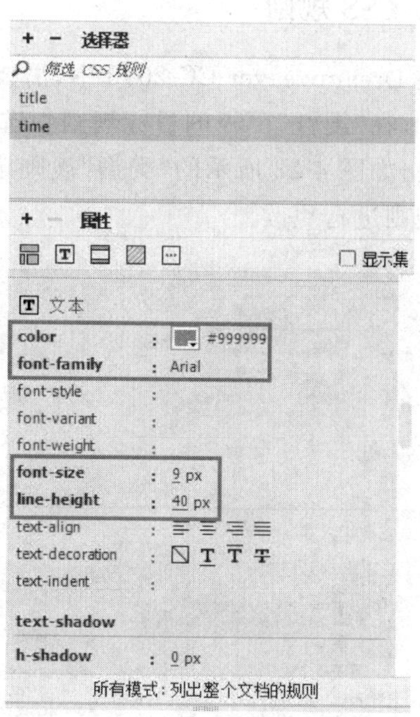

图 4-19　time 样式

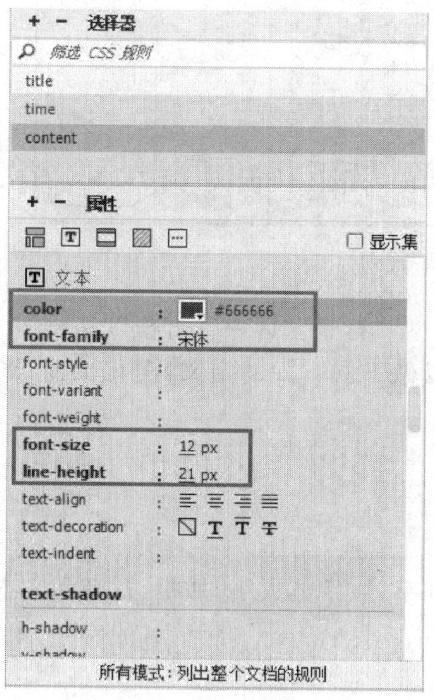

图 4-20　content 样式

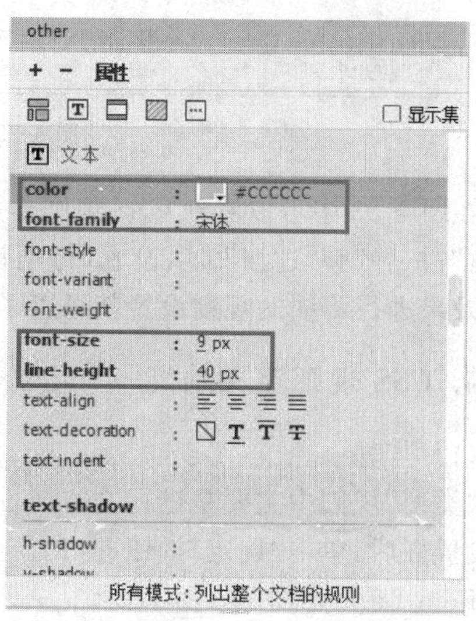

图 4-21　other 样式

2. 应用样式

对各文本进行样式应用,最终应用样式后的效果如图 4-1 所示。

3. CSS 规则

在 Dreamweaver CC 2018 中,需要通过编辑规则才能打开相应的规则面板。打开上述实例,在“属性”面板的目标规则中选择“.text”规则,单击“编辑规则”按钮,如图 4-22 所示,弹出如图 4-23 所示的“类型”规则定义界面,通过使用 CSS 属性检查器中的各个选项对该规则进行更改。

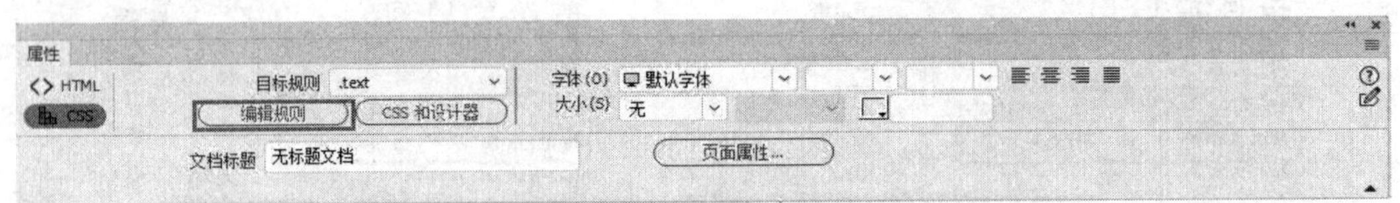

图 4-22 CSS 编辑规则

图 4-23 CSS“类型”规则

在图 4-23 中可以看到 CSS 规则分类包括“类型”“背景”“区块”“方框”“边框”“列表”“定位”“扩展”和“过渡”9 项设置,每项设置都可以做不同方面的定义,美化页面,根据需要的效果进行不同的规则设置就可以了。

4. CSS 规则定义功能

(1) 类型

“类型”规则中主要是进行文本属性的设置,如字体、字体大小、加粗、行高和文本颜色等,设置好后,单击“确定”按钮即可。

Font-family:字体。

Font-size:字体大小。

Font-weight：字体粗细。

Font-style：字体风格，如斜体、正常等。

Font-variant：字体变量(用来设定字体是正常显示，还是以大写字母显示)。

Line-height：行高(用来设定字行间距)。

Text-transform：文本转换(用来设定字体的大小写转换)。

Text-decoration(字体装饰)：underline 表示下画线，overline 表示上画线，line-through 表示线穿过，blink 表示闪光，none 表示“无”。

Color：用来设置字体颜色。

注意：“字体”“大小”“文本颜色”“粗体”“斜体”和“对齐”属性始终显示应用于“文档”窗口中当前所选内容的规则的属性。在更改其中的任何属性时，将会影响目标规则。

(2) 背景

“背景”规则中的设置有背景颜色、背景图像、背景图的重复方向(无方向、X 方向和 Y 方向)等，如图 4-24 所示，设置完毕后单击“确定”按钮即可。

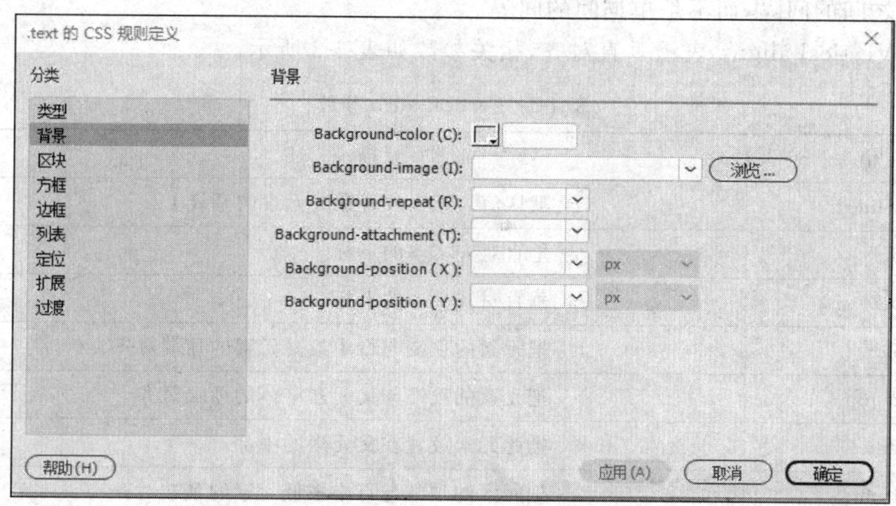

图 4-24　CSS“背景”规则

- Background-color：表示背景颜色。
- Background-image：表示背景图片。
- Background-repeat：表示背景重复。
- Background-attachment：表示背景附着(用来设定背景图片是否随文档滚动)。
- Background-position(X)：表示背景位置 X。
- Background-position(Y)：表示背景位置 Y。

(3) 区块

“区块”规则中可以对字符间距、文本缩进、对齐方式等进行设置，如图 4-25 所示，设置完毕后单击“确定”按钮即可。

- Word-spacing：表示控制单词间的间隔。所谓单词，就是用空格分开的字符串。
- Letter-spacing：表示字符间距，与 Word-spacing 相似，不过它控制的是单个字符

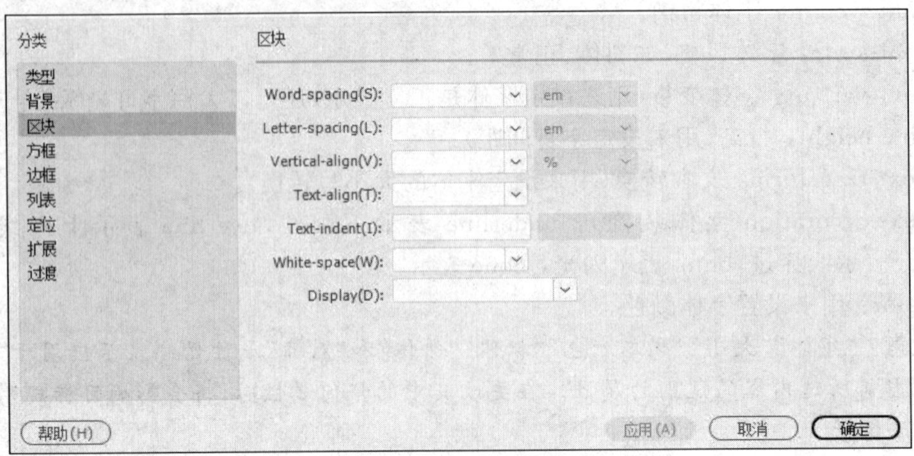

图 4-25　CSS“区块”规则

之间的间隔，而不是单词间的间隔。

- Vertical-align：表示垂直对齐，相关参数如表 4-3 所示。

表 4-3　Vertical-align 参数

值	描　述
baseline	默认值。元素放置在父元素的基线上
sub	垂直对齐文本的下标
super	垂直对齐文本的上标
top	把元素的顶端与行中最高元素的顶端对齐
text-top	把元素的顶端与父元素字体的顶端对齐
middle	把此元素放置在父元素的中部
bottom	把元素的顶端与行中最低元素的顶端对齐
text-bottom	把元素的底端与父元素字体的底端对齐

- Text-align：表示水平对齐，相关参数如表 4-4 所示。

表 4-4　Text-align 参数

值	描　述
left	把文本排列到左边。默认值由浏览器决定
right	把文本排列到右边
center	把文本排列到中间
justify	实现两端对齐的文本效果

- Text-indent：表示文本缩进。
- White-space：设置如何处理元素内的空白，相关参数如表 4-5 所示。

表 4-5　White-space 参数

值	描　述
normal	默认值。空白会被浏览器忽略
pre	空白会被浏览器保留。其行为方式类似 HTML 中的<pre>标签
nowrap	文本不会换行，文本会在同一行上继续，直到遇到 标签为止

- Display：规定元素应该生成的框的类型，参数有很多个，如表 4-6 所示，常用的是 none、inline 和 block。

表 4-6　Display 参数

值	描　述
none	此元素不会被显示
block	此元素将显示为块级元素，此元素前后会带有换行符
inline	默认值。此元素会被显示为内联元素，元素前后没有换行符
inline-block	行内块元素（CSS 2.1 新增的值）
list-item	此元素会作为列表显示
run-in	此元素会根据上下文作为块级元素或内联元素显示
compact	CSS 中有值 compact，不过由于缺乏广泛支持，已经从 CSS 2.1 中删除
marker	CSS 中有值 marker，不过由于缺乏广泛支持，已经从 CSS 2.1 中删除
table	此元素会作为块级表格来显示（类似<table>），表格前后带有换行符
inline-table	此元素会作为内联表格来显示（类似<table>），表格前后没有换行符
table-row-group	此元素会作为一个或多个行的分组来显示（类似<tbody>）
table-header-group	此元素会作为一个或多个行的分组来显示（类似<thead>）
table-footer-group	此元素会作为一个或多个行的分组来显示（类似<tfoot>）
table-row	此元素会作为一个表格行显示（类似<tr>）
table-column-group	此元素会作为一个或多个列的分组来显示（类似<colgroup>）
table-column	此元素会作为一个单元格列显示（类似<col>）
table-cell	此元素会作为一个表格单元格显示（类似<td>和<th>）
table-caption	此元素会作为一个表格标题显示（类似<caption>）
inherit	规定应该从父元素继承 display 属性的值

（4）方框

“方框”规则主要是进行页面布局的设置，如图 4-26 所示，设置完毕后单击“确定”按钮即可。

- Width：表示宽度。
- Height：表示高度。

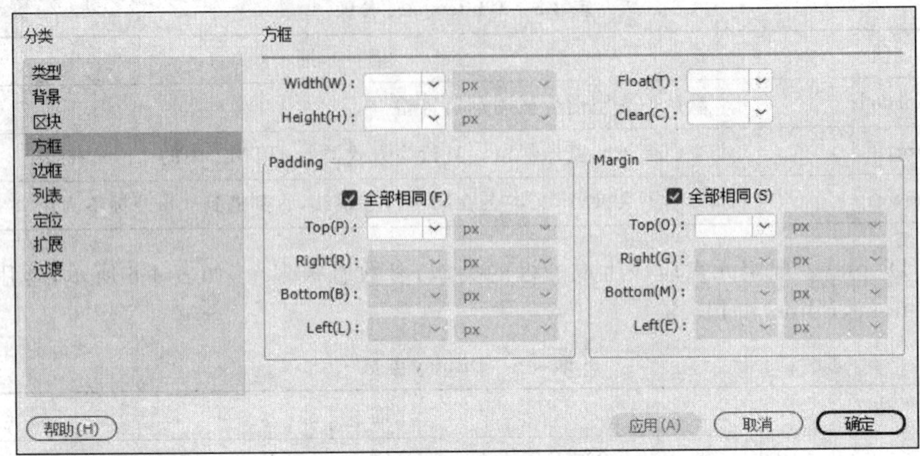

图 4-26　CSS“方框”规则

- Float：定义元素在哪个方向浮动，参数如表 4-7 所示。

表 4-7　Float 参数

值	描　述
left	元素向左浮动
right	元素向右浮动
none	默认值。元素不浮动，并会显示出其在文本中出现的位置

- Clear：规定元素的哪一侧不允许出现其他浮动元素，参数如表 4-8 所示。

表 4-8　Clear 参数

值	描　述
left	在左侧不允许出现浮动元素
right	在右侧不允许出现浮动元素
both	在左右两侧均不允许出现浮动元素
none	默认值。允许浮动元素出现在两侧

- Padding：表示间隙(设定间隙的宽度)。
- Margin：表示边距(用来设定边距的宽度)。

(5) 边框

“边框”规则主要是进行页面边框的设置，如图 4-27 所示，设置完毕后单击“确定”按钮即可。

- Style：表示样式(如虚线等)，参数如表 4-9 所示。
- Width：表示宽度，参数如表 4-10 所示。
- Color：表示颜色。

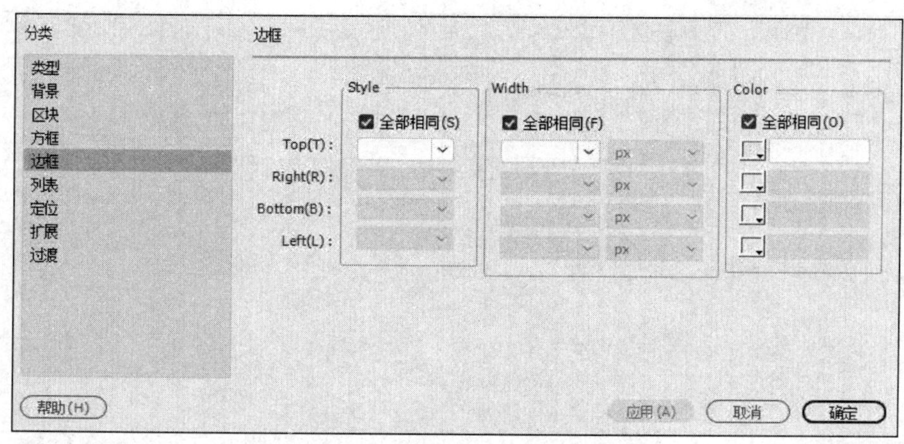

图 4-27　CSS“边框”规则

表 4-9　Style 参数

值	描　述
none	定义无边框
dotted	定义点状边框。在大多数浏览器中呈现为实线
dashed	定义虚线。在大多数浏览器中呈现为实线
solid	定义实线
double	定义双线。双线的宽度等于 border-width 的值
groove	定义 3D 凹槽边框。其效果取决于 border-color 的值
ridge	定义 3D 垄状边框。其效果取决于 border-color 的值
inset	定义 3D inset 边框。其效果取决于 border-color 的值
outset	定义 3D outset 边框。其效果取决于 border-color 的值

表 4-10　Width 参数

值	描　述
thin	定义细的边框
medium	默认值。定义中等的边框
thick	定义粗的边框

（6）列表

“列表”规则主要是进行页面中的文本或图片(像)列表的设置，如图 4-28 所示，设置完毕后单击“确定”按钮即可。

- List-style-type：表示列表样式类型，参数有很多，常用的如表 4-11 所示。
- List-style-image：表示列表样式图片。
- List-style-Position：表示列表样式位置，参数如表 4-12 所示。

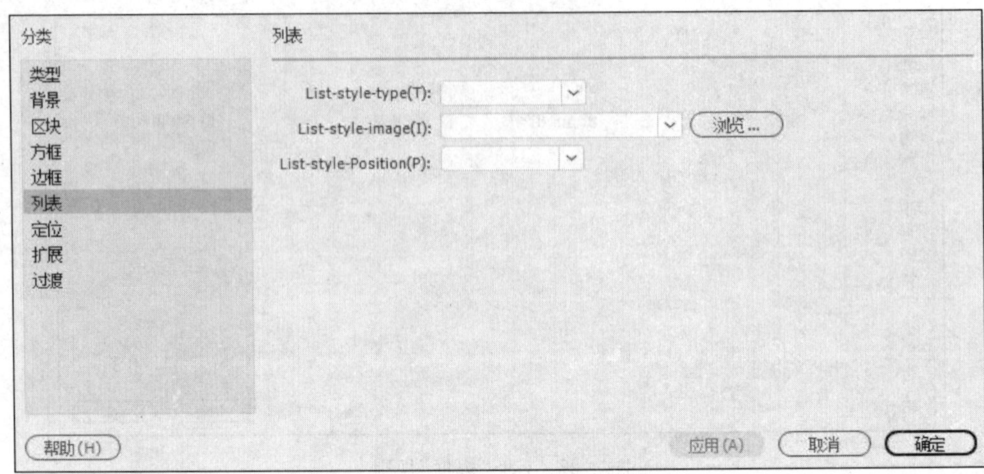

图 4-28　CSS“列表”规则

表 4-11　List-style-type 常用的参数

值	描　述
none	无标记
disc	默认值。标记是实心圆
circle	标记是空心圆
square	标记是实心方块
decimal	标记是数字

表 4-12　List-style-Position 参数

值	描　述
inside	列表项目标记放置在文本以内，且环绕文本根据标记对齐
outside	默认值。保持标记位于文本的左侧。列表项目标记放置在文本以外，且环绕文本不根据标记对齐

(7) 定位

“定位”规则对页面元素进行定位设置，如图 4-29 所示，设置完毕后单击“确定”按钮即可。

- Position：规定元素的定位类型，参数如表 4-13 所示。
- Width：表示宽度。
- Height：表示高度。
- Visibility：规定元素是否可见(即使不可见，但仍占用空间，建议使用 display 来创建不占页面空间的元素)，参数如表 4-14 所示。
- Z-Index：设置元素的堆叠顺序(该属性设置一个定位元素沿 Z 轴的位置，Z 轴定义为垂直延伸到显示区的轴。如果为正数，则表示离用户更近；如果为负数，则表示离用户更远)。

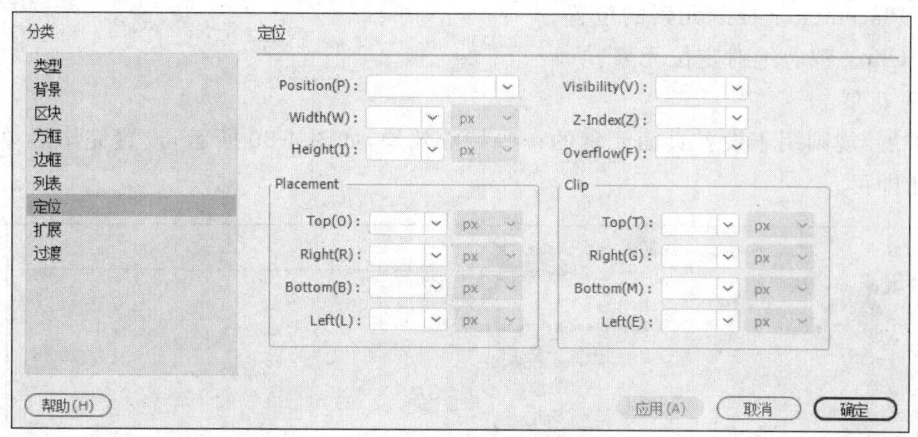

图 4-29　CSS"定位"规则

表 4-13　Position 参数

值	描　述
absolute	生成绝对定位的元素，相对于 static 定位以外的第一个父元素进行定位。 元素的位置通过 Left、Top、Right 以及 Bottom 属性进行设定
fixed	生成绝对定位的元素，相对于浏览器窗口进行定位。 元素的位置通过 Left、Top、Right 以及 Bottom 属性进行设定
relative	生成相对定位的元素，相对于其正常位置进行定位。 "Left：20"会向元素的 Left 位置添加 20 个像素
static	默认值。没有定位，元素出现在正常的流中(忽略 Top、Bottom、Left、Right 或者 Z-Index 声明)

表 4-14　Visibility 参数

值	描　述
visible	默认值。元素是可见的
hidden	元素是不可见的
inherit	规定应该从父元素继承 Visibility 属性的值

• Overflow：规定当内容溢出元素框时发生的事情，参数如表 4-15 所示。

表 4-15　Overflow 参数

值	描　述
visible	默认值。内容不会被修剪，会呈现在元素框之外
hidden	内容会被修剪，并且其余内容是不可见的
scroll	内容会被修剪，但是浏览器会显示滚动条以便查看其余的内容
auto	如果内容被修剪，则浏览器会显示滚动条以便查看其余的内容

- Placement：控制元素的位置。
- Clip：裁剪绝对定位元素。

(8) 扩展

"扩展"规则用于设置页面元素的一些特殊效果，如图 4-30 所示，设置完毕后单击"确定"按钮即可。

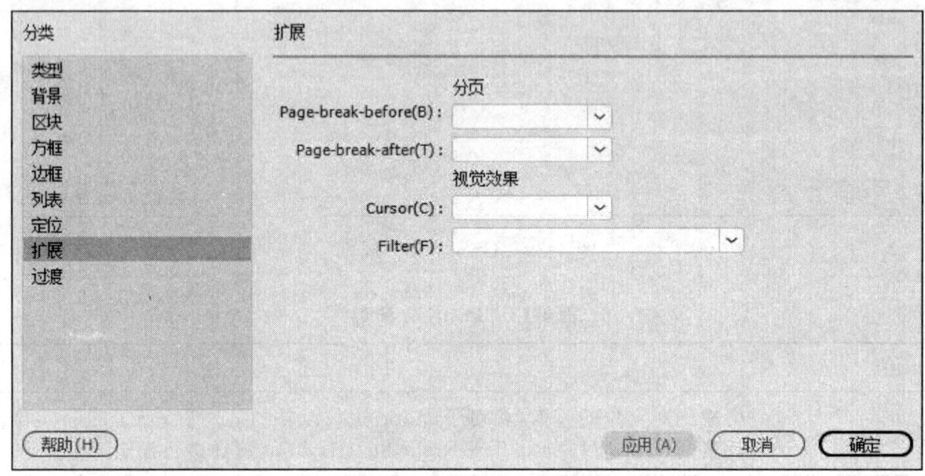

图 4-30 CSS"扩展"规则

- Page-break-before：在样式所控制的对象之前强行分页。
- Page-break-after：在样式所控制的对象之后强行分页。
- Cursor：规定要显示的光标的类型，参数如表 4-16 所示。

表 4-16 Cursor 参数

值	描　述
crosshair	光标呈现为十字线型
text	此光标表示文本
wait	此光标表示程序正忙（通常是一个沙漏）
pointer	光标呈现为指示链接的指针（一只手）
default	默认光标（通常是一个箭头）
help	此光标指示可用的帮助（通常是一个问号或一个气球）
e-resize	此光标指示矩形框的边缘可被向右（东）移动
ne-resize	此光标指示矩形框的边缘可被向上及向右移动（北/东）
n-resize	此光标指示矩形框的边缘可被向上（北）移动
nw-resize	此光标指示矩形框的边缘可被向上及向左移动（北/西）
w-resize	此光标指示矩形框的边缘可被向左移动（西）
sw-resize	此光标指示矩形框的边缘可被向下及向左移动（南/西）

续表

值	描　述
s-resize	此光标指示矩形框的边缘可被向下移动(南)
se-resize	此光标指示矩形框的边缘可被向下及向右移动(南/东)
auto	默认值。浏览器设置的光标

- Filter：表示滤镜效果，内容很多，部分浏览器不支持其中的一部分参数，不建议使用。

(9) 过渡

"过渡"规则用于设置一些过渡效果，过渡效果一般是由浏览器直接改变元素的 CSS 属性来实现的，比如，如果使用:hover 选择器，一旦用户将鼠标光示悬停在元素之上，浏览器就会应用跟选择器关联的属性。如图 4-31 所示，设置完毕后单击"确定"按钮。

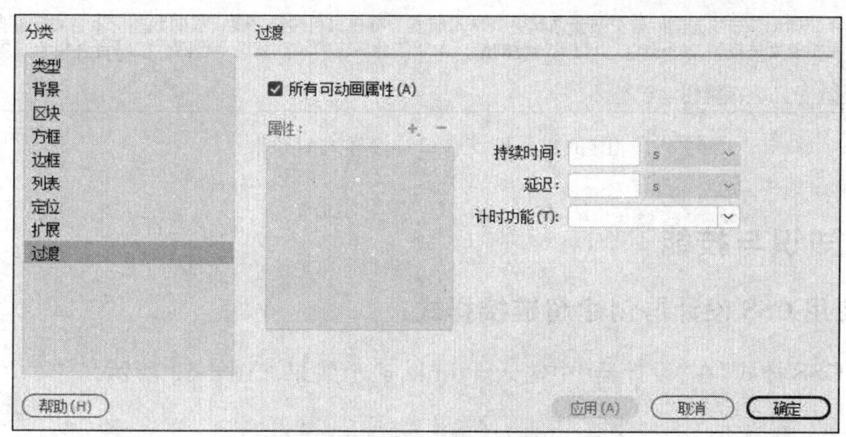

图 4-31　CSS"过渡"规则

任务 4.2　设置超链接样式

任务描述

网页中的文本超链接自动显示为蓝色，并加下画线，很多时候需要改变这种样式，以和网页的整体风格相适应，使用 CSS 样式就可以很轻松地做到。本任务设置 list.html 网页中的超链接样式，如图 4-32 所示，使标题的下画线不显示，当鼠标光标移经标题时显示下画线。在阅读、评论、编辑、阅读全文时，这些文字的超链接使其在正常、鼠标光标移经、访问后的不同状态显示出不同的样式。

2018第十二届中国国际航空航天博览会

2018-03-11 21:00:00

第十二届中国航展将于2018年11月6—11日在珠海举行，我们诚邀您及贵公司参加第十二届中国航展，分享

阅读(2) | 评论(0)| 编辑 | 阅读全文

南洋科技：彩虹无人机产品拟参展2018年珠海航展

2018-07-06 08:16:58

彩虹无人机技术指标已达世界先进水平。彩虹军用无人机以察打一体为特色，出口至十余个国家和地区，安全、航空物探、森林防火、海洋海事、遥感通信等领域服务军队建设及国民经济发展。

阅读(2)| 评论(0)| 编辑 | 阅读全文>>

2018年珠海航展有望亮相的四款高端飞机，就差轰20了

2018-03-12 22:00:00

2018年，第十二届中国国际航空航天博览会（珠海航展）将在11月拉开序幕，届时我国空军会展出哪些机品，包括备受关注的"20系列"。更值得一提的是，中航工业将全力推动我国两型四代机联合亮相十二届珠

阅读(2)| 评论(0) |编辑|阅读全文>>

图 4-32　未设置超链接样式的效果

相关知识与技能

1. 使用 CSS 设计器创建超链接样式

新建 CSS 样式，在"设计器"中输入 a:link，显示效果如图 4-33 所示。

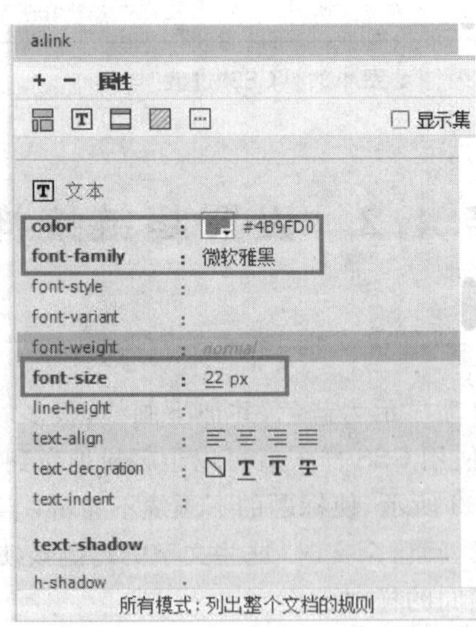

图 4-33　设置 a:link 样式

- a:link——表示未访问的超链接。

- a:visited——表示已访问过的超链接。
- a:hover——表示鼠标指针移到文字上时的超链接。
- a:active——表示正在访问的超链接。

2. 使用代码创建超链接样式

(1) 制作丰富的超链接特效

在 HTML 语言中,超链接是通过标记<a>来实现的,链接的具体地址则是利用<a>标记的 href 属性,其代码如下:

```
<a href="http://www.zhuhaispy.cn">珠海航展</a>
a{/* 超链接的样式 */  text-decoration:none;/* 去掉下画线 */}
```

(2) 创建按钮式超链接

跟所有 HTML 页面一样,建立最简单的菜单结构,本例使用和上面实例相同的 HTML 结构,代码如下:

```
<body>
     <a href="home.htm">Home</a>
     <a href="east.htm">East</a>
     <a href="west.htm">West</a>
     <a href="north.htm">North</a>
     <a href="south.htm">South</a>
</body>
<style>
  a{ display:block;           /*设置为块级元素*/
     font-family: Arial;      /*统一设置所有样式 */
     font-size: .8em;
     text-align:center;
     margin:3px;
  }
a:link, a:visited{
                              /* 超链接正常状态、被访问过的样式 */
     color: #A62020;
     padding:4px 10px 4px 10px;
     background-color: #DDD;
     text-decoration: none;
     border-top: 1px solid #EEEEEE;    /* 边框实现阴影效果 */
     border-left: 1px solid #EEEEEE;
     border-bottom: 1px solid #717171;
     border-right: 1px solid #717171;
}

a:hover{                      /* 鼠标光标经过时的超链接 */
```

```
    color:#821818;                       /* 改变文字颜色 */
    padding:5px 8px 3px 12px;            /* 改变文字位置 */
    background-color:#CCC;               /* 改变背景色 */
    border-top: 1px solid #717171;       /* 边框变换,实现"按下去"的效果 */
    border-left: 1px solid #717171;
    border-bottom: 1px solid #EEEEEE;
    border-right: 1px solid #EEEEEE;
}
</style>
```

(3) 查看效果

在浏览器中浏览时,网页的效果如图 4-34 所示。

图 4-34　网页的最终效果

任务实现

1. 创建标题链接样式

(1) 在 list.html 页面中新建 CSS 样式,在"设计器"中输入 a:hover,如图 4-35 所示。

(2) 设置完后,把该样式应用在标题上。浏览网页,效果如图 4-36 所示。

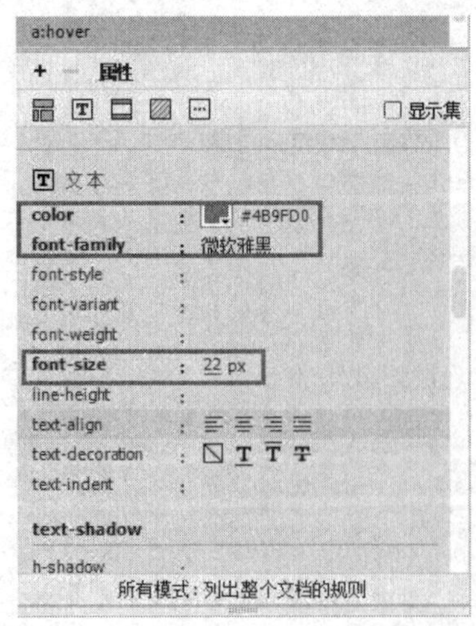

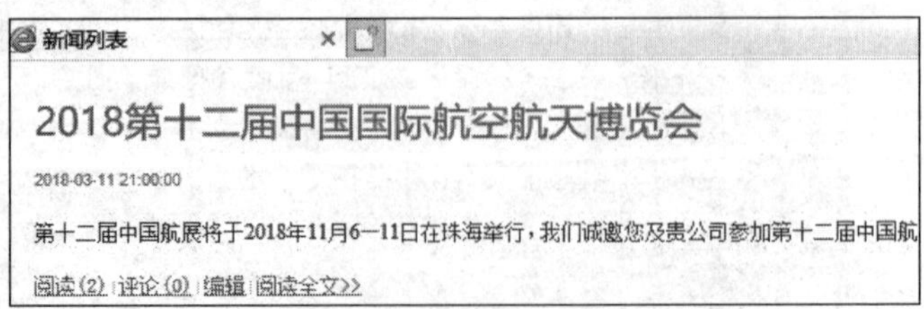

图 4-35　设置 a:hover 样式　　　　图 4-36　标题应用超链接样式后的效果

2. 创建备注链接样式

（1）新建 CSS 样式，在“设计器”中输入 a:active，如图 4-37 所示。

（2）设置完后，把该样式应用在标题上。浏览网页，效果如图 4-38 所示。

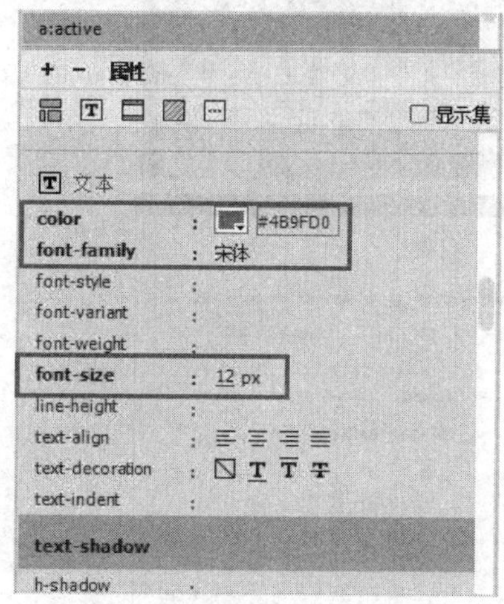

图 4-37　设置 a:active 样式

阅读(2) 评论(0) 编辑 阅读全文>>

阅读(2) 评论(0) 编辑 阅读全文>>

图 4-38　单击前和单击后的效果

任务 4.3　修饰图像、表格和背景

任务描述

使用 CSS 样式对 10biaoge.html 网页中的表格、背景、图像进行如下设置，最后效果如图 4-39 所示。

（1）表格边框选项设置如下。“上”：点画线、粗、#F00；“下”：凸出、中、#9C0；“左”：双线、中、#930；“右”：虚线、中、#03C。

（2）背景设置：网页背景图片使用蓝天白云的图片，图片保存在 images 文件夹中。图片宽为 1024 像素，高为 660 像素，水平和垂直都居中。

（3）网页下方的图片设置为透明羽化效果。设置代码如下。

```
Alpha(Opacity=100, FinishOpacity=0, Style=2, StartX=0, StartY=0, FinishX=
400, FinishY=300)
```

相关知识与技能

1. 修饰表格

使用 CSS 样式可以对表格进行更精细的装饰。在“选择器”中对.tdbg 的边框属性的

图 4-39　最后浏览的效果

上、下、左、右 4 个方向的边框的格式、宽度、颜色分别设置不同的值，设置界面如图 4-40 所示。在图 4-40 中进行如图 4-41 所示的设置，最终效果如图 4-42 所示。

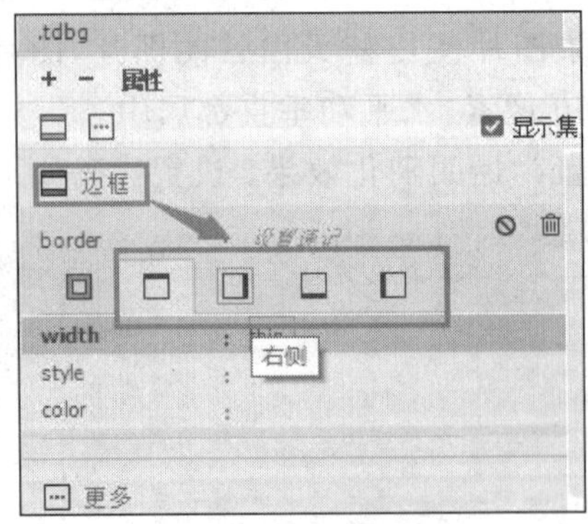

图 4-40　设置边框样式

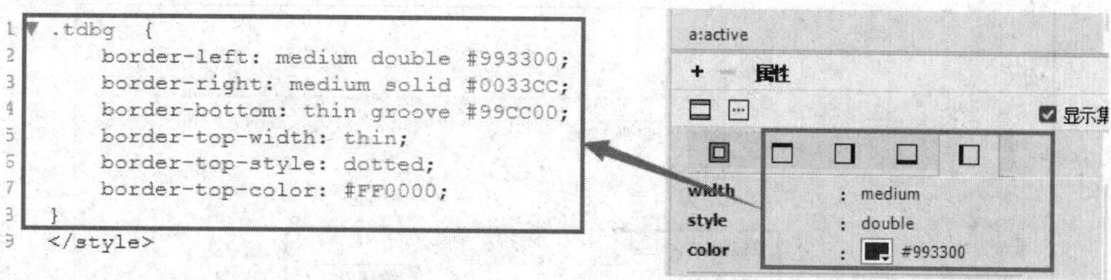

图 4-41 设置边框样式参数

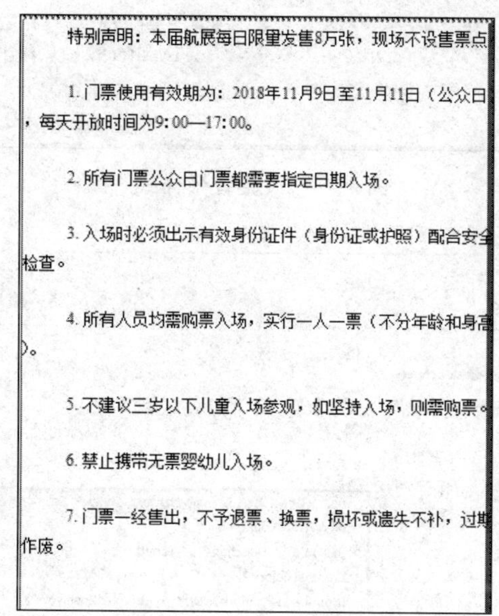

图 4-42 边框的设置效果

2. 修饰网页背景

使用外观 CSS 之后，网页背景有了更加灵活的设置。在“属性”面板中选择“页面属性”，弹出如图 4-43 所示的“页面属性”界面，根据需要设置相应的属性，如背景颜色、背景图像等。

与背景相关的各项属性含义如下。

- 背景颜色：选择固定色作为背景。
- 背景图像：直接填写背景图像的路径，或单击“浏览”按钮找到背景图像的位置。
- 重复：在使用图像作为背景时，可以使用此下拉列表框中的选项设置背景图像的重复方式，包括“不重复”“重复”“横向重复”和“纵向重复”。

3. 过滤器的使用

使用 CSS 样式还可以制作一些如模糊、阴影、发光等特效。新建 CSS 样式，弹出“.alpha 的 CSS 规则定义”对话框，在“分类”中的“扩展”相关选项中进行设置，如图 4-44 所示。

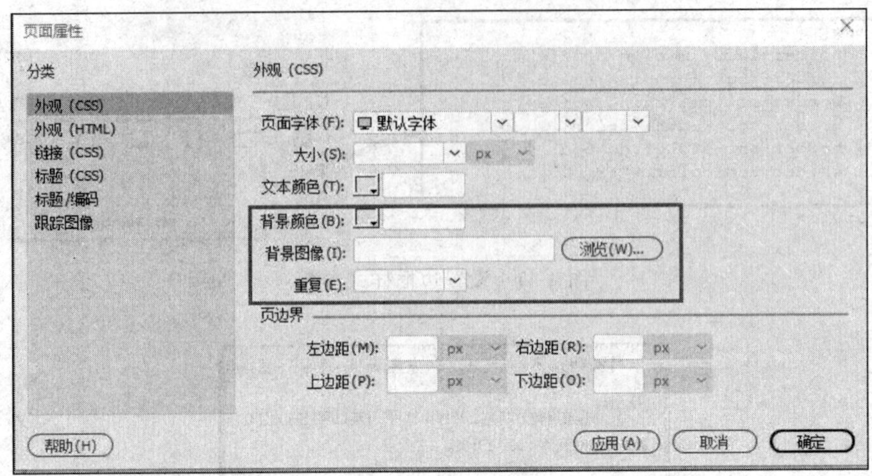

图 4-43　设置背景样式

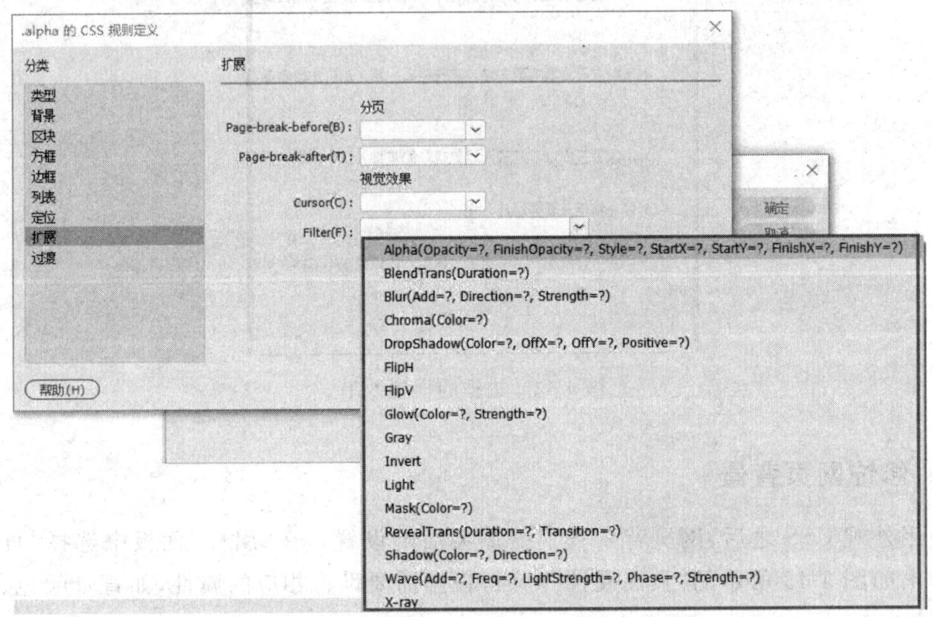

图 4-44　Filter 下拉列表

下面说明 Filter 下拉列表框中部分选项的作用。

- Alpha：设置透明层次。
- Blur：创建高速度移动效果，即模糊效果。
- Chroma：制作专用颜色透明。
- DropShadow：创建对象的固定影子。
- FlipH：创建水平镜像图片。
- FlipV：创建垂直镜像图片。
- Glow：在选定对象的边框外加光亮效果。

- Gray：把图片灰度化。
- Invert：反色。
- Light：在对象上创建光源。
- Mask：在对象上创建透明掩膜。
- Shadow：创建偏移固定影子。
- Wave：波纹效果。
- X-ray：使对象变得像被 X 光照射一样。

任务实现

1. 装饰表格

(1) 打开网页 10biaoge. html，新建 CSS 样式，在“新建 CSS 样式”对话框中选择“类(可应用于任何标签)”单选按钮，在“名称”文本框中输入“. bg1”。

(2) 在弹出的“CSS 规则定义”对话框的左侧列表框中选择“边框”选项，按图 4-41 所示进行设置。

(3) 在网页中选中中间表格，在“属性”面板的“类”下拉列表框中选择“. bg1”，将样式应用到表格。

2. 改变网页背景样式

(1) 准备网页背景图片 beijing. jpg 并保存到 images 文件夹，该图片宽为 1024 像素、高为 480 像素。

(2) 打开网页 10biaoge. html，新建 CSS 样式，选择“标签(重新定义特定标签的外观)”单选按钮，在“标签”下拉列表框中选择代表网页的标签 body，单击“确定”按钮。

(3) 在“CSS 规则定义”对话框左侧列表框中选择“背景”项，在右边区域设置背景样式。

3. 设置图像效果

(1) 打开网页 10biaoge. html，新建 CSS 样式，选择“类(可用于任何标签)”单选按钮，在“名称”文本框中输入“. tx”，单击“确定”按钮。

(2) 在图 4-44 的 Filter 下拉列表中选择 Alpha…选项，设置各参数值。

```
Alpha(Opacity=100, FinishOpacity=0, Style=2, StartX=0, StartY=0, FinishX=
400, FinishY=300)
```

最后单击“确定”按钮。

(3) 选择 10biaoge. html 页面下方的图片，在“属性”面板的“类”下拉列表框中选择“. tx”。

4. 浏览网页

网页效果基本符合要求。

小　结

本章主要介绍了 CSS 样式的创建与应用，通过使用 CSS 基本语法和 CSS 规则定义窗口来设置 CSS 样式，两者搭配使用非常适合初学者。

思考与练习

1. 思考题

（1）CSS 是什么？

（2）简述 CSS 样式表的优势。

（3）为什么要在网页设计文档中使用 CSS 样式？

2. 操作题

（1）参照任务 4.1、任务 4.2、任务 4.3 练习 CSS 样式的应用。

（2）用 CSS 美化自己的网页，并在网站建设报告中注明应用 CSS 的网页。如果是 CSS 文件，请注明 CSS 文件的名称，利用所学知识制作如图 4-45 所示的“班级主页”效果。

图 4-45　班级主页

项目 5　制作文本网页

项目描述

文本是网页中最基本的元素之一，也是网页设计的基础，具有准确快捷传递信息、存储空间小、易操作等特点。在 Dreamweaver 中处理文本与在 Word 中一样容易。通过本项目的学习，能够熟练掌握编辑网页文本的各种方法，对网页文本的格式化处理有一个清晰的认识，使网页的显示效果更加丰富多彩。

知识目标

- 掌握在 Dreamweaver CC 2018 中设置文本格式的方法。
- 掌握在 Dreamweaver CC 2018 中使用特殊文本的方法。
- 熟悉在 Dreamweaver CC 2018 中制作文本网页的方法。

技能目标

- 能够运用 Dreamweaver 在网页中输入文字，设置文字的格式及颜色。
- 能够掌握网页文本格式化的操作方法。
- 能够根据页面需要对文本进行编辑设置并美化页面。
- 能够根据页面需要灵活添加其他特殊元素。
- 能够把外部不同格式文件插入到网页中。

任务 5.1　第十二届航展

任务描述

"第十二届航展"页面主要由文字构成，是为了让浏览者在短时间内阅读、了解更多的信息。通过设置文本相关属性完成"第十二届航展"的文本页面，页面效果如图 5-1 所示。此任务实现的步骤是：①复制文本文件；②设置文本文件；③插入和设置水平线。

相关知识与技能

1. 文本的基本操作

网页中最常见的网页元素是文本。在 Dreamweaver 中，可以直接输入文本，也可以从其他地方复制文本到当前文档中，剪切、删除及粘贴文本等操作与在 Word 文档中处理

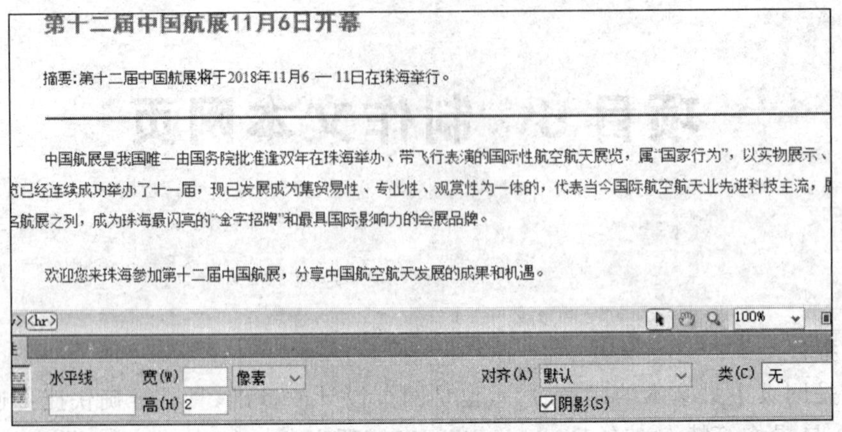

图 5-1　最终文本网页效果图

文本的方法类似。网页中的文本除了常见的文字外，还有其他的类型，如水平线、时间和日期、特殊符号等。

(1) 插入文本或复制文本

① 插入文本：在 Dreamweaver CC 2018 主窗口中定位插入点，然后直接输入文本的内容。

② 复制文本：在其他地方复制文本后，在 Dreamweaver CC 2018 主窗口中选择菜单栏中的"编辑"→"粘贴"命令。

(2) 插入和设置水平线

水平线主要用于分割文本段落和修饰页面，从而达到视觉上的分离效果。在 Dreamweaver CC 2018 主窗口中依次选择菜单栏中的"插入"→HTML→"水平线"命令即可。

(3) 插入特殊符号和时间

① 特殊符号：无法通过计算机直接输入的一类符号，如版权符号©、注册商标符号®等。在 Dreamweaver CC 2018 主窗口中，在目标位置定位插入点后，选择菜单栏中的"插入"→HTML→"字符"命令中的选项即可；或者在"插入"面板中实现：在"插入"面板中切换到 HTML 分类，单击文本的"字符"选项，在弹出的扩展子菜单中选择需要插入的特殊字符即可实现，如图 5-2 所示。

图 5-2　插入特殊字符

② 时间：插入时间的方法与在 Word 中插入日期的方法类似。在 Dreamweaver CC 2018 主窗口中，在目标位置定位插入点后选择菜单栏中的“插入”→HTML→“日期”命令，或者选择“插入”面板 HTML 分类中的按钮，也可以实现插入时间的操作，如图 5-3 所示。

图 5-3　插入时间

2. 设置文本格式

输入文本或导入文本后，需要对文本进行格式设置。在 Dreamweaver CC 2018 中，对文本的设置分为 HTML 和 CSS 两类，它们分别采用不同的方式对文本进行格式设置，可通过选择“属性”面板中的 HTML 和 CSS 按钮进行切换，如图 5-4 所示。

图 5-4　设置文本

(1) 设置文本字体及字体大小

① 字体：对于新安装的 Dreamweaver CC 2018，需要在设置字体前对字体列表进行编辑。在 CSS 面板中打开“默认字体”下拉列表框，如图 5-5 所示，选择该下拉列表框中的“管理字体”选项，在弹出的“管理字体”对话框中根据需要添加新字体，如图 5-6 所示。

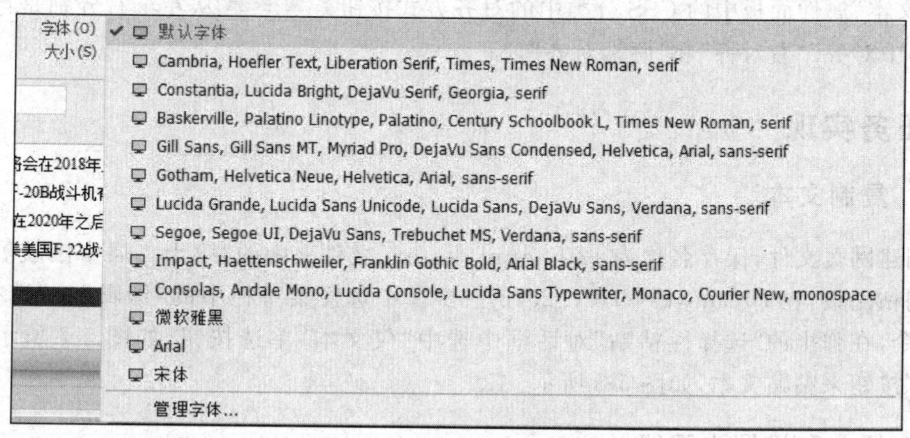

图 5-5　选择“管理字体”选项

② 大小：文本的大小是通过 CSS 的设置来实现的。

图 5-6 “管理字体”对话框

(2) 设置文本颜色和样式

颜色和样式都是通过 CSS 的设置来实现。

(3) 设置文本的对齐方式

“文本”属性面板中的 CSS 分类中的对齐方式按钮从左至右分别是：“左对齐”“居中对齐”“右对齐”和“两端对齐”。

任务实现

1. 复制文本

创建网页文件，保存名称为 12th.html，将 text 文件夹中的“第十二届中国航展.doc”复制到粘贴板，在 Dreamweaver CC 2018 主窗口中选择菜单栏中的“编辑”→“选择性粘贴”命令，在弹出的“选择性粘贴”对话框中选中“仅文本”单选按钮，如图 5-7 所示，单击“确定”按钮来粘贴文本，如图 5-8 所示。

2. 插入和设置水平线

(1) 将鼠标光标定位到插入点，单击“插入”面板中的 HTML 分类下的按钮，如图 5-9 所示。

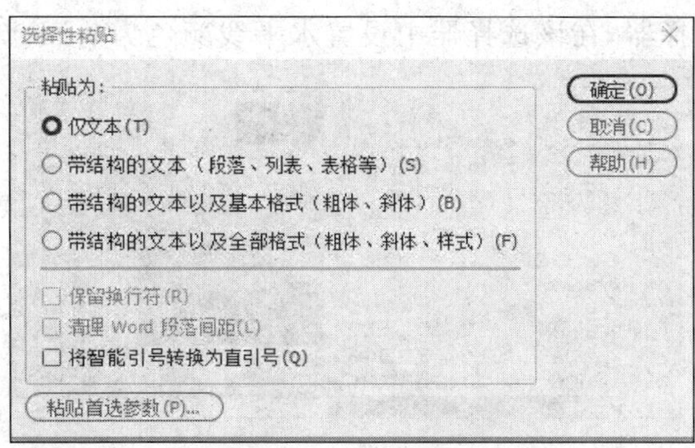

图 5-7　设置粘贴属性

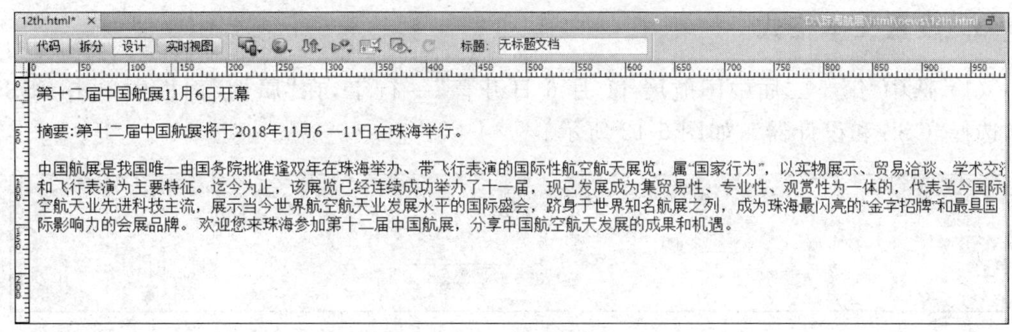

图 5-8　粘贴文本

图 5-9　插入水平线

（2）选中水平线，在“属性”面板中设置高为 2，如图 5-10 所示；在 Dreamweaver CC 2018 主窗口中切换窗口到代码窗口，将鼠标光标放置在标签<hr>中，按 Space 键，弹出如

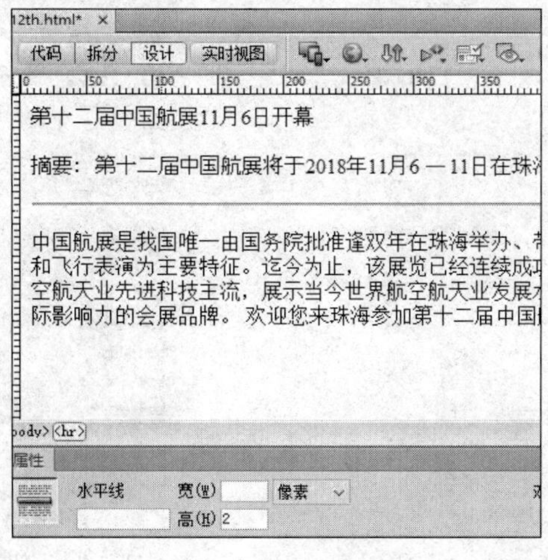

图 5-10　设置水平线的高度

图 5-11 所示的颜色选择器，在该选择器中设置水平线颜色为＃FF0000。

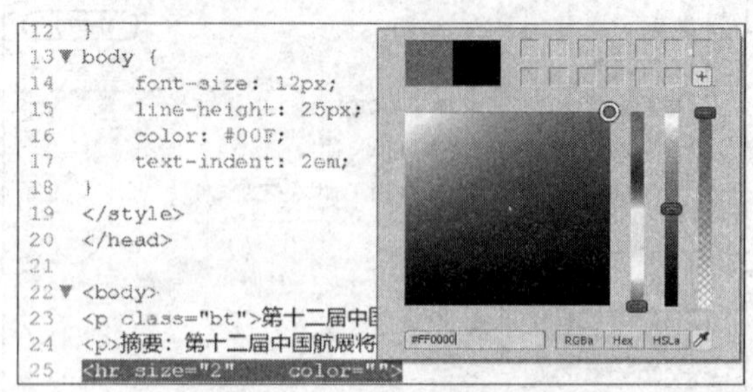

图 5-11　设置水平线颜色

3. 设置文本格式

（1）选中“第十二届中国航展 11 月 6 日开幕”一行字，在“属性”面板中单击 CSS 按钮，选择“CSS 和设计器”，如图 5-12 所示。

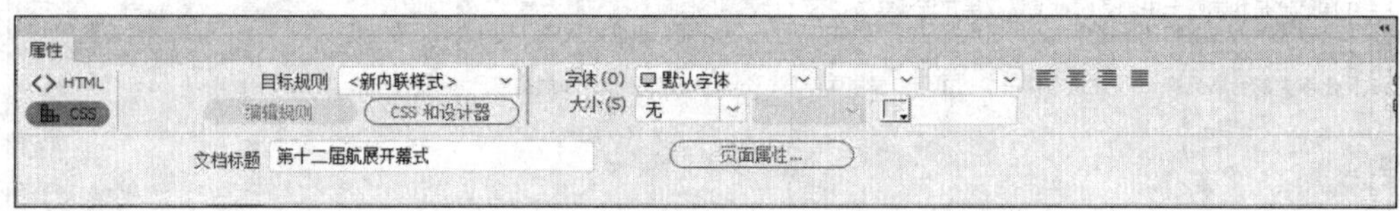

图 5-12　CSS“属性”面板

（2）在“CSS 设计器”窗口中新建 biaoti 选择器，进行如图 5-13 所示的文本字体、颜色和字体大小的设置。

（3）用同样的方法为正文进行 CSS 样式设置，同时，设置正文的首行缩进 2 个字符，如图 5-14 所示。

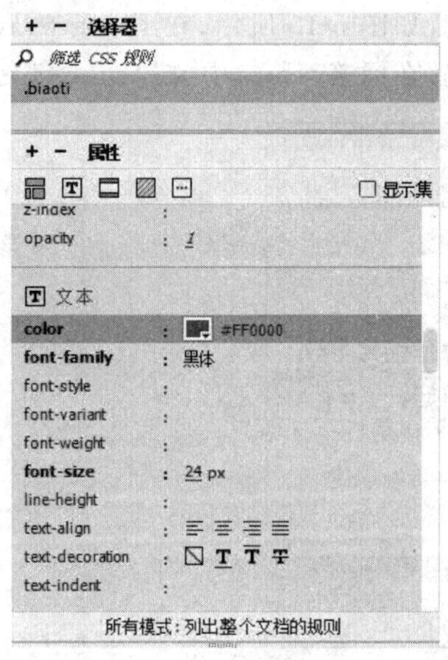

图 5-13　设置标题样式

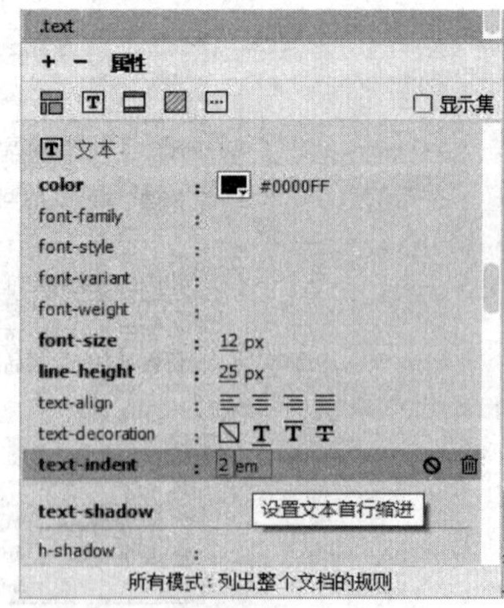

图 5-14　设置正文文本的样式

(4) 添加水平线,并在代码窗口水平线标签中设置水平线的颜色为红色<hr color="#FF0000">。

最终效果如图 5-15 所示。

第十二届中国航展11月6日开幕

摘要：第十二届中国航展将于2018年11月6 — 11日在珠海举行。

中国航展是我国唯一由国务院批准逢双年在珠海举办、带飞行表演的国际性航空航天展览，是“国家行为”，以实物展示、贸易洽谈、学术交流和飞行表演为主要特征，迄今为止，该展览已经连续成功举办了十一届，现已发展成为集贸易性、专业性、观赏性为一体的，代表当今国际航空航天业先进科技主流，展示当今世界航空航天业发展水平的国际盛会，跻身于世界知名航展之列，成为珠海最闪亮的“金字招牌”和最具国际影响力的会展品牌。

欢迎您来珠海参加第十二届中国航展，分享中国航空航天发展的成果和机遇。

图 5-15　第十二届航展文本页面效果

任务 5.2　航展新闻——“军机 20 系列”

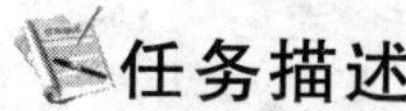

任务描述

段落是文本的主要组织形式,可以对整个段落的格式进行统一设置并简化操作。通过设置完成“军机 20 系列”的文本页面,效果如图 5-16 所示。此任务实现的步骤是:①复制文本文件;②设置文本文件;③设置文本列表。

2018第十二届中国航展即将来袭，“军机20系列”家族将齐聚航展！

重磅消息！中国航空工业在2018年全国“两会”期间宣称在2018年11月6日至11日，将在珠海举行第十二届中国航天博览会，在航展期间将会展示改革开放以来中国航空业所取得的各种技术成果，届时中国各种高端航空装备将会精彩亮相！

此次航展无疑是一次彰显国力的机会，航展期间将会全方位展示中国航空工业自主研发先进航空装备的实力，它也是新中国成立后中国航空工业的一次显著性标志。

中国航空工业中国航空工业集团有限公司会把航空武器系列作为发展的主线，以各类飞机（战斗机、直升机、无人机等）、系统及机载武器主要航空武器平台系列为主体，展示融合空中各要素（制空、预警、打击等）的空中作战体系，展现出我国航空装备代数的跨越以及实力的增强。

此次航展还会有系列主题活动，邀请航空系统的设计师、试飞员等人员给大家讲述飞机和自己的故事，让大家明白其中的航空精神，还将继续设立航空科普分展区，向老百姓传达航空文化和精髓。

- 2016年运20“鲲鹏”首次亮相航展
- 2016年歼20首次进行空中飞行展示

图 5-16　最终文本网页的效果

相关知识与技能

1. 设置文本为段落

网页中的段落是通过为一段文本添加段落标志(<p>)来实现的。

(1) 在一段文本后定位插入点,按 Enter 键可将该段文本设置为段落。

(2) 选中需要设置的文本,在“属性”面板中的 HTML 分类下选择“格式|段落”。

2. 设置文本为标题

在 HTML 语言规范中定义了 6 种大小不同的标题文本样式，默认情况下从大到小分别是 H1～H6。对应“标题 1”至“标题 6”，每级标题的字体大小依次递减，H1 标题字号最大，H6 标题字号最小。标题可以在页面中设置为向左、居中、向右对齐。

(1) 选中需要设置的文本，在“属性”面板中的 HTML 分类下选择“格式”，弹出如图 5-17 所示的列表框，在该列表框中选择对应的选项。

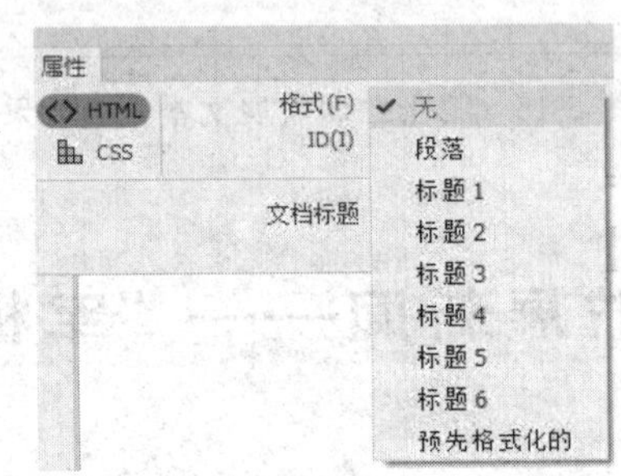

图 5-17　在“HTML 属性”面板中设置文本标题

(2) 选中需要设置的文本，在菜单栏中选择“编辑”→“段落格式”命令，根据需要选择“标题 2”，如图 5-18 所示。

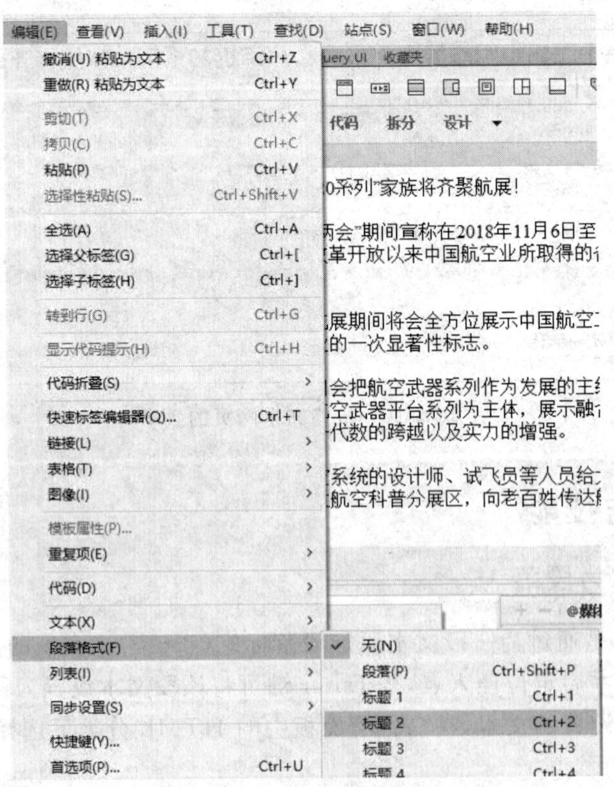

图 5-18　设置文本的标题

(3) 选中需要设置的文本，右击并弹出快捷菜单，在该菜单中选择“段落格式”命令，根据需要选择“标题 2”，如图 5-19 所示。

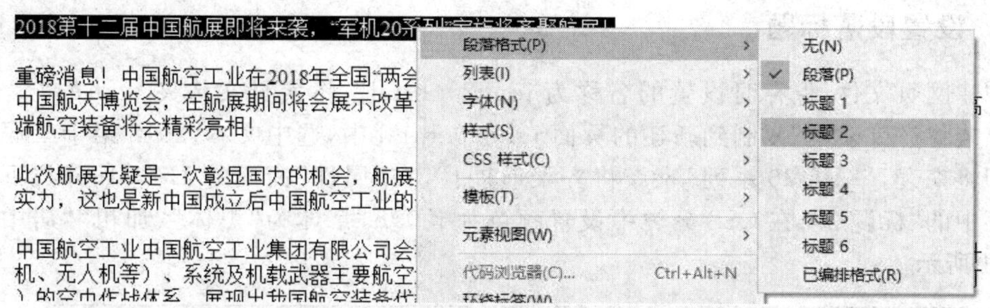

图 5-19　用快捷菜单中的命令设置文本标题

3. 设置换行、段落缩进

换行和缩进是网页设计中文本格式化操作的重要组成部分。

(1) 换行：与段落有本质区别，换行后行与行之间是没有空白行的。将鼠标光标定位在插入点，切换至“插入”面板的 HTML 分类中，单击按钮即可；或在菜单栏中选择“插入”→HTML→“字符”→“换行符”命令。

(2) 缩进：Dreamweaver CC 2018 中的缩进是指左右两端同时缩进，每一级缩进的距离都是固定的。选中需要设置的文本，在“属性”面板的 HTML 分类中选择“缩进”按钮和“凸出”按钮即可；或在菜单栏中选择“编辑”→“文本”命令中的“缩进”和“凸出”子命令。

4. 设置文本列表

列表常用于为文档设置自动编号、项目符号等格式信息。列表分为两类：项目列表和顺序列表。列表可以多层嵌套。

(1) 项目列表：各列表项之前为相同的项目符号，各列表项之间是平行关系。选中需要设置的文本，在“属性”面板的 HTML 分类中选择按钮即可；或选中文本，右击并在弹出的快捷菜单中选择“列表”命令，再选择“项目列表”选项，如图 5-20 所示。

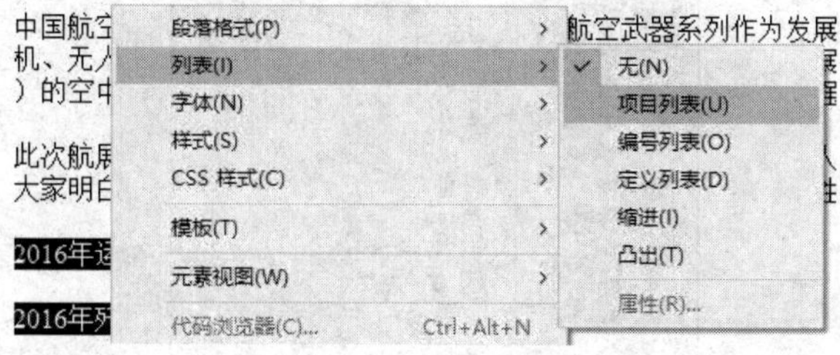

图 5-20　设置文本列表

(2) 顺序列表：各列表项之前都有顺序排列的数字编号，各列表项之间是顺序排序关系。设置方法与项目列表类似。

任务实现

1. 设置段落标题

创建网页文件，保存时设置的名称为 junji20. html。将素材文件夹 text 的“军机 20 系列家族将齐聚航展”复制到新建的页面 junji20. html 中，选中文本“2018 第十二届中国航展即将来袭，‘军机 20 系列’家族将齐聚航展！”，在“属性”面板的 HTML 分类下选择“格式”中的“标题 2”；在 CSS 分类中设置颜色为＃00F，字体为“黑体”“加粗”“居中”，如图 5-21 所示。

图 5-21　设置文本格式

2. 设置正文为段落

选中正文部分的文本，在“属性”面板的 HTML 分类下选择“格式”中的“段落”；在 CSS 设计器中设置字体为“宋体”，大小为 12px，颜色为＃006699，行高为 25px，如图 5-22 所示。

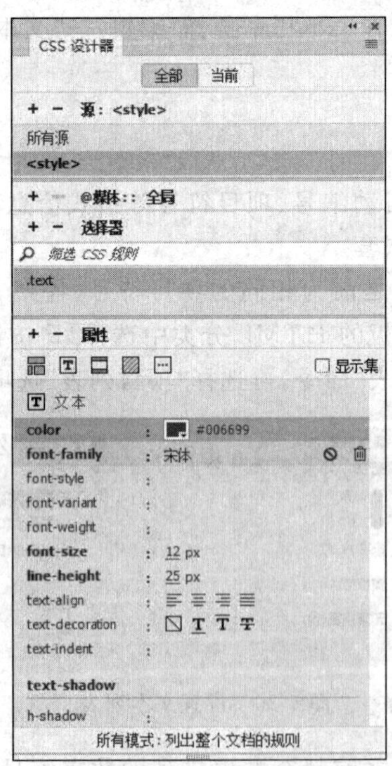

图 5-22　设置正文文本格式

3. 设置项目列表

选中回顾导读中的文字，在“属性”面板的 HTML 分类下选择项目列表，最终效果如图 5-16 所示。

小　结

文本是网页表达信息的主要途径之一，在互联网上大量信息的传播均以文本为主。文本在网站上的运用是最广泛的，因此，对于网页设计人员来说，掌握网页中的文本操作是必备技能之一。

本项目详细介绍了文本常见格式、文本段落格式、文本标题格式及文本列表等常用属性和操作。

思考与练习

1. 思考题

(1) 网页中文本的基本操作包括哪些？

(2) 网页中插入文本的方法有哪些？

(3) 网页中文本常见的操作有哪些？

2. 操作题

参照任务 5.1 和任务 5.2 制作如图 5-23 所示的文本网页。

图 5-23　文本网页的效果

项目 6　制作图像和多媒体网页

项目描述

图像和文本一样，是网页中不可缺少的元素，图像的功能是提供信息、展示作品、装饰网页、表现风格和建立超链接。随着网络行业的快速发展，网络多媒体技术应用也日趋广泛。网页中的多媒体对象包括音频、视频、Flash 动画、Java 小程序和 Shockwave 电影等。通过本项目的学习，要求掌握图像在网页中的插入和属性设置方法及多媒体在网页中的合理运用。

知识目标

- 掌握在 Dreamweaver CC 2018 中插入并设置图像的方法。
- 掌握在网页中插入视频文件和音频文件的方法。
- 掌握在网页中插入插件的方法。

技能目标

- 能够熟练设置图像的属性。
- 能够熟练设置多媒体的属性。

任务 6.1　航展——飞行表演

任务描述

图像在网页中通常起到画龙点睛的作用，是网页中必不可少的元素之一。图像比文本更加生动、丰富、美观，它能装饰网页，表达个人的情趣和风格。但是在网页上加载过多的图像时会影响浏览器的下载速度，最终会使用户失去耐心而放弃浏览网页。本任务通过插入图像和设置图像属性完成“飞行表演”的图像页面，效果如图 6-1 所示。

相关知识与技能

1. 图像格式

在网页设计中常用的图像格式有以下几种类型。

(1) JPEG(JPG)图像格式

JPEG(Joint Photographic Experts Group)图像格式(有时简称为 JPG)是一种有损压

图 6-1　最终图像网页效果

缩的格式，也是一种与平台无关的高效率压缩格式，文件后缀名为“.jpg”或“.jpeg”，是最常用的图像文件格式，能够将图像压缩在很小的存储空间，图像中重复或不重要的资料会丢失，因此容易造成图像数据的损伤。尤其是使用过高的压缩比例，将使最终解压缩后恢复的图像质量明显降低。如果追求高品质图像，不宜采用过高压缩比例。但是 JPEG 压缩技术十分先进，它用有损压缩方式去除冗余的图像数据，在获得极高的压缩率的同时能展现十分丰富生动的图像，换句话说，就是可以用最少的磁盘空间得到较好的图像品质。而且 JPEG 是一种很灵活的格式，具有调节图像质量的功能，允许用不同的压缩比例对图像文件进行压缩，支持多种压缩级别，压缩比率通常在 10∶1 到 40∶1 之间，压缩比越大，品质就越低；压缩比越小，品质就越好。比如，可以把 1.37MB 的 BMP 位图文件压缩至 20.3KB。当然也可以在图像质量和文件尺寸之间找到平衡点。JPEG 格式压缩的主要是高频信息，对色彩的信息保留较好，可以支持 24bit 真彩色，也普遍应用于需要连续色调的图像，适合应用于互联网，可减少图像的传输时间。

JPEG 格式是目前网络上最流行的图像格式，是可以把文件压缩到最小的格式，在 Photoshop 软件中以 JPEG 格式存储时，提供 13 级压缩级别，以 0～12 级表示。其中 0 级压缩比最高，图像品质最差。即使采用细节几乎无损的 10 级质量保存图像时，压缩比也可达 5∶1。比如，以 BMP 格式保存时得到 4.28MB 的图像文件，在采用 JPEG 格式保存时，其文件大小仅为 178KB，压缩比达到 24∶1。经过多次比较，采用第 8 级压缩时，为存储空间与图像质量兼顾的最佳比例。

JPEG 格式的应用非常广泛，各类浏览器均支持这种图像格式，因为 JPEG 格式的文件尺寸较小，下载速度快。

JPEG 2000 作为 JPEG 的升级版，其压缩率比 JPEG 高约 30%，同时支持有损压缩和无损压缩。JPEG 2000 格式有一个极其重要的特征是它能实现渐进传输，即先传输图像的轮廓，然后逐步传输数据，不断提高图像质量，让图像由朦胧到清晰显示。

(2) 图形交换(GIF)图像格式

GIF(Graphics Interchange Format)图像格式是一种无损压缩格式的图像，文件以 .gif 为扩展名，最高只支持 256 种颜色，不能存储真彩色的图像文件，色彩比较简单，但文件比较小，是网上常用的图像格式。GIF 文件的数据是一种基于 LZW 算法的连续色调的无损压缩格式，其压缩率一般在 50%左右。

在一个 GIF 文件中可以存储多幅彩色图像，如果把存于一个文件中的多幅图像数据逐幅读出并显示到屏幕上，就可以构成一种最简单的动画。

(3) PNG 图像格式

PNG(Portable Network Graphic，便携式网络图形)是网上最新的图像文件格式。PNG 能够提供长度比 GIF 小 30%的无损压缩图像文件，它同时提供 24 位和 48 位真彩色图像支持以及其他诸多技术性支持。

2. 图像操作

(1) 插入图像

在 Dreamweaver CC 2018 中插入图像的操作比较简单，将鼠标光标置于目标位置，在菜单栏中选择“插入”→“图像”命令，或者单击“插入”面板中“图像”按钮组中的按钮。

(2) 设置图像属性

图像的属性主要包括图片的显示尺寸和存储大小。在 Dreamweaver CC 2018 中插入图像后，在“属性”面板中会显示图像的相关属性，如图 6-2 所示。

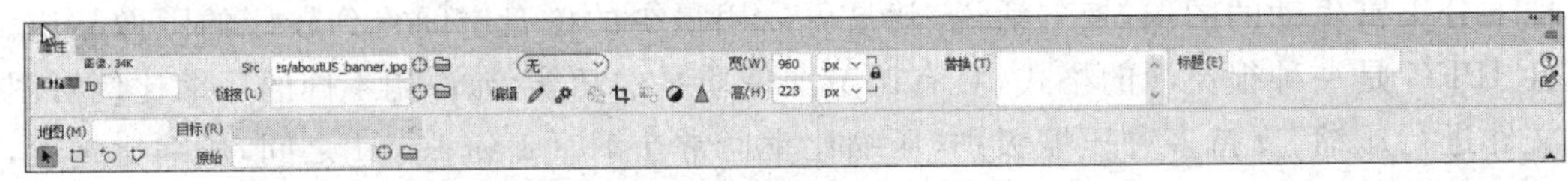

图 6-2 图像“属性”面板

在图像“属性”面板中常用的属性如下。

① 名称(ID)：在该文本框中可以输入图像名称，以便在使用 Dreamweaver 行为(例如交换图像)或撰写脚本(例如 JavaScript)时引用。

② Src：指定图像的源文件。单击文件夹图标，找到所需源文件，或者在输入域中直接输入文件的路径。

③ 链接：为图像指定超链接。将“指向文件”图标拖拽到“站点”面板中的某个文件上，或者单击文件夹图标，浏览并选择站点上需要链接的文档，或者直接输入 URL 为图像创建超链接。

④ 目标：指定链接的页面所载入的框架或窗口(当图像没有链接到其他文件时，此

选项不可用)。预设选项有 5 种类型,分别是_blank、_new、_parent、_self 和_top。

⑤ 替换:代替图像显示的文本。

⑥ 编辑:可以对图像进行重新编辑。该部分有多个按钮。

- "编辑图像设置"按钮:可以打开"图像优化"对话框,以便于对图像进行优化,如图 6-3 所示。

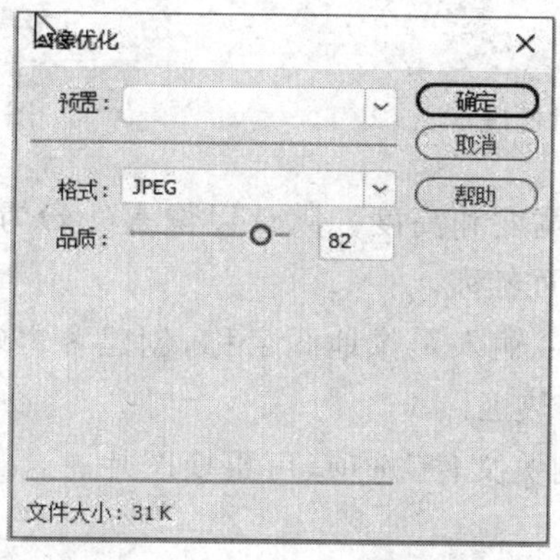

图 6-3 "图像优化"对话框

单击"预置"选项的下三角按钮,弹出如图 6-4 所示的选项,可以设置图像样式。在"格式"下拉列表框中可以选择需要的图像格式,如图 6-5 所示。

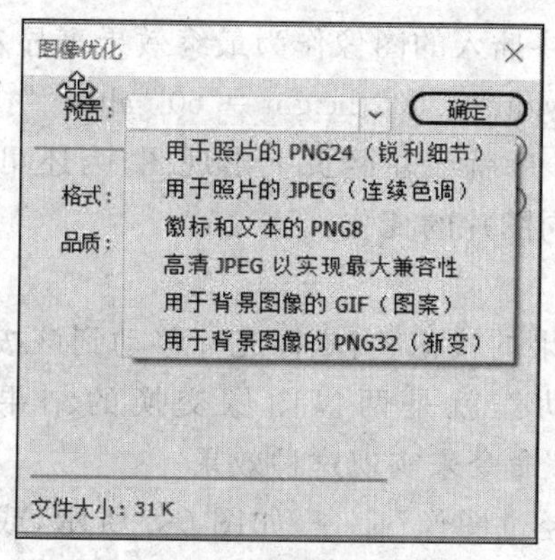

图 6-4 设置图像样式

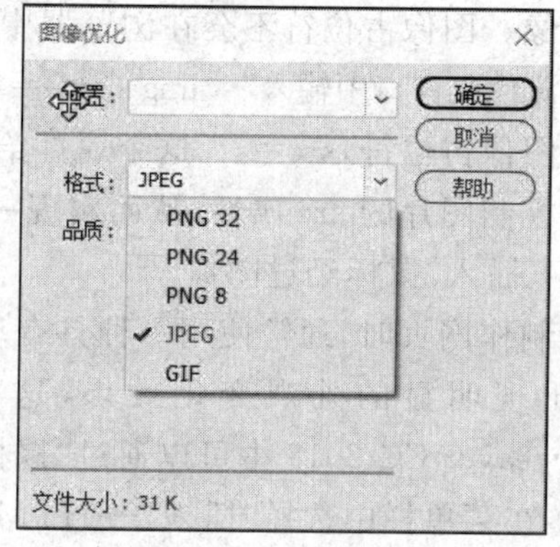

图 6-5 设置图像格式

通过品质滑竿上的滑标或在文本框内输入数值(范围为 1~100),可调整图像的品质。

- "裁剪"按钮:用来剪切图像的大小,从所选图像中删除不需要的区域。
- "重新取样"按钮:用来对已调整大小的图像进行重新取样,以便于提高图像的品质。
- "亮度和对比度"按钮:用来调整图像的亮度和对比度,如图 6-6 所示。通过拖动亮度和对比度滑竿上的滑标或在文本框中输入数值(范围为-99~100),可调整亮度和对比度。

- “锐化”按钮：用来调整图像的锐度。通过拖动锐度滑竿上的滑标或在文本框中输入数值(范围为 0～10)，可调整锐度，如图 6-7 所示。

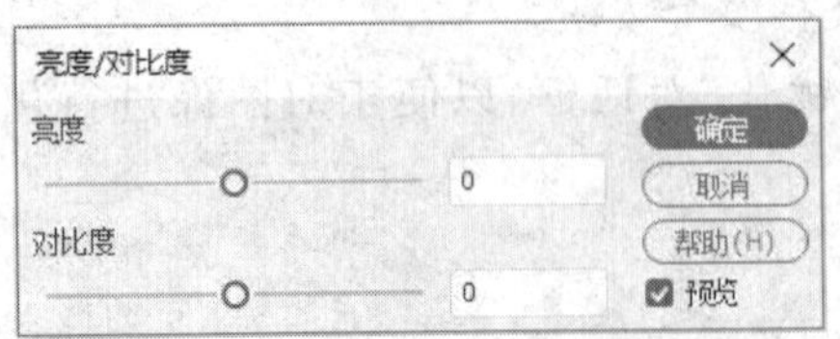

图 6-6　设置亮度和对比度

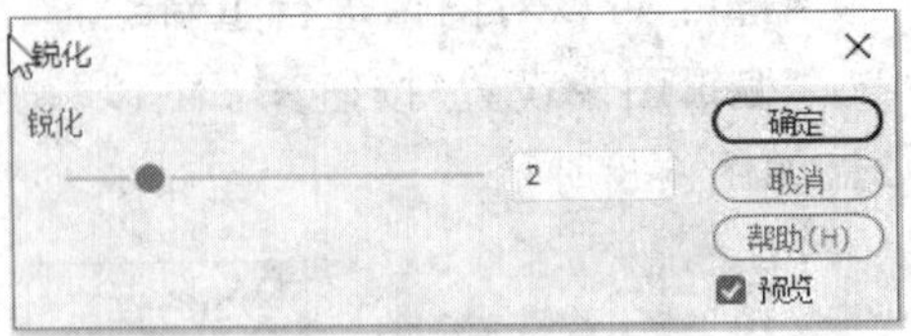

图 6-7　设置锐度

⑦ 宽和高：设置图像的宽度和高度。默认以像素(px)为单位。

⑧ 标题：当前文档的页面名称。

⑨ 地图名称和热区工具：输入影像地图名称，创建客户端影像地图。使用热区工具可创建矩形、椭圆形和多边形热区。

⑩ 原始：单击右边的“浏览文件”选项，可更换图片。

3. 插入相关图像对象

(1) 插入图像占位符

在制作网页的时候，有时候因为布局需要，需在网页中插入一幅图片，可以通过插入一个图像占位符来实现，将需要放置图像的位置和大小固定下来，排版完成后，再插入对应的图像。图像占位符不会在浏览器中出现，以最终插入的图像作为最终效果来显示。

在源代码窗口中输入“<img name="" src="" width="50" height="50" alt="" />”，这就是图像占位符，src="" 这个属性给出图片地址后就会在网页上出现图片，还可以用代码来控制图片的 src 属性，从而实现一个位置不同图片的变化。

(2) 插入“鼠标经过图像”

在制作网页时，通常使用一种具有动态交互效果的按钮，当鼠标光标移动到该按钮上时，将出现明显的外观变化效果，这样的交互动作就是两幅图像交换的结果。在 Dreamweaver CC 2018 中可以通过“鼠标经过图像”命令来实现这种效果。

① 在菜单栏中选择“插入”→HTML→“鼠标经过图像”命令，如图 6-8 所示，或者单击“插入”面板的 HTML 分类中的“鼠标经过图像”按钮即可，如图 6-9 所示。

② 在弹出的“插入鼠标经过图像”对话框中选择需要的图像，如图 6-10 所示，单击“确定”按钮。用于制作“鼠标经过图像”的两幅图像要求外观有区别，尺寸大小相同。

设置完毕后，单击“确定”按钮，保存当前文档，按 F12 功能键即可在浏览器窗口中看到“鼠标经过图像”效果。

“插入鼠标经过图像”对话框中的各个选项的含义如下。

- “图像名称”文本框：设置“鼠标经过图像”的名称。
- “原始图像”文本框：单击“浏览”按钮并选择要在载入页时显示的图像，或在文本框中输入图像文件的路径。
- “鼠标经过图像”文本框：单击“浏览”按钮并选择要在鼠标指针滑过原始图像时

图 6-8　“鼠标经过图像”命令

图 6-9　“鼠标经过图像”按钮

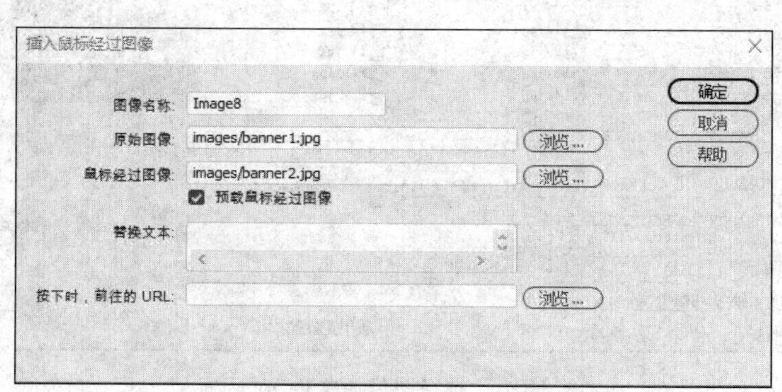

图 6-10　“插入鼠标经过图像”对话框

显示的图像，或在文本框中输入图像文件的路径。

- “预载鼠标经过图像”选项：如果希望图像预先载入浏览器的缓存中，以便于用户将鼠标指针滑过图像时不发生延迟，应选择该选项。

- “替换文本”：为使用只能显示文本的浏览器的访问者输入描述该图像的文本。
- “按下时，前往的 URL”文本框：单击“浏览”按钮并选择文件，或者输入在用户单击“鼠标经过图像”时要打开的文件的路径。

任务实现

1. 插入图像

(1) 新建文档，将文档保存为在 picture 文件夹中，名称为 index，链接外部样式表 picture.css(已设置好 CSS 样式)样式到当前文档，如图 6-11 所示。

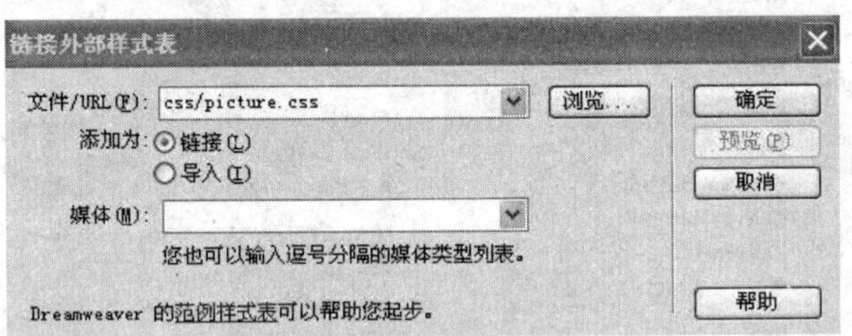

图 6-11 “链接外部样式表”对话框

(2) 在 index.html 页面中选择“插入”→“图像”命令或单击“插入”面板的“常用”分类中的按钮，在弹出的“选择图像源文件”对话框中选择需要的 16 幅图像，如图 6-12 所示。

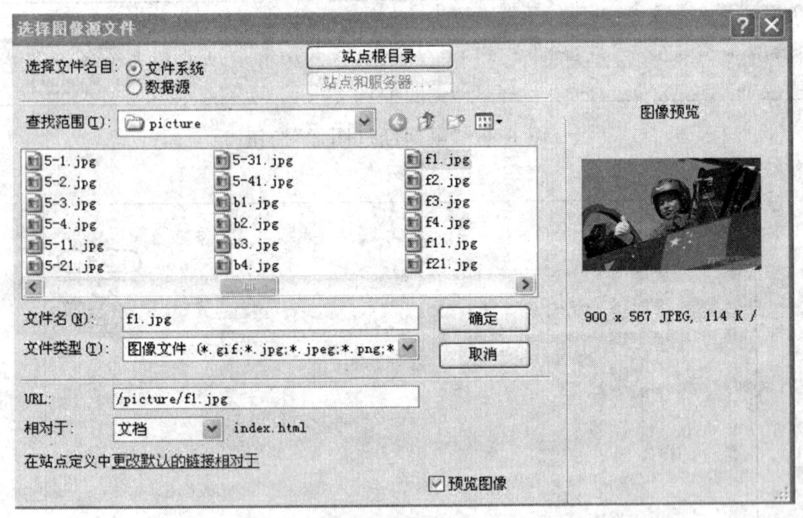

图 6-12 “选择图像源文件”对话框

2. 设置图像的属性

选中插入的图像，在“属性”面板中设置相应的链接，保存后在浏览器窗口中浏览，最终效果如图 6-1 所示。

任务 6.2　航展——俄罗斯“勇士”表演队

任务描述

一个网页除了有图文并茂的效果外,人们还希望网页中的元素能够动起来,在网页中添加多媒体对象可以使制作出的网页变得有声有色。本任务是将在 detail. html 页面中插入 FLV 格式的视频并设置相应属性,效果如图 6-13 所示。

图 6-13　FLV 格式的视频文件效果

相关知识与技能

1. 音频媒体

音频格式主要包括 MP3、WMA、MIDI 和 RA 等文件格式。

(1) MP3 格式

MP3 是一种音频压缩技术,其全称是动态影像专家压缩标准音频层面 3(Moving Picture Experts Group Audio Layer Ⅲ)。它被设计用来大幅度地降低音频数据流量。利用 MP3 技术,可以将音乐以 1∶10 甚至 1∶12 的压缩率压缩成容量较小的文件,对于大多数用户来说,经过压缩后重放的音质与最初的不压缩音频相比没有明显的下降。

(2) WMA 格式

WMA 的全称是 Windows Media Audio,是微软力推的一种音频格式。WMA 格式是以减少数据流量但保持音质的方法来达到更高压缩率的目的,其压缩率一般可以达到 1∶18,生成的文件大小只有相应 MP3 文件的一半。此外,WMA 还可以通过 DRM

(Digital Rights Management)方案来防止复制,或者限制播放时间和播放次数,甚至是对播放机器进行限制,可有力地防止盗版。

(3) MIDI 格式

MIDI(Musical Instrument Digital Interface,乐器数字接口)是 20 世纪 80 年代初为解决电声乐器之间的通信问题而提出的。MIDI 传输的不是声音信号,而是音符、控制参数等指令。MIDI 数据不是数字的音频波形,而是音乐代码或称电子乐谱,因此,MIDI 文件作为网页的背景音乐非常合适。

(4) RA 格式

RA、RAM 和 RM 都是 Real 公司成熟的网络音频格式,采用了“音频流”技术,所以非常适合网络广播。在制作时可以加入版权、演唱者、制作者、E-mail 和歌曲的标题等信息。

RA 可以称为互联网上多媒体传播的霸主,适合于在网络上进行实时播放,是目前在线收听网络音乐最好的一种格式。

轻快悦耳的网页背景音乐能增进浏览者的上网体验,凸现网页的表现能力。

小技巧:给网页添加背景音乐,也可以通过代码方式实现。

(1)

```
<embed src=音乐地址 width=50 height=50 type=audio/mpeg loop="true"
autostart="true">
```

以上代码中支持的音乐格式为 WMA、MP3、RM、RA、RAM、ASF。

其中,width 和 height 表示播放器的宽度和高度。

autostart="true"表示自动播放,为 false 表示不自动播放;loop="true"表示连续循环播放,为 false 表示不循环播放;loop 也可以设为一个整数,比如 loop="5",表示音乐循环播放 5 次。

(2)

```
<bgsound src=背景音乐地址 loop=-1>
```

src 中的音乐文件地址支持 mid、mp3、wma 等格式。

其中,loop 表示循环次数,-1 代表无限循环。

2. 视频媒体

视频格式可以分为适合本地播放的本地影像视频和适合在网络中播放的网络流媒体影像视频两大类。尽管后者在播放的稳定性和播放画面的质量上可能没有前者优秀,但网络流媒体影像视频的广泛传播性使之正被广泛应用于视频点播、网络演示、远程教育、网络视频广告等互联网信息服务领域。

视频常见的文件格式有 MPEG、AVI、3GP、FLV 和 SWF 等。

(1) MPEG 格式

MPEG(Motion Picture Experts Group,运动图像专家组)包括了 MPEG-1、MPEG-2 和 MPEG-4 多种视频格式。其中,MPEG-1 被广泛地应用在 VCD 的制作和一些视频片段下载的网络应用上,大部分的 VCD 都是用 MPEG-1 格式压缩的(刻录软件自动将

MPEG-1 转换为 DAT 格式)。使用 MPEG-1 的压缩算法,可以把一部 120 分钟长的电影压缩到大小为 1.2GB 左右。

(2) AVI 格式

AVI(Audio Video Interleaved,音频视频交错)是由微软公司发表的视频格式,在视频领域可以说是最悠久的格式之一。AVI 格式调用方便、图像质量好,压缩标准可任意选择,是应用最广泛的格式之一。

(3) 3GP 格式

3GP 是一种 3G 流媒体的视频编码格式,主要是为了配合 3G 网络的高传输速度而开发的,也是目前手机中最为常见的一种视频格式。

(4) FLV 格式

FLV 是 Flash Video 的简称,是一种新的视频格式。由于它形成的文件极小、加载速度极快,使得网络观看视频文件成为可能。它的出现,有效地解决了以前的 Flash 动画格式的 SWF 文件因体积庞大而不能在网络上很好地传播等缺点。

(5) SWF 格式

SWF(Shock Wave Flash)是 Macromedia(现已被 Adobe 公司收购)公司的动画设计软件 Flash 的专用格式,是一种支持矢量和点阵图形的动画文件格式,被广泛应用于网页设计、动画制作等领域,SWF 文件通常也被称为 Flash 文件。SWF 文件的普及程度很高,现在超过 99%的网络使用者都可以读取。在任何操作系统和浏览器中都能读取 SWF 文件,并让网速较慢的用户也能顺利浏览。SWF 文件可以用 Adobe Flash Player 打开,但浏览器中必须安装 Adobe Flash Player 插件。

3. Flash 动画

Flash 动画是网页中常见的动态元素之一,它体积小,表现的内容丰富,动感十足,受到了网页设计者的青睐。

任务实现

1. 插入 FLV 格式的视频文件

打开 detail.html 页面,将光标放置于要插入目标的位置,在菜单栏中选择"插入"→HTML→Flash Video 命令,如图 6-14 所示,或者直接单击"插入"面板的 HTML 分类按钮组中的按钮,如图 6-15 所示。

2. 设置视频文件属性

在弹出的"插入 FLV"对话框中,在 URL 文本框中输入需要的 FLV 文件,在宽度和高度栏中设置合适的高度和宽度,如图 6-16 所示,设置完成后单击"确定"按钮。

文件保存后,在浏览器窗口中即能看到视频的播放效果。

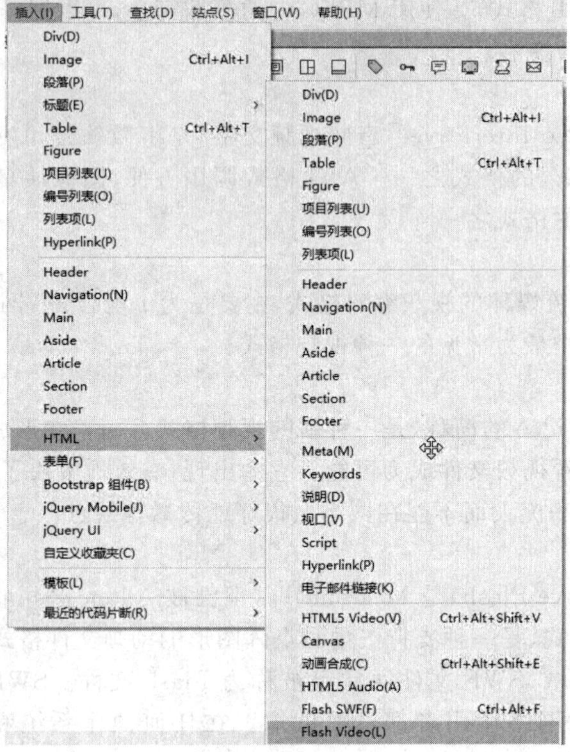

图 6-14　选择 Flash Video 命令

图 6-15　Flash Video 按钮

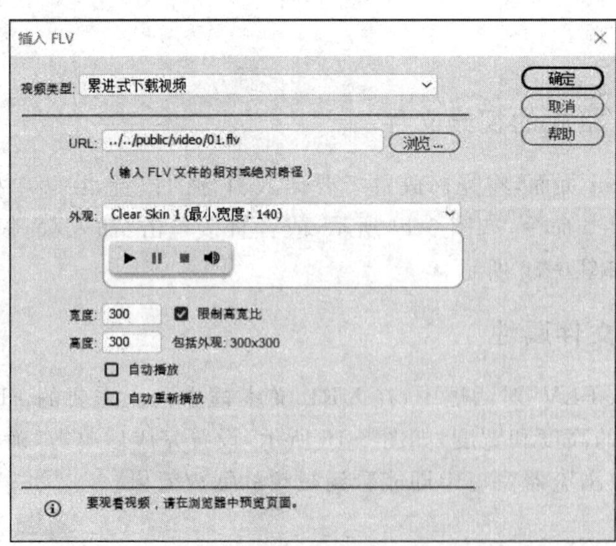

图 6-16　“插入 FLV”对话框

小　　结

对于一个网站来说，图像和多媒体是不可或缺的元素，因为它们在装饰和美化网页的同时，还兼顾传递信息的功能。本项目主要介绍了图像格式和图像的基本操作及多媒体元素类型和在网页中的应用。

思考与练习

1. 思考题

（1）网页中常用的图像格式有哪些？

（2）JPEG 格式图片和 GIF 格式图片有什么区别？

（3）网页中常见多媒体对象包括哪些？

2. 操作题

参照任务 6.1 和任务 6.2 制作如图 6-17 所示的网页。

参考步骤：

（1）附加已经制作好的 style. css 样式到当前文档中。

（2）将图像插入到“公司动态”页面中。

图 6-17　有图像效果的页面

项目7　超　链　接

项目描述

超链接在本质上属于一个网页的一部分,它是一种允许同其他网页或站点之间进行连接的元素。各个网页链接在一起后,才能真正构成一个网站。通过本项目的学习,要求熟练掌握超链接的创建及相关知识。

知识目标

- 了解超链接和链接路径。
- 熟悉在 Dreamweaver CC 2018 中创建各类超链接的方法。

技能目标

- 了解超链接的类型和链接路径。
- 了解超链接的目标。
- 能够创建各类超链接。

任务7.1　创建文本和图像超链接

任务描述

网页中大部分元素由文本和图像组成,而创建文本和图像的超链接是网页必不可少的部分。

相关知识与技能

1. 超链接的概念

超链接是超级链接的简称,在本质上属于一个网页的一部分,它是一种允许我们同其他网页或站点之间进行链接的元素。各个网页链接在一起后,才能真正构成一个网站。所谓超链接,是指从一个网页指向一个目标的链接关系,这个目标可以是另一个网页,也可以是相同网页上的不同位置,还可以是一个图片、一个电子邮件地址、一个文件,甚至是一个应用程序。而在一个网页中用来超链接的对象,可以是一段文本或者是一张图片。当浏览者单击已经链接的文字或图片后,链接目标将显示在浏览器上,并且根据目标的类型来打开或运行。

2. 链接类型

根据超链接路径的不同，网页中超链接一般分为以下三种类型：内部链接、锚点链接和外部链接。

根据超链接对象的不同，网页中的链接又可以分为文本超链接、图像超链接、E-mail 链接、锚点链接、多媒体文件链接和空链接等。

另外，超链接还可以分为动态超链接和静态超链接。动态超链接是指可以通过改变 HTML 代码来实现动态变化的超链接，例如可以实现鼠标光标移动到某个文字链接上，文字就会像动画一样动起来或改变颜色；也可以实现鼠标光标移到图片上时，图片就产生反色或朦胧等效果。而静态超链接就是指没有动态效果的超链接。

3. 绝对路径与相对路径

文件路径就是文件在计算机中的位置。表示文件路径的方式有两种，即绝对路径和相对路径。

绝对路径是指在网页制作中带域名的文件的完整路径（URL 和物理路径），例如，D:\mysites\index. html 代表了 index. html 文件的绝对路径，http://www. baidu. com 也代表了一个 URL 绝对路径。

同一个目录的文件引用，如果源文件和引用文件在同一个目录里，直接写引用文件名即可，这时引用文件的方式就是使用相对路径。例如，建一个源文件 index. html，在 index. html 里要引用 zhuhai. html 文件作为超链接，假设 index. html 路径是 D:\mysites\index. html，假设 zhuhai. html 路径是 D:\mysites\zhuhai. html，在 index. html 里加入 zhuhai. html 超链接的代码应该这样写：<a href = "zhuhai. html">这是超链接</a>。

4. 图片热点超链接

通过标记可以在图像地图中设定作用区域（又称为热点），这样当鼠标光标移到指定的作用区域并单击时，会自动链接到预先设定好的页面。一幅图像可以设置多个热点，热点常用作导航栏制作、地图多点链接等。

选中图片，在对应的图像“属性”面板中选用热点工具，有矩形、圆形和多边形 3 类图形，如图 7-1 所示。

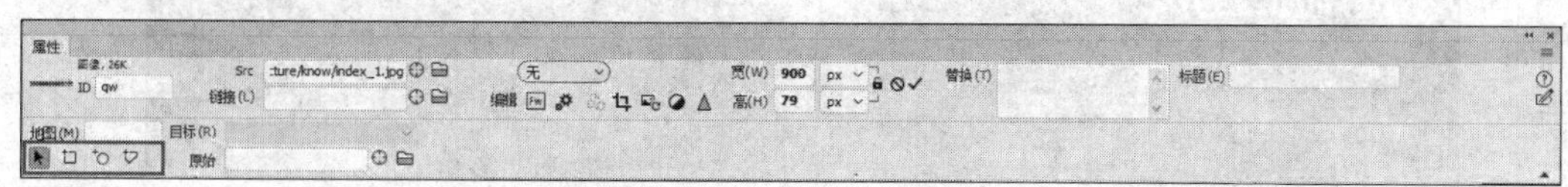

图 7-1　图形热点工具

(1) 矩形热点工具：绘制的将是矩形。

(2) 圆形热点工具：绘制的将是圆形。

(3) 多边形热点工具：绘制的将是多边形。

5. 超链接目标

在设置超链接之后，在“属性”面板上有相应的超链接目标选项，如图 7-2 所示。

图 7-2 超链接目标

(1) _blank：这是最常见的链接方式，表示超链接的目标地址在新建窗口中打开。

(2) new：表示超链接的目标地址在新建子窗口中打开。

(3) _parent：把链接指向的内容装入当前页父窗口中。

(4) _self：将链接指向的内容装载到当前页的窗口或框架中，这是网页链接的默认项。

(5) _top：完全取代当前页面的所有框架。

(6) bottomFrame：框架结构的底部框架，链接到该框架时，页面内容在底部显示。

(7) mainFrame：框架结构的中间框架，链接到该框架时，页面内容在中间显示。

(8) topFrame：框架结构的顶部框架，链接到该框架时，页面内容在顶部显示。

其中，_parent 和_top 实际使用中没有区别，但是地址栏会变化。

任务实现

1. 创建文本超链接

(1) 打开站点文件夹中的 index 页面，在该页面选中文本“最新资讯”，如图 7-3 所示。

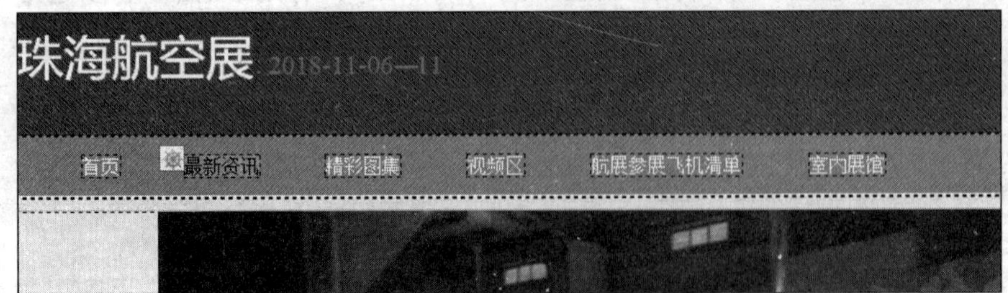

图 7-3 创建文本超链接

(2) 在文本“属性”面板的“链接”文本框中设定被链接对象的 URL 地址(内部链接)，

如图 7-4 所示，单击图中“链接”右侧的文件夹按钮，弹出“选择文件”对话框，如图 7-5 所示，选定需要链接的文件，单击“确定”按钮，可创建所需要的链接。

图 7-4 设置文本超链接的属性

图 7-5 “选择文件”对话框

2. 创建图像超链接

选定图像，在对应的图像“属性”面板中选用矩形热点工具，创建热点，在“属性”面板中会出现相应的热点“属性”面板，使用添加文字链接相同的方法设置热点链接，如图 7-6 所示。

图 7-6 设置图像热点链接

小技巧：快速在站点内创建超链接。

首先选定对象，然后在“属性”面板中单击链接文本框右边的第一个按钮，再拖动到站点中的一个文件上以创建链接。此处以快速建立图像热点链接为例，如图 7-7 所示。

图 7-7　快速在站点内创建超链接

任务 7.2　创建锚点链接页面

任务描述

锚点链接也叫书签链接，常常用于那些内容庞大烦琐的网页，通过单击命名锚点，不仅能指向文档，还能指向页面里的特定段落，更能当作“精准链接”的便利工具，让链接对象接近焦点，便于浏览者查看网页内容。类似于我们阅读书籍时的目录页码或章回提示，在需要指定到页面的特定部分时，标记锚点是最佳的方法。

相关知识与技能

1. 锚点链接对 SEO 的作用

锚点链接是一个非常重要的概念，在网页中增加恰当的锚点链接，会让所在网页和所指向网页的重要程度有所提升，从而影响到关键词排名。锚点链接对 SEO(Search Engine Optimization，搜索引擎优化)的作用主要体现在以下几个方面。

(1) 对锚点链接所在页面的作用

一般情况下，页面中增加的锚点链接都和页面本身有一定的关系，因此，锚文本可以作为锚点链接所在页面内容的评估。例如，某篇文章中含有 SEO 的链接，那么，说明该篇文章和 SEO 有一定关系。

(2) 对锚点链接所指向页面的作用

锚点链接能精确地描述所指向页面的内容，因此，锚点链接能对所指向页面进行评估。

(3) 锚点链接对关键词排名的影响

锚点链接对于关键字排名的意义在于它可以让内容页随机链接在一起，让“蜘蛛”可以很好地抓取更多页面，权重也能均匀地传递，同时增强页面的相关性，最终提升网站的关键词排名。

2. 锚点链接与超链接

(1) 对关键词排名的区别

如果说到对关键词排名的区别，可以通过数字举例来说明对百度排名的区别。假设制作了一个锚文本的链接，例如做的是“珠海航展”这个关键词。如果这个外链接被百度收录了，假设百度给这个链接的权重用阿拉伯数字表示是 5，那么这个外链接对“珠海航展”这个关键词的排名可能分配的是 4，对网站的其他的关键词排名可能分配到 1。

(2) 对反向链接的区别

SEO 经常关注自己网站的反向链接，一般大家都是通过雅虎反链接和百度主域来查询自己的网站。如果我们做的锚文本的链接被雅虎收录了，这个锚文本链接就可以通过雅虎反链接查询到。如果这个链接被百度收录了，通过百度主域查询不到。如果做了一个网址链接被雅虎收录了，可以通过雅虎反链接查询到；如果被百度收录了，可以通过百度主域查询。所以锚文本的链接可以增加网站的雅虎反链接的数量，但不能增加百度主域的数量。网址链接可以增加网站的雅虎反链接的数量，也可以增加百度主域的数量。

任务实现

1. 设置锚点

打开站点文件夹下的 index 页面，将光标放置于要设置锚点的地方(“珠海航空展”前面)，然后切换到代码窗口，输入：<a name="top">珠海航空展</a>，在设计窗口可以看到锚点的标志，如图 7-8 所示。

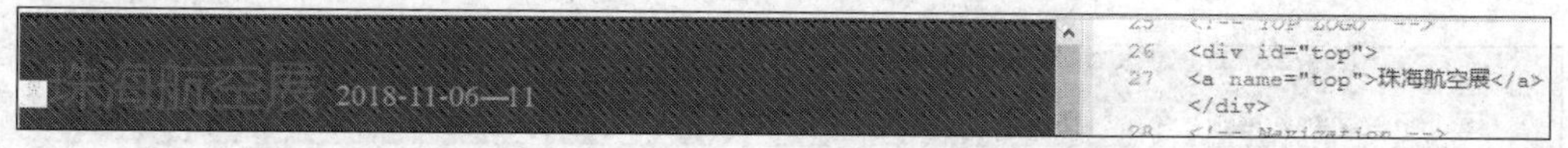

图 7-8 设置锚点

2. 设置锚点链接

选中页面底部的“返回顶部”文字，在“属性”面板的“链接”文本框中输入一个符号“#”和锚点名称，如“#top”，如图 7-9 所示。

图 7-9 锚点链接

小　结

超链接是网页的灵魂，没有超链接的网页将是一潭死水。各个网页只有通过超链接联系在一起后，才能真正构成一个网站。本项目详细介绍了超链接的类型、绝对路径和相对路径及超链接对网页的作用。

思考与练习

1. 思考题

(1) 什么是绝对路径和相对路径？

(2) 图像热点链接包括哪些？

(3) 什么是“锚点链接”？如何创建和使用“锚点链接”？

2. 操作题

参照任务 7.1 和任务 7.2 制作超链接页面的效果。

参考步骤：

(1) 打开 index.html 页面。

(2) 在当前页面中选中“网站首页”，在“属性”面板中的 HTML 分类下的链接栏输入 index.html，如图 7-10 所示，保存网页并浏览，即可看到链接效果。

(3) 其他页面链接与步骤(2)操作类似。

图 7-10　设置超链接

项目 8　设计表格网页和框架网页

项目描述

页面布局是网页制作的一个重要部分,使用表格布局页面是一种最常用的手段,表格能够布局和定位网页各部分的内容,控制网页在 IE 窗口中的位置和网页元素在网页中的显示位置。本项目利用表格制作第十届航展简介页面,安排航展简介页面的内容和布局。

框架是网页中经常使用的页面设计方式,框架的作用就是把网页在一个浏览器窗口下分割成几个不同的区域,实现在一个浏览器窗口中显示多个 HTML 页面。珠海航展最新资讯主页包括三部分,即顶部、主体部和底部。本项目利用框架制作最新资讯主页。

知识目标

- 掌握使用表格实现网页布局的方法。
- 掌握表格的各项属性及其设置的方法。
- 掌握表格单元格的各项属性及其设置的方法。
- 掌握修改表格的方法。
- 掌握在表格中插入网页元素的方法。
- 理解浮动框架网页的概念。
- 掌握浮动框架网页中的超链接设置的方法。

技能目标

- 熟练掌握在网页中插入表格,设置和修改表格属性。
- 能够使用表格实现网页布局。
- 能够在表格中插入文本、图像等各种网页元素。
- 熟练创建出浮动框架页面。

任务 8.1　使用表格制作网页

任务描述

使用表格实现网页布局,制作“第十二届中国航展简介”页面,合理布局页面内容,使页面及页面中的文本和图片显示比例固定,如图 8-1 所示。

图 8-1 最终表格网页效果图

相关知识与技能

1. 认识表格

表格是我们日常办公中常使用的工具，网页制作中的表格和 Office 中的表格基本相似。在网页制作中，表格的功能较多，可用表格对网页中的文本、图像及其他元素进行定位，也可有序地排列数据等，为网页制作提供了很大的方便。表格不仅可以为页面进行宏观的布局，还可以使页面中的文本、图像等元素排列得更有条理。表格一般由行和列组成，如图 8-2 所示。

（1）表格的组成元素

- 边框：是指整个表格的边缘。
- 单元格：是指行和列的交叉部分，用于装数据的方格。
- 边距：是指单元格中的内容和单元格边框的距离。
- 间距：是指单元格和单元格之间的距离。

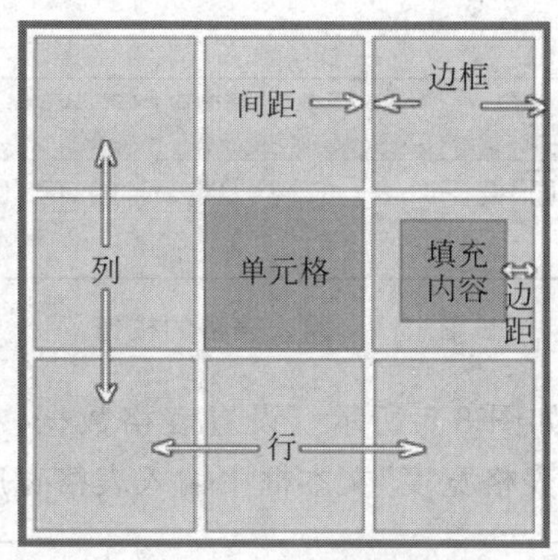

图 8-2　表格示意图

（2）表格的主要属性

表格和单元格有宽度、高度、边框、背景等属性，这些属性都可以调整，有利于进行全页面的布局排版，特别是边框宽度可以设置为 0，从而在浏览器中隐藏表格，让用户感觉不到表格的存在。

（3）表格的主要操作

可进行表格的行和列的插入、删除，可以在光标位置插入一行和一列；可进行表格单元格数据的复制、粘贴；可进行单元格的拆分与合并，将一个单元格拆分成多行多列，也可将多个单元格合并成一个单元格。

2. 创建表格

（1）新建空白主页，设置页面属性，将光标移至表格插入点。

（2）执行“插入”→HTML 命令，如图 8-3 所示；或直接单击 HTML 面板中的插入表

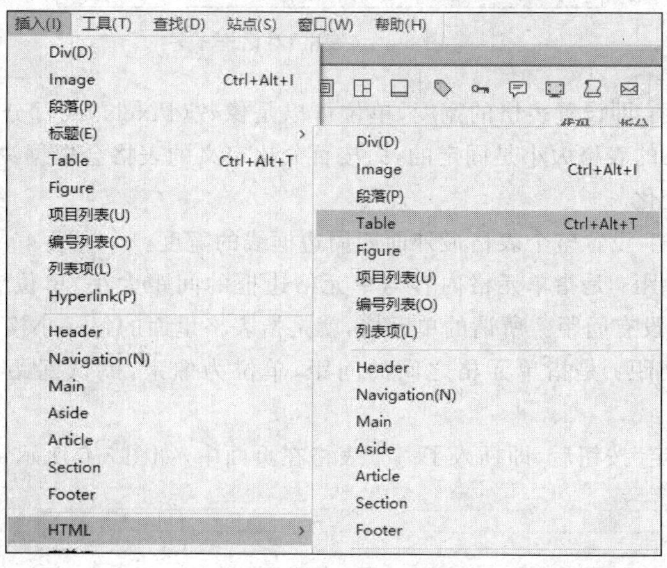

图 8-3　插入表格命令

格的按钮,如图 8-4 所示。

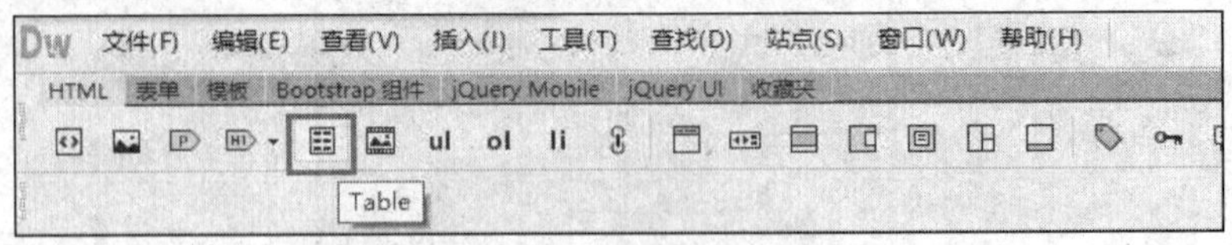

图 8-4　插入表格的按钮

① 打开"表格"对话框,如图 8-5 所示。设置表格数据,在"行数"和"列数"文本框中分别输入行数和列数值,在"表格宽度"文本框中输入表格宽度值,单位为像素。

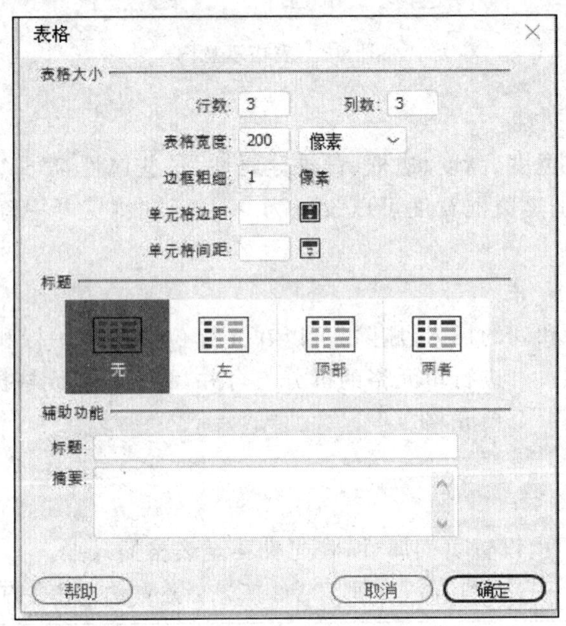

图 8-5　"表格"对话框

- 表格宽度:即设置表格的宽度,单位可以是像数(Pixels)或百分比(Percent)。按像素定义的表格大小是固定的,而按百分比定义的表格会根据浏览器的情况进行大小的变化。
- 边框粗细:设置整个表格最外面四周边框线的宽度。
- 单元格边距:是指单元格内容与单元格边框的间距大小,单位为像素,默认值为 1,0 表示没有间距。所谓的单元格,就是指表格里面的每一小格。
- 单元格间距:是指单元格之间的间距,单位为像素,默认间距为 2,0 表示没有间距。

② 单击"确定"按钮后,即插入了一个表格在页面中,如图 8-6 所示。

图 8-6　新插入的表格

3. 设置表格的属性

(1) 选定表格

最初创建的表格不一定符合我们的要求，因此后面我们必须重新修改表格的大小或者重新设置表格的属性，但是在修改表格及其行、列、单元格的属性之前，必须选中这些对象，因此需要先介绍如何选中这些对象。

选择整个表格：把鼠标光标放在表格边框的任意处单击；或在表格内任意处单击，然后右击并在弹出的快捷菜单中选择"表格"→"选择表格"命令，将选中整个表格。当选定了表格或表格中有插入点时，将显示表格宽度和表格选择器(醒目颜色的线条指示)，如图 8-7 所示。

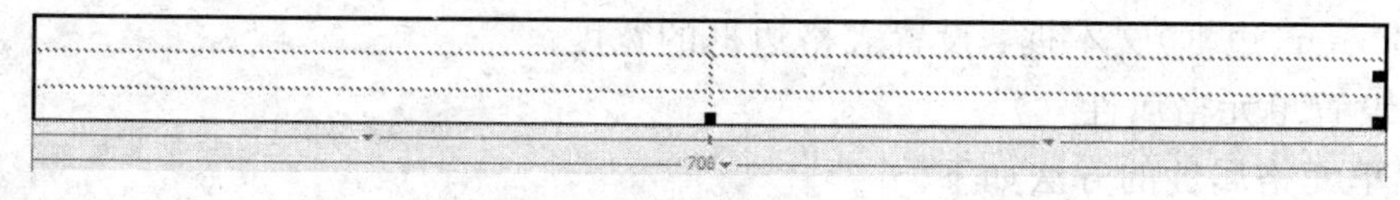

图 8-7　选择表格时的状态

也可以把鼠标光标移至表格的左上方，当出现如图 8-8 所示箭头图标的时候，单击就可以选择整个表格。

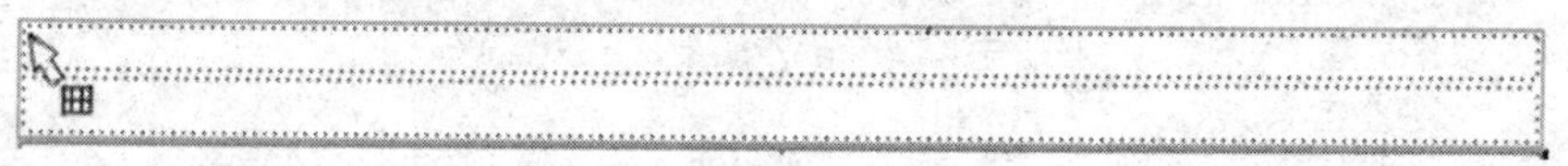

图 8-8　选择整个表格

选择连续的单元格：把鼠标光标放在起始单元格中，按住鼠标左键开始向最后一个单元格方向拖动，当单元格边框呈现加粗的黑色时，表明被选中，如图 8-9 所示。

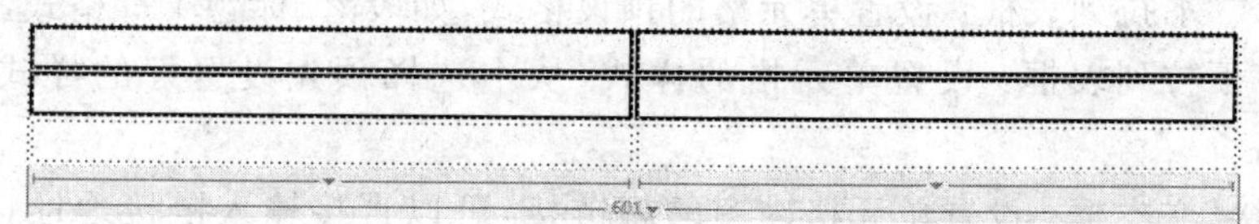

图 8-9　选择连续的单元格

选择不连续的单元格：按住 Ctrl 键并单击所有需要选择的单元格，当单元格边框呈现加粗的黑色时，表明被选中。

(2) 设置表格属性

当选中整个表格后，在 Dreamweaver CC 2018 下面将显示表格的"属性"面板，如图 8-10 所示。使用鼠标拖放也可改变表格的大小、行高、列宽，但一般通过表格的"属性"面板来设置表格属性更方便。

表格主要属性说明如下。

- "行"文本框：设置表格行数。
- "列"文本框：设置表格列数。

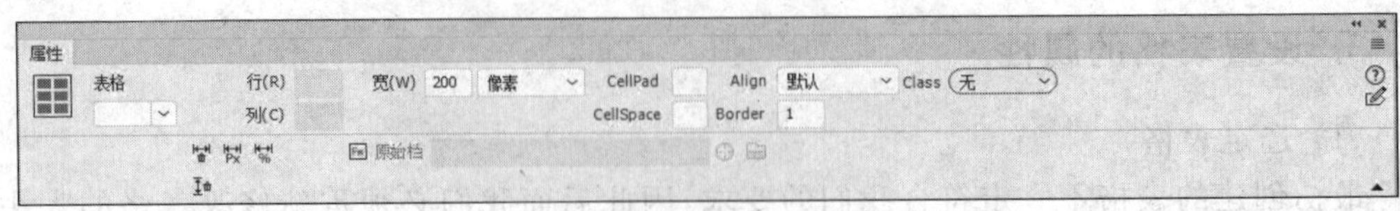

图 8-10 表格的“属性”面板

- “宽”文本框：设置表格宽度。
- CellPad(填充)文本框：设置单元格边距。
- Align(对齐)下拉列表框：设置表格的对齐方式，默认的对齐方式一般为“左对齐”。
- CellSpace(间距)文本框：设置单元格间距。
- Border(边框)文本框：设置表格边框的宽度。

(3) 设置单元格属性

设置单元格属性的方法如下。

① 选中单元格。在要选择的单元格中单击，即选中该单元格。

② 选中单元格后，在 Dreamweaver CC 2018 下面将显示单元格的“属性”面板，如图 8-11 所示。

图 8-11 单元格的“属性”面板

单元格的主要属性说明如下。

- “格式”下拉列表框：设置单元格的预设格式，如段落、标题 1 等格式。
- “类”下拉列表框：设置单元格的样式，从中选择预先设置好的样式并应用到单元格。
- “链接”文本框：设置单元格内容的超链接，可以直接输入链接地址，也可拖动图标指向一个目标文件，或单击图标选择一个链接目标文件。
- “水平”下拉列表框：设置单元格的水平排版方式是居左、居右还是居中。
- “垂直”下拉列表框：设置单元格的垂直排版方式是顶端对齐、底端对齐还是居中对齐。
- “不换行”复选框：单元格中较长文本自动换行的开关。
- “宽”“高”文本框：设置单元格的宽度和高度。
- “标题”复选框：设置单元格为标题单元格，即该单元格内文字以标题格式显示。
- “背景颜色”文本框：设置单元格的背景颜色。
- ：用于单元格的合并与拆分。

③ 合并单元格。合并单元格操作只能针对连续的单元格使用。选中需要合并的单元格，在“属性”面板上单击按钮。或者右击并选择“表格”→“合并单元格”命令，或者

选择“修改”→“表格”→“合并单元格”命令。

④ 拆分单元格。表格中每一行中的单元格列数可能不等，这时就可根据需要使用“拆分”命令把一个单元格变为几个单元格。选中需要拆分的单元格。在“属性”面板上单击]⊏ 按钮。或者右击并选择“表格”→“拆分单元格”命令，或者选择“修改”→“表格”→“拆分单元格”命令，弹出“拆分单元格”对话框，如图 8-12 所示，设置需要拆分的行数，单击“确定”按钮，即可进行拆分。

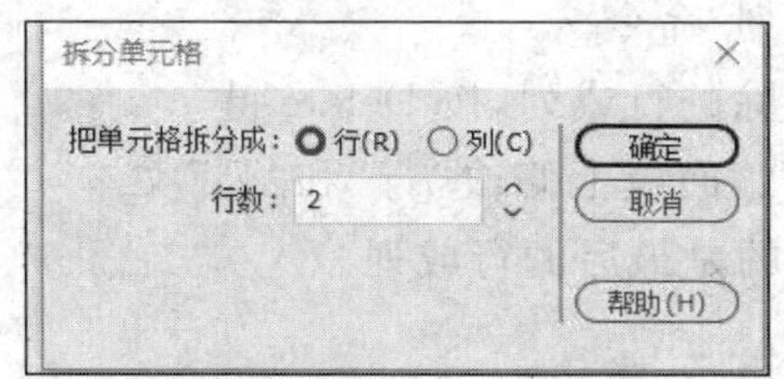

图 8-12　“拆分单元格”对话框

4. 嵌套表格

嵌套表格是表格布局中一个十分重要的环节，它是指在一个表格的单元格中再插入一个表格，嵌套表格的宽度受所在单元格宽度的限制，其编辑方法与表格相同。

在嵌套的过程中注意设置嵌套表格的宽度，这里最好使用百分比来设置。如图 8-13 所示，粗线框住的部分为嵌入单元格中的表格。

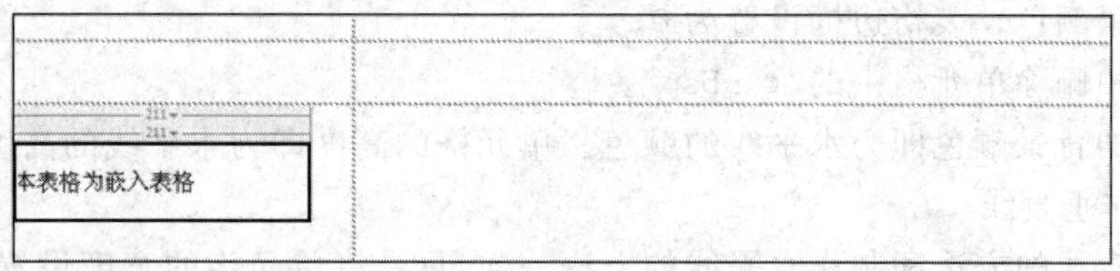

图 8-13　表格的嵌套

提示：在利用表格进行页面内容排版时，一般是先创建几个大的表格，然后再在大表格中嵌套小的表格。可浏览器在打开表格时，通常是把一张表格全部下载到本地的缓存中才能显示表格的内容，因此如果一个表格比较长，常要等很长时间才能看见表格的内容，这样将影响浏览效果。因此，通常把内容分类后分类放在这些嵌套的小表格中，这样有利于加快下载速度，便于浏览。

5. 表格中插入或删除行和列

在使用表格排版时，随着内容的增加，我们会发现最初插入表格的行数或列数不够，这时就需要增加或者删除行或列，其中最简单的一种方法就是选中表格，然后在表格“属性”面板中设置表格的行数和列数。但是此办法只能在表格的最后增加、删除行或者在表格的右端增加、删除列，当需要在具体某个单元格的位置插入或删除行或列时，该办法就不能实现。在此介绍调整行和列的另外一种灵活的办法。

（1）插入行或列

将光标移动到表格中的某一单元格内，右击并选择“表格”→“插入行或列”命令，打开如图 8-14 所示的对话框。

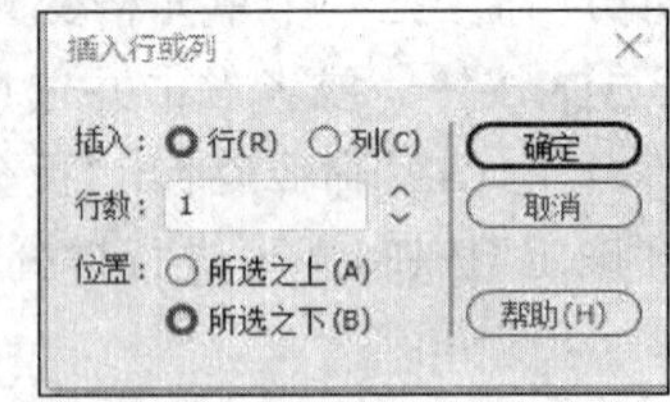

图 8-14 “插入行或列”对话框

（2）删除行或列

方法 1：将插入点定位到要删除的行或列的任意一个单元格中，然后选择“修改”→“表格”→“删除行”命令或选择“修改”→“表格”→“删除列”命令。

方法 2：选择表格要删除的行或列，按 Delete 键。

方法 3：在表格的“属性”面板上修改“行”和“列”文本框中的值，但这种方法删除的是最后的行或列。

6. 在表格中插入网页元素

将表格插入文档后，即可向表格添加文本或图像等内容。向表格添加内容的方法很简单，只需将插入点定位到要输入内容的单元格中，再输入文本即可。插入图像等元素和在网页中直接添加网页元素的方法相同。

7. 表格的其他应用

（1）制作水平线

选择需要设置为水平线的单元格，在“属性”面板中将单元格的“高”设置为 2。设置单元格的背景颜色。表格边框设置为 0。

在代码中删除单元格中的“ ”。

单元格的背景颜色即为水平线的颜色。单元格的高度即为水平线的高度。

（2）制作垂直线

制作垂直线的方法和制作水平线的方法一样，只是将单元格的宽度设置为 2，单元格的高度即为垂直线的高度。

任务实现

1. 绘制页面布局草图

根据图 8-1 所示的效果绘制页面布局草图，如图 8-15 所示。

2. 根据草图创建表格

（1）在图 8-15 中①部分插入一个 1 行 1 列的表格（表 1），宽度为 780 像素，作为网页的 logo 部分。

（2）在图 8-15 中②部分插入一个 1 行 1 列的表格（表 2），宽度为 780 像素。

（3）在图 8-15 中③～⑥部分插入一个 2 行 2 列的表格（表 3），宽度为 780 像素，作为网页主体部分，并对③、⑥部分进行单元格合并。

（4）在图 8-15 中⑦部分插入一个 1 行 1 列的表格（表 4），宽度为 780 像素，作为网页

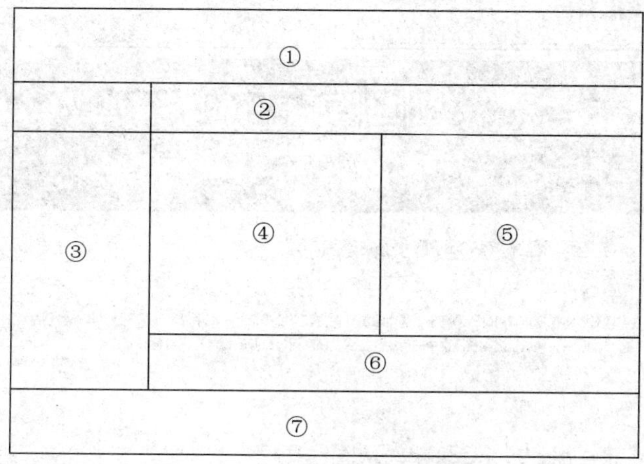

图 8-15　页面布局草图

的底部。

3. 嵌套表格

(1) 在图 8-15 中单元格③内嵌入一个 1 行 1 列的表格(表 5),宽度为 126 像素。
(2) 在图 8-15 中单元格④内嵌入一个 3 行 1 列的表格(表 6),宽度为 340 像素。
(3) 在图 8-15 中单元格⑤内嵌入一个 3 行 1 列的表格(表 7),宽度为 296 像素。
(4) 在图 8-15 中单元格⑥内嵌入一个 1 行 5 列的表格(表 8),宽度为 649 像素。

4. 调整表格

根据内容调整表格和单元格的属性,表 2 背景色为黑色,表 3 的间距为 1,对齐方式都为居中。

5. 在表格中插入网页元素

在表 1 中插入 logo 图片,在表 3～表 7 中插入相应的文字,在表 8 的各单元格中插入图片,并根据元素大小自动调整单元格。

最终网页的排版及浏览效果见图 8-1。

任务 8.2　使用浮动框架制作网页

任务描述

使用浮动框架实现网页布局,制作“最新资讯”新闻主页,如图 8-16 所示,该主页包括顶部、主体部和底部三部分,顶部为 logo 部分,主体部为新闻列表部分,底部为备注部分。

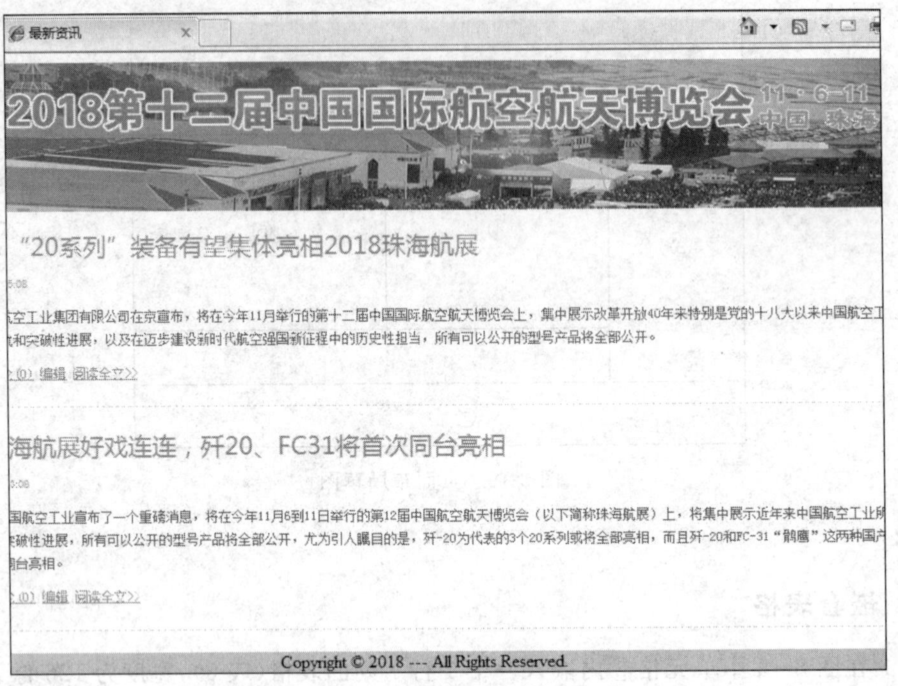

图 8-16　最新资讯页面

相关知识与技能

1. 认识浮动框架

浮动框架是一种较为特殊的框架，它是在浏览器窗口中嵌套的子窗口，整个页面并不一定是框架页面，但要包含一个框架窗口。<iframe>框架可以完全由设计者定义宽度和高度，并且可以放置在一个网页的任何位置，这样便极大地扩展了框架页面的应用范围。

<frameset>生成的框架结构是依赖上级空间尺寸的，它的宽度或者高度必须有一个和上级框架相同。而<iframe>浮动框架可以完全由指定宽度和高度决定。

2. 创建浮动框架

要创建框架集或浮动框架，可以选择"插入"→HTML→IFRAME 命令，或者直接单击 HTML 面板中的 IFRAME 按钮，如图 8-17 所示。

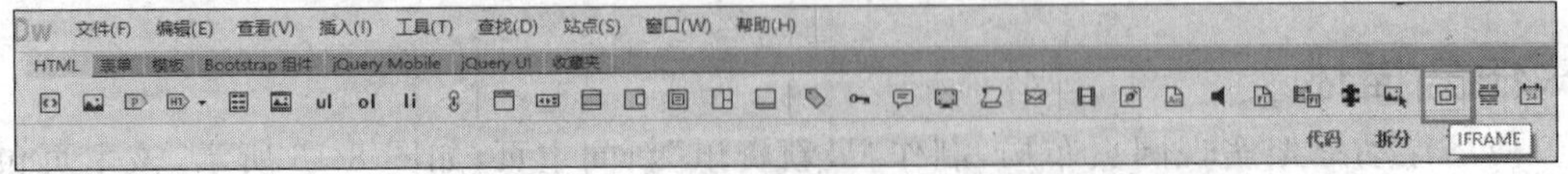

图 8-17　插入浮动框架的按钮

3. 浮动框架的语法

语法格式如下：

```
<iframe src="浮动框架的源文件" width="浮动框架的宽" height="浮动框架的高">
</iframe>
```

说明：src 属性是 iframe 的必需属性，它定义浮动框架页面的源文件地址。

在普通框架结构中，由于框架就是整个浏览器的窗口，因此不需要设置其大小。但是在浮动框架中，框架是插入到普通 HTML 页面中，所以可以调整框架的大小。浮动框架的宽度和高度都是以像素为单位。width 和 height 这 2 个都是可选属性。

4. 设置浮动框架的滚动条

对于浮动框架 iframe 的滚动条，可以使用 scrolling 属性来控制。scrolling 属性有 3 种情况：根据需要显示、总是显示和不显示。

语法格式如下：

```
<iframe src="浮动框架的源文件" width="浮动框架的宽" height="浮动框架的高"
scrolling="取值"></iframe>
```

scrolling 属性取值如表 8-1 所示。

表 8-1　scrolling 属性取值

scrolling 属性值	说　明
auto	默认值，整个表格在浏览器页面中左对齐
yes	总是显示滚动条，即使页面内容不足以撑满框架范围，滚动条的位置也预留
no	在任何情况下都不显示滚动条

下面这个实例可以看出框架页面的应用效果，如图 8-18 所示。

任务实现

(1) 新建一个 HTML 文件，保存名称为“最新资讯”。

(2) 在上述页面中插入一个 3 行 1 列、宽度为 960 像素的表格。

(3) 在该表格中的第一行插入图片 logo. png；第二行插入浮动标签，源码如<iframe src="list. html" width="100%" height="1200px" frameborder="0" scrolling="no" align="middle"></iframe>；在第三行输入版权信息，居中显示，并设置单元格背景颜色为＃CCCCCC。

(4) 按 F12 键预览，最终制作的 index. html 页面在浏览器中的显示效果如图 8-16 所示。

```
<!doctype html>
<html>
<head>
<meta charset="utf-8">
<title>iframe</title>
</head>

<body>
    <iframe src="http://www.baidu.com" width="500px" height="400px" scrolling="yes"></iframe>
</body>
</html>
```

(a) 代码

(b) 显示效果

图 8-18　浮动框架页面效果

小　　结

表格在网页设计中起着非常重要的作用，一方面组织管理传统的表格数据；另一方面主要用于网页布局的组织。本项目主要介绍了使用表格对网页进行布局的基本方法，详细讲解了创建表格、编辑表格、设置表格和单元格属性等基本内容，并通过任务实施演示了表格网页制作的过程。

浮动框架是一种较为特殊的框架，它是在浏览器窗口中嵌套的子窗口，整个页面并不一定是框架页面，但要包含一个框架窗口。<iframe>框架可以完全由设计者定义宽度和高度，并且可以放置在一个网页的任何位置，这样便极大地扩展了框架页面的应用范围。

思考与练习

1. 思考题

(1) 表格的作用是什么？如何插入表格？
(2) 如何设置表格的各项属性？
(3) 表格还有哪些用途？
(4) 浮动框架网页是什么页面？

2. 操作题

(1) 参照任务 8.1，使用表格布局制作一个如图 8-19 所示的个人网站的主页。
参考步骤：
① 页面分为页眉、主体和页脚三部分。
② 使用表格分别对页眉、主体和页脚进行布局，在主体部分嵌入小表格。
③ 要求在网页中综合插入图片、文字等网页元素。

图 8-19　表格布局的个人网站

(2) 参照任务 8.2 练习浮动框架网页的制作。

(3) 制作一个班级主页,使用浮动框架布局页面,如图 8-20 所示。

图 8-20　班级主页

项目9　表单网页

项目描述

表单是制作动态网页的基础，是用户与服务器之间信息交换的桥梁。一个具有完整功能的表单网页通常由两部分组成，一部分是用于收集数据的表单页面；另一部分是处理数据的服务器端脚本或应用程序。本项目以注册和登录网页为例，介绍创建和验证表单网页的基本方法。

知识目标

- 了解表单的工作原理。
- 熟悉表单对象的使用方法。
- 掌握创建和验证表单的方法。

技能目标

- 能够熟练使用表单对象。
- 能够创建表单、验证表单。

任务9.1　制作用户登录页面

任务描述

使用表单制作珠海航展网站用户登录页面，如图9-1所示。

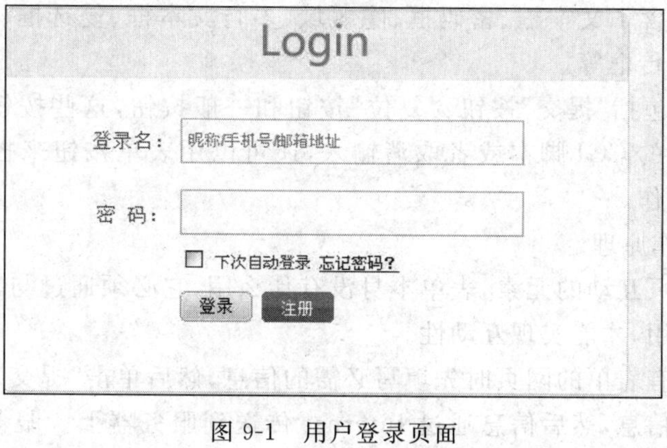

图9-1　用户登录页面

相关知识与技能

1. 认识表单

(1) 表单的概述

在现代化信息社会中,人们更加注重信息的收集和处理,而表单对于信息的收集和显示都是一种必要的组织方式。具体地说,表单是实现交互式网络浏览方式的重要手段。浏览者在表单域中输入各种信息后,系统会自动将这些信息提交并传回服务器端相应的处理程序中,当服务器端对所输入的信息进行组织和处理后,将所有的统计信息提供给网络管理员,以便使用;或将浏览者所需的相关信息反馈给客户。在交互过程中,表单的作用就是收集浏览者输入的信息。例如在申请电子邮箱时,需要填写个人信息,如用户名、密码、提示信息等,而收集这些信息的工具就是表单。

表单主要用于收集信息和反馈意见,但还可以应用于资料检索、讨论组和网上购物等多种交互式操作。它的这种信息交互式特点使得网页不再是一个单一的信息发布载体,而是根据客户提交的信息动态甚至实时地进行信息重组。例如常用的电子银行交易、联网的票据定购系统等,这些都是利用表单结合数据库技术来实现的。

从表单的使用目的来看,表单在网络信息交流中起着非常重要的作用,归纳起来,表单在网页中的作用主要体现在以下 5 个方面。

- 收集网络信息,以及网上订货、托运、付款等信息。
- 获取客户需求和反馈信息。
- 创建留言簿和意见簿。
- 创建搜索网页。
- 提示浏览者登录相关网站。

(2) 表单的组成

一个表单有 3 个基本组成部分。

- 表单标签:这里面包含了处理表单数据所用 CGI 程序的 URL 以及数据提交到服务器的方法。
- 表单域:包含了文本框、密码框、隐藏域、多行文本框、复选框、单选框、下拉列表框和文件上传框等。
- 表单按钮:包括“提交”按钮、“复位”按钮和一般按钮,这些按钮用于将数据传送到服务器上的 CGI 脚本或者取消输入,还可以用表单按钮来控制其他定义了脚本的处理工作。

(3) 表单的工作原理

表单是实现网页互动的元素,表单本身没有什么用,它必须通过与客户端或服务器端脚本程序的结合使用,才能实现互动性。

访问者在浏览有表单的网页时先填写必需的信息,然后单击“提交”按钮,即触发了客户端脚本程序发出信息,然后信息通过 Internet 传送到服务器上。服务器上的脚本程序对这些数据进行处理如果有错误会返回错误信息,并要求纠正错误。当数据完整无误后,服务器反馈一条输入完成的信息。

2. 表单对象

Dreamweaver CC 2018 中的表单对象变化较大，一个表单中包含多个对象，有时也称为控件或表单元素，例如用于输入文本的文本域、用于发送命令的按钮、用于选择项目的单选按钮和复选框、用于显示列表项的列表框，如图 9-2 所示。

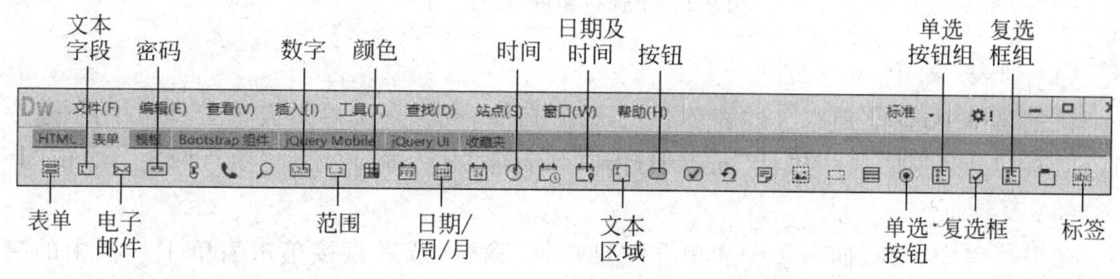

图 9-2　表单工具栏

(1) 表单

在主菜单中选择“插入”→“表单”→“表单”命令，或者直接单击表单工具栏中的按钮，可插入表单。任何其他表单对象，都必须插入到表单中，浏览器才能正确处理这些数据。表单将以红色虚线框显示，但在浏览器中是不可见的。

将光标置于表单内，单击左下方的“<form>”标签，可选中整个表单，可以在“属性”面板中设置表单的属性，如图 9-3 所示。

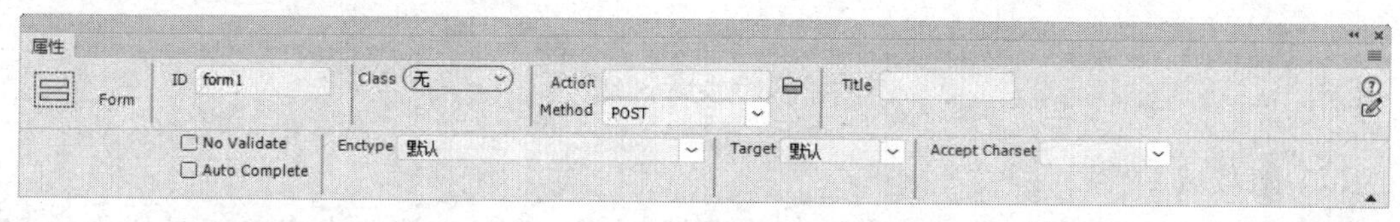

图 9-3　表单的“属性”面板

(2) 文本域

在主菜单中选择“插入”→“表单”→“文本”命令可插入文本，或者直接单击表单工具栏中的按钮。文本的“属性”面板如图 9-4 所示。

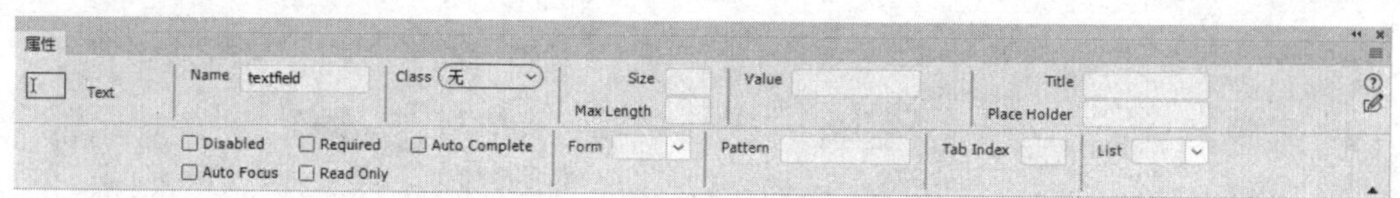

图 9-4　文本的“属性”面板

(3) 单选按钮

在主菜单中选择“插入”→“表单”→“单选按钮”命令，或者直接单击表单工具栏中的按钮，可插入单选按钮，单选按钮的“属性”面板如图 9-5 所示。

单选按钮一般以两个或者两个以上的形式出现，它的作用是让用户在两个或者多个选项中选择一项。

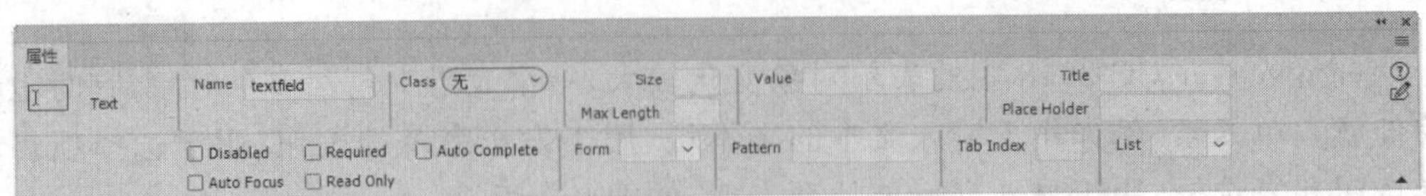

图 9-5 单选按钮的“属性”面板

(4) 列表/菜单

在主菜单中选择“插入”→“表单”→“选择”命令，或者直接单击表单工具栏中的按钮，可插入“列表”项。在“属性”面板中打开“列表值”对话框，再添加“项目标签”和“值”。

(5) 复选框

在主菜单中选择“插入”→“表单”→“复选框”命令，或者直接单击表单工具栏中的按钮，插入复选框。由于复选框在表单中一般都不单独出现，而是多个复选框同时使用，因此其“选定值”就显得格外重要。复选框的“复选框名称”不同，而“选定值”可以取相同的值。

(6) 文本区域

在主菜单中选择“插入”→“表单”→“文本区域”命令，或者直接单击表单工具栏中的按钮，插入一个文本区域，如图 9-6 所示。

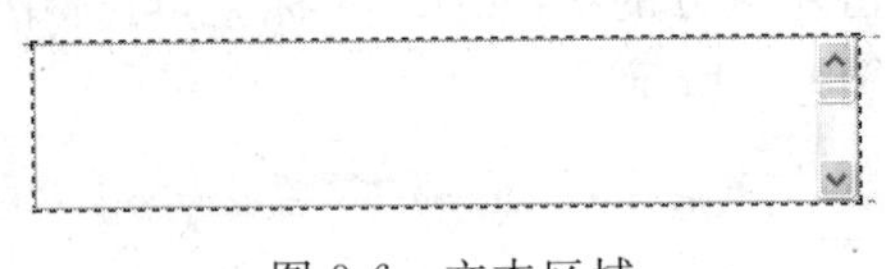

图 9-6 文本区域

(7) 隐藏域

在主菜单中选择“插入”→“表单”→“隐藏域”命令，或者直接单击表单工具栏中的按钮，插入一个隐藏域。通常用隐藏域来传递一些特殊的信息，如注册时间、认证号等。

(8) 按钮

在主菜单中选择“插入”→“表单”→“按钮”命令，或者直接单击表单工具栏中的按钮，插入按钮，按钮的“属性”面板如图 9-7 所示。

图 9-7 按钮的“属性”面板

(9) 文件域

在主菜单中选择“插入”→“表单”→“文件”命令，可以插入一个文件，文件的作用是使用户可以浏览并选择本地计算机上的某个文件，以便将该文件作为表单数据进行上传。

当然,真正上传文件还需要相应的上传组件才能进行,文件域仅仅是起供用户浏览并选择计算机上文件的作用,并不起上传的作用。

(10) HTML 5 新的输入类型

① email：email 类型用于包含 E-mail 地址的输入域。在提交表单时,会自动验证 email 域的值。例如：

```
E-mail: <input type="email" name="user_email" />
```

② url：url 类型用于应该包含 URL 地址的输入域。在提交表单时,会自动验证 url 域的值。例如：

```
<input type="url" name="user_url" />
```

③ number：number 类型用于包含数值的输入域。例如：

```
<input type="number" name="points" min="1" max="10" />
```

可以使用表 9-1 中的属性来规定对数字类型的限定。

表 9-1　对 number 中数字类型的限定

属性	值	描　　述
max	number	规定允许的最大值
min	number	规定允许的最小值
step	number	规定合法的数字间隔(如果 step="3",则合法的数是 −3、0、3、6 等)
value	number	规定默认值

④ range：range 类型用于包含一定范围内数字值的输入域。range 类型显示为滑动条。例如：

```
<input type="range" name="points" min="1" max="10" />
```

可以使用表 8-2 中的属性来规定对 range 中数字类型的限定。

⑤ date pickers (date, month, week, time, datetime, datetime-local)：日期选择器。

- date：用于选取日、月、年。
- month：用于选取月、年。
- week：用于选取周和年。
- time：用于选取时间(小时和分钟)。
- datetime：用于选取时间、日、月、年(UTC 时间)。
- datetime-local：用于选取时间、日、月、年(本地时间)。

⑥ search：search 类型用于搜索域,比如站点搜索或 Google 搜索。search 域显示为常规的文本域。

(11) HTML 5 新的表单元素

① datalist 元素

datalist 元素规定输入域的选项列表。列表是通过 datalist 内的 option 元素创建的。如需把 datalist 绑定到输入域,请用输入域的 list 属性引用 datalist 的 id。

② keygen 元素

keygen 元素的作用是提供一种验证用户的可靠方法。keygen 元素是密钥对生成器(key-pair generator)。当提交表单时,会生成两个键,一个是私钥,一个公钥。

私钥(private key)存储于客户端,公钥(public key)则被发送到服务器。公钥可用于之后验证用户的客户端证书(client certificate)。

目前,浏览器对此元素的有限支持度不足以使其成为一种有用的安全标准。

③ output 元素

output 元素用于不同类型内容的输出,比如计算或脚本输出。

3. 验证表单

(1)"检查表单"行为

选中整个表单,然后在行为菜单中选择"检查表单"命令,打开"检查表单"对话框进行设置。在"行为"面板中检查默认事件是否是 onSubmit。

(2) 密码验证的方法

确认密码无法使用"行为"来检验,但可以通过简单的 JavaScript 来验证。

在表单中右击"注册"按钮,在弹出的菜单中选择"编辑标签"命令,打开"标签编辑器-input"对话框,在对话框中选中 onClick 事件,在右侧的文本框中输入代码即可。

任务实现

1. 新建登录页面

新建登录页面 login. html。

2. 新建表单

在主菜单中选择"插入"→"表单"→"表单"命令或者直接单击表单工具栏中的按钮,可插入表单,在页面中插入了一个空白的表单 form 的效果,如图 9-8 所示。

图 9-8 网页文档中的表单

3. 插入表格

将光标移入表单,插入一个布局用的 2 行 1 列的表格 1,宽为 471 像素,居中对齐,边框为 1。在表格 1 的第 2 行再插入一个 6 行 2 列的表格 2，宽为 100%，将第 1 行单元格合并。

4. 插入表单对象

(1) 将光标移到表格 2 的第 2 行的第 1 个单元格，输入“登录名：”；移动第 2 行的第 2 个单元格，单击“插入”工具栏中的“表单”类别下的“文本”按钮，插入登录文本字段，如图 9-9 所示，属性设置如图 9-10 所示。

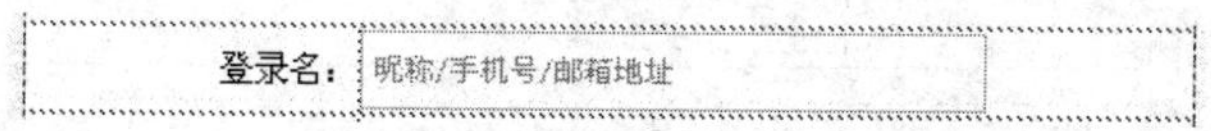

图 9-9　登录文本字段

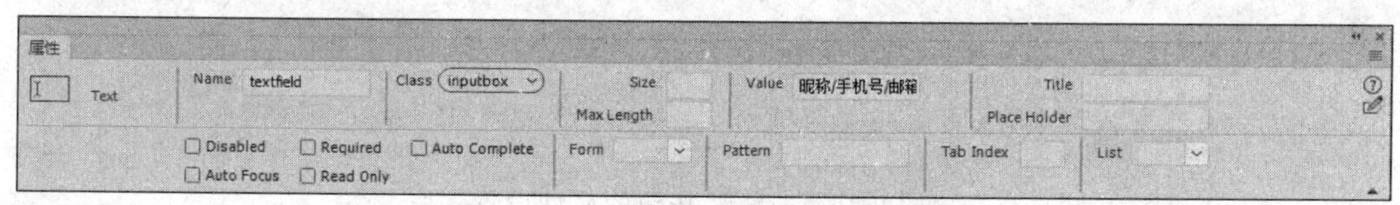

图 9-10　登录文本字段属性的设置

(2) 将光标移到表格 2 的第 4 行的第 1 个单元格，输入“密码：”；移动第 2 行的第 2 个单元格，单击“插入”工具栏中的“表单”类别下的“密码”按钮，插入密码文本字段，如图 9-11 所示，属性设置如图 9-12 所示。

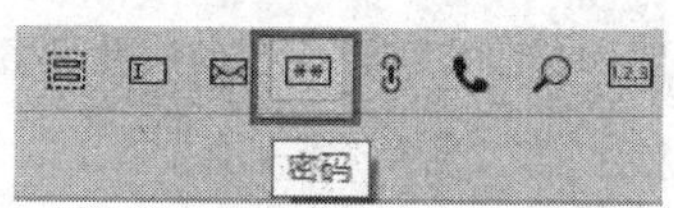

图 9-11　密码字段

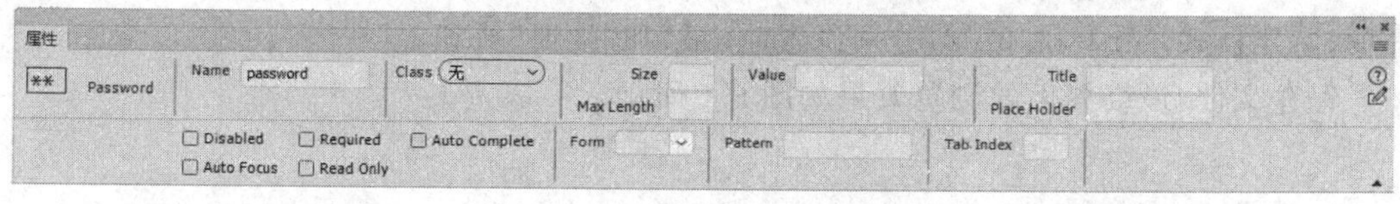

图 9-12　密码文本字段属性的设置

(3) 将光标移到表格 2 的第 5 行的第 2 个单元格，然后单击“插入”工具栏中的“表单”类别下的“复选框”按钮，插入复选框，在其后输入“下次自动登录 忘记密码?”文本，如图 9-13 所示，属性设置如图 9-14 所示。

图 9-13　复选框

(4) 将光标移到表格 2 的第 6 行的第 2 个单元格，然后单击“插入”工具栏中的“表单”类别下的“按钮”工具，插入两个按钮，分别将名称修改为“登录”和“注册”，如图 9-15

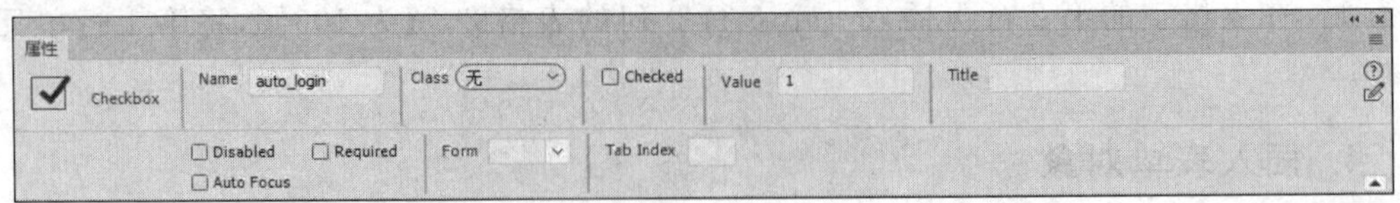

图 9-14　复选框属性的设置

所示。“登录”按钮的属性设置如图 9-16 所示,“注册”按钮的属性设置如图 9-17 所示。

图 9-15　添加按钮

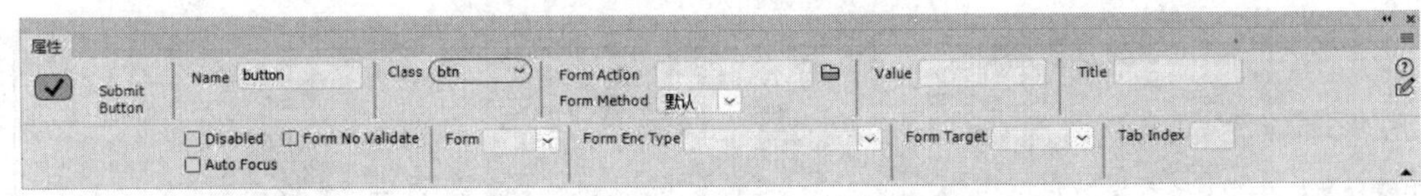

图 9-16　“登录”按钮的属性设置

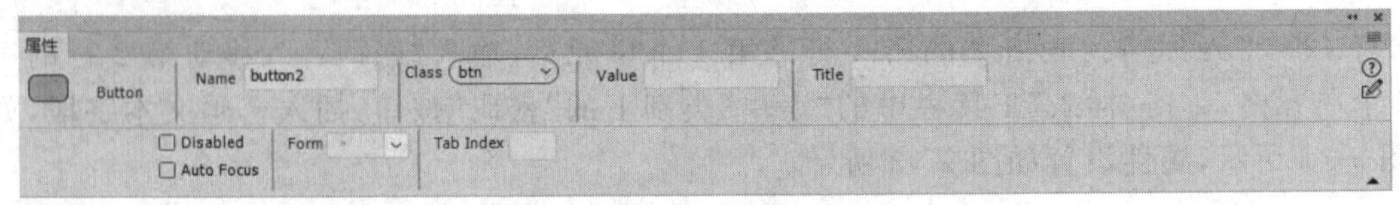

图 9-17　“注册”按钮的属性设置

5. 使用样式修饰表单对象

新建样式.login_layer,设置表格背景;新建样式.inputbox,设置文本字段的宽度和高度;新建样式.btn1 和.btn2,分别设置“登录”和“注册”按钮。

保存文件,最终界面的浏览效果如图 9-1 所示。

任务 9.2　实现用户登录、身份验证功能

任务描述

登录页面制作完成后,开始制作实现用户登录、身份验证的功能。系统中的用户信息都保存在数据库中,用户登录过程实际上就是从数据库用户表中调用信息数据,与用户在登录界面输入的用户名和密码信息进行比对的过程。因此,本任务需要制作数据库、连接和绑定数据库并最后实现登录验证功能。

相关知识与技能

1. 连接数据库

Dreamweaver 插件是一个网站开发者非常需要的工具，但是从 Adobe Dreamweaver CC 版本开始，未提供开发动态网站所需要的“服务器行为”面板、“数据库”面板以及“绑定”面板等，如果需要使用这些面板，则需要在官网下载相应的插件，下载步骤如下。

(1) 下载“数据库”面板插件

选择“窗口”→“在 Exchange 中查找扩展功能...”命令，如图 9-18 所示。弹出如图 9-19 和图 9-20 所示的网页界面，在该页面中找到“Server Behavior & Database”，注册后下载文件即可。

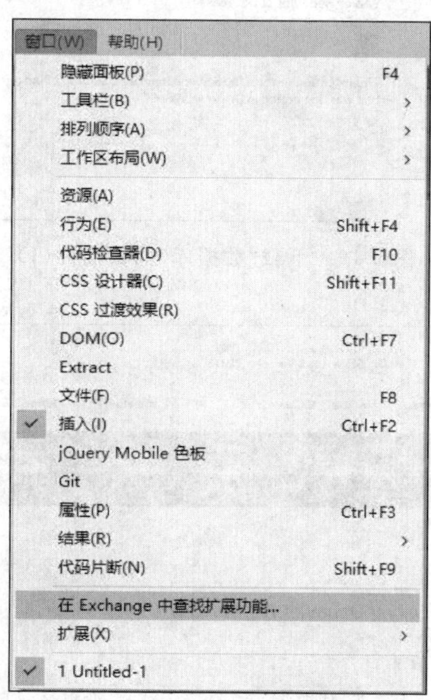

图 9-18 选择“在 Exchange 中查找扩展功能...”命令

安装好软件以后，可以卸载 DMXzone Extension Manager，一定要在 Adobe Extension Manager 里面将新安装的扩展状态设置为“启用”才可以。

(2) 运用“数据库”面板

① 在 Dreamweaver CC 2018 工作区，单击展开“应用程序栏”面板，单击进入“数据库”面板，如图 9-21 所示。

② 单击面板上的“+”按钮，在弹出的菜单中选择“自定义连接字符串”命令，如图 9-22 所示。

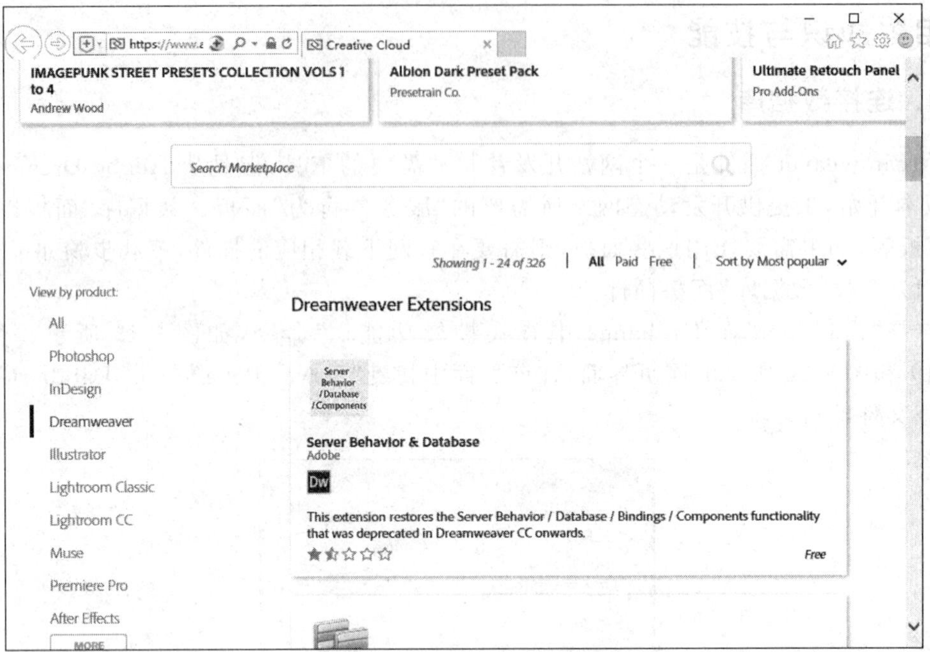

图 9-19　下载“数据库”面板插件(1)

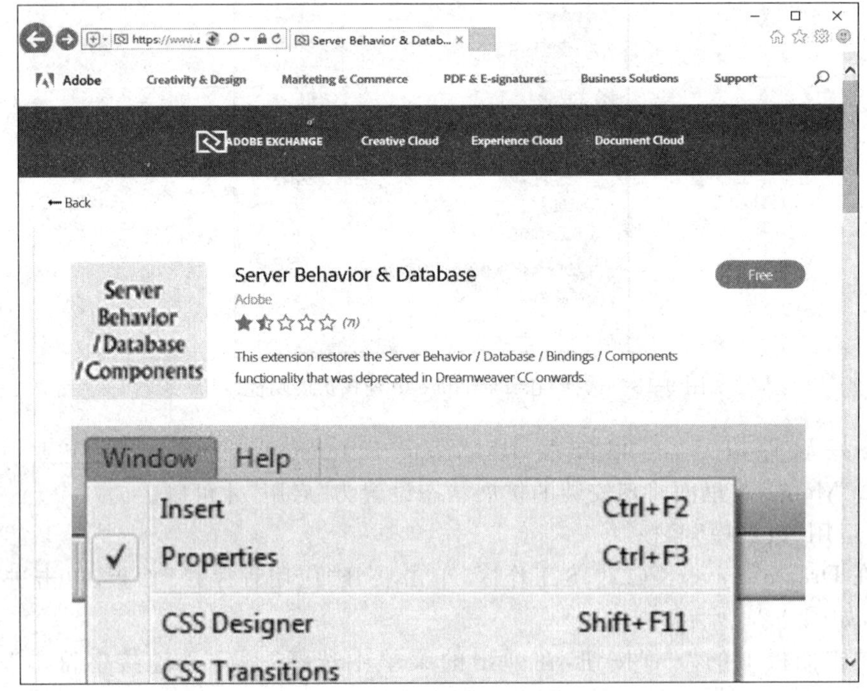

图 9-20　下载“数据库”面板插件(2)

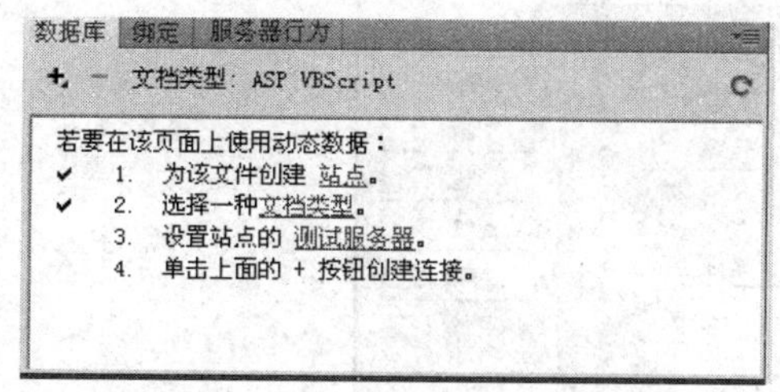

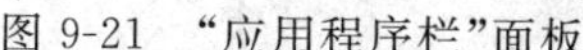
图 9-21 “应用程序栏”面板

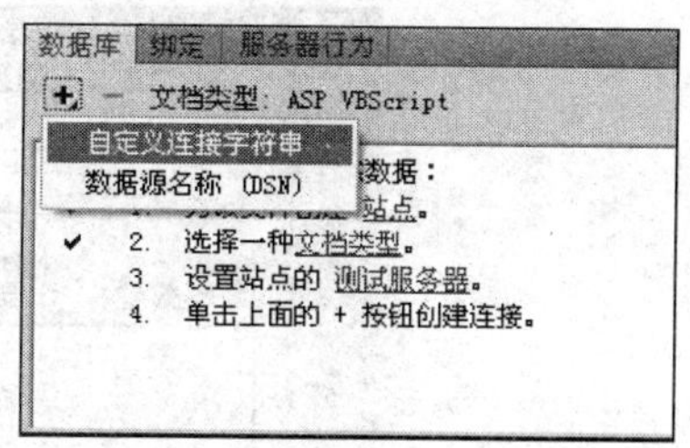

图 9-22 执行“自定义连接字符串”命令

③ 弹出“自定义连接字符串”对话框，在“连接名称”文本框中输入 cn；在“连接字符串”文本框中输入以下内容。

```
Driver={Microsoft Access Driver(* .mdb)};
DBQ=F:\skyshow\data\user.mdb
```

其中，Driver={Microsoft Access Driver(* . mdb)}表示将要连接的 Access 数据库；“DBQ=F:\skyshow\data\user. mdb”是数据库的物理路径，根据数据库实际路径进行修改，如图 9-23 所示。

图 9-23 “自定义连接字符串”对话框

2. 绑定数据

成功连接数据源后，就可以在网页上绑定数据库中的数据，可以通过创建记录集来实现。记录集是通过数据库查询操作从数据库中提取的信息集。数据库查询是使用指定的搜索条件从数据库中请求数据的一种方式，创建一个记录集就是选择要显示的数据。

在 Dreamweaver CC 2018 工作区，单击展开“应用程序栏”面板。单击进入“绑定”面板，单击面板上的“+”按钮，选择“记录集(查询)”命令，弹出“记录集”对话框，在“名称”文本框中输入记录集名称，在“连接”下拉列表框中选择已经创建的连接数据源的名称 cn，在“表格”下拉列表框中选择要访问的用户信息数据表的名称，在“列”选项区中选中“全部”单选按钮，表示获取表中全部的字段信息，如图 9-24 所示。

3. 身份验证

单击“应用程序”面板组中的“服务器行为”面板，再单击面板上的“+”按钮，在弹出的菜单中选择“用户身份验证”→“登录用户”命令，如图 9-25 所示，弹出“登录用户”对话框，

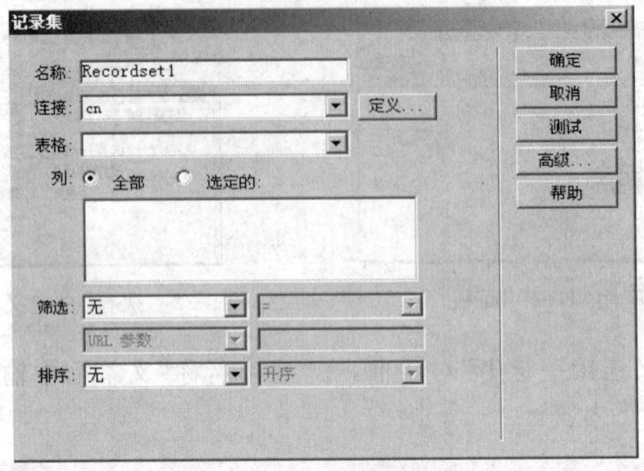

图 9-24　记录集的设置

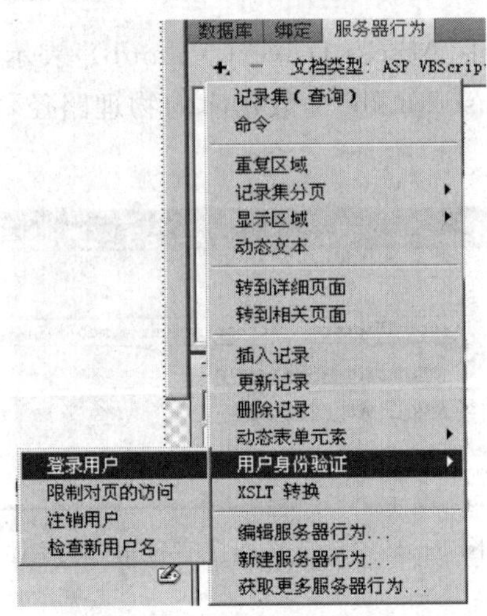

图 9-25　执行“登录用户”命令

对各项内容进行设置,如图 9-26 所示。

“登录用户”对话框中各项内容含义如下。

- 从表单获取输入:指定用户在输入用户名和密码时所使用的表单的名称。
- 用户名字段:指定用户在网页上输入用户名和文本框的名称。
- 密码字段:指定用户在网页上输入密码的文本框的名称。
- 使用连接验证:指定连接数据源的名称。
- 表格:指定存储用户信息的数据表的名称。
- 用户名列:指定数据表中存储用户名的字段的名称。
- 密码列:指定数据表存储密码的字段的名称。“登录用户”服务器行为将对访问者在登录上输入的用户名及密码和这些列进行比较。
- 如果登录成功,转到:指定在登录过程中所打开的网页。
- 如果登录失败,转到:指定在登录过程失败时所打开的网页。

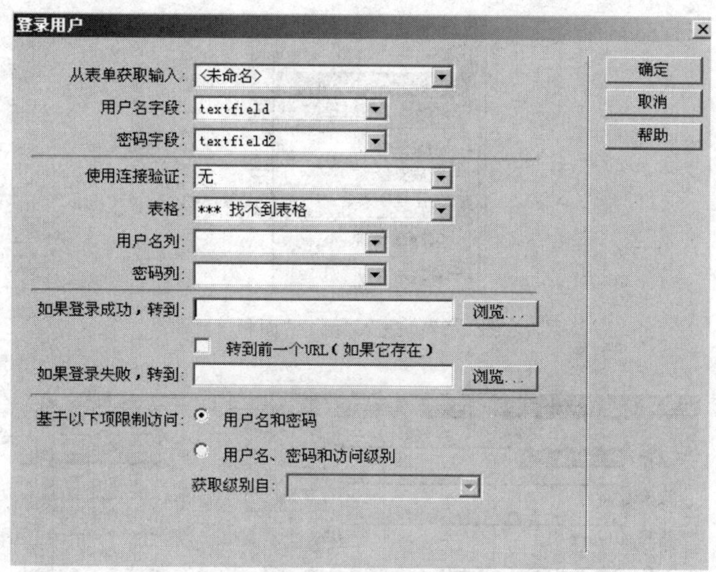

图 9-26 “登录用户”对话框

- 基于以下限制访问：指定是仅根据用户名和密码还是同时根据授权级别来授予对网页的访问权。如果不需要区分用户类别，选择“用户名和密码”单选按钮。
- 获取级别自：指定数据表中存储用户级别的字段的名称。

任务实现

1. 准备数据库

创建数据库 user.mdb，保存在“珠海航展网站”目录 data 文件夹中，该数据库有一个数据表 Users，Users 数据表含 userid、username、password 等几个字段。

打开 login.asp 页面，在“应用程序”面板组中单击“数据库”面板上的“+”按钮，弹出“自定义连接字符串”对话框，在“连接名称”文本框中输入 cn，在“连接字符串”文本框中输入“Driver={Microsoft Access Driver(*.mdb)};DBQ=F:\skyshow\data\user.mdb”。

2. 绑定数据

(1) 在 Dreamweaver CC 2018 工作区中单击展开“应用程序栏”面板，单击进入“绑定”面板，如图 9-27 所示。

(2) 单击面板上的“+”按钮，选择“记录集(查询)”命令，弹出“记录集”对话框，在“名称”文本框中输入记录集名称，在“连接”下拉列表框中选择已经创建的连接数据源的名称 cn，在“表格”下拉列表框中选择要访问的用户信息数据表的名称 Users；在“列”选项区中选中“全部”单选按钮，表示获取表中全部的字段信息。如图 9-28 所示。

(3) 单击“测试”按钮，弹出“测试 SQL 指令”窗口，窗口中显示出了 Users 数据表中

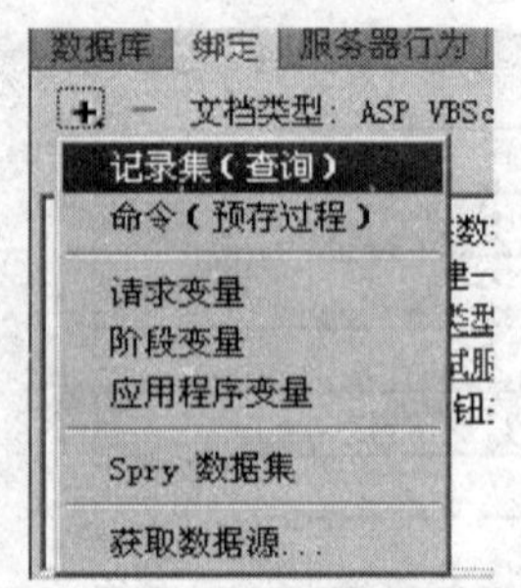

图 9-27 进入“绑定”面板

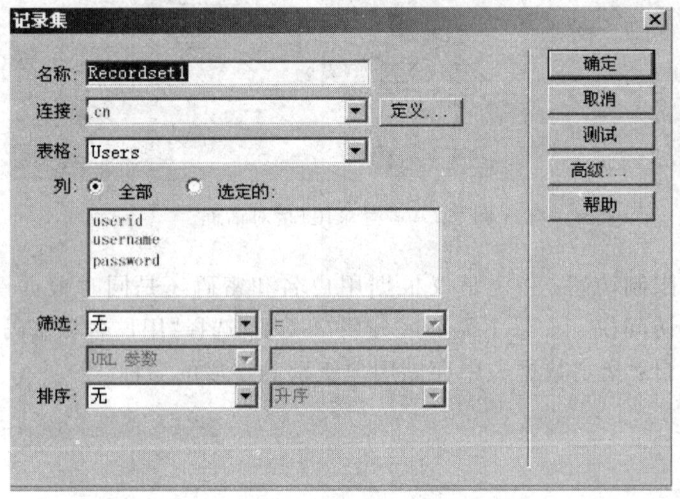

图 9-28 设置“记录集”对话框中的选项

的数据记录，如图 9-29 所示，表示已经成功建立了数据绑定。单击“确定”按钮退出测试窗口。

userid	username	password
1	admin	123
2	lhs	222

图 9-29 成功建立了数据源连接的提示框

（4）单击“记录集”对话框中的“确定”按钮，完成记录集的创建。

3. 实现登录功能

（1）新建两个网页 Success. html 和 Fault. html，成功登录时进入 Success. html 页面并显示成功登录；登录失败时进入 Fault. html 页面显示尚未注册，请先注册。

（2）打开登录网页 login. asp，将光标移到用户登录的表单区域内。

（3）单击展开“应用程序”面板组，单击进入“服务器行为”面板，单击面板上的“+”按钮，在弹出的菜单中选择“用户身份验证”→“登录用户”命令。

(4) 弹出“登录用户”对话框,对各项内容进行设置,如图 9-30 所示。

登录用户
从表单获取输入: form1
用户名字段: txtName
密码字段: txtPassword
使用连接验证: cn
表格: Users
用户名列: username
密码列: Password
如果登录成功,转到: Succes.html 浏览...
转到前一个URL(如果它存在)
如果登录失败,转到: Fault.html 浏览...
基于以下项限制访问: 用户名和密码
用户名、密码和访问级别
获取级别自:
确定
取消
帮助

图 9-30 在“登录用户”对话框中设置选项

(5) 单击“确定”按钮,即在登录页上添加了一个服务器行为。

(6) 保存网页,浏览登录页面,登录效果如图 9-31 所示。输入正确的用户名 admin 和密码 123,单击“登录”按钮,弹出登录成功页面,如图 9-32 所示;输入错误的密码(如 145),单击“登录”按钮,弹出登录不成功的页面,如图 9-33 所示。

图 9-31 登录页面

图 9-32　登录成功页面

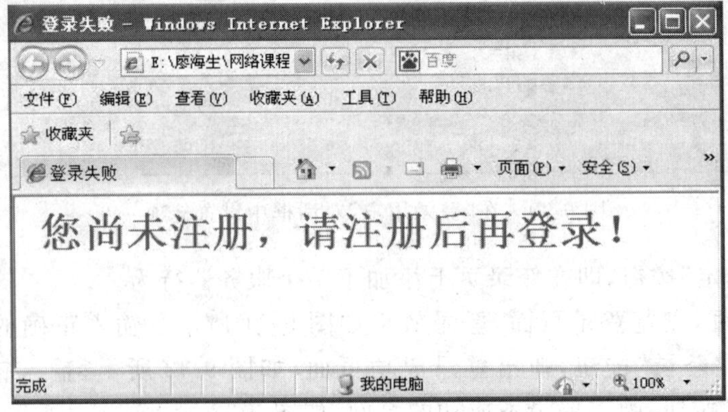

图 9-33　登录失败页面

小　　结

表单网页是客户与网站互动的窗口，本项目主要介绍了网页中的各种表单元素及其应用，并通过登录页面的制作详细讲解了表单数据的准备、绑定以及表单的验证。

思考与练习

1. 思考题

（1）表单主要的作用是什么？

（2）插入表单可使用哪些方法？

（3）在 Dreamweaver 中，主要包括哪几类表单对象？

2. 操作题

参照任务 9.1 和任务 9.2 重新制作网页的注册页面 register.html，如图 9-34 所示。

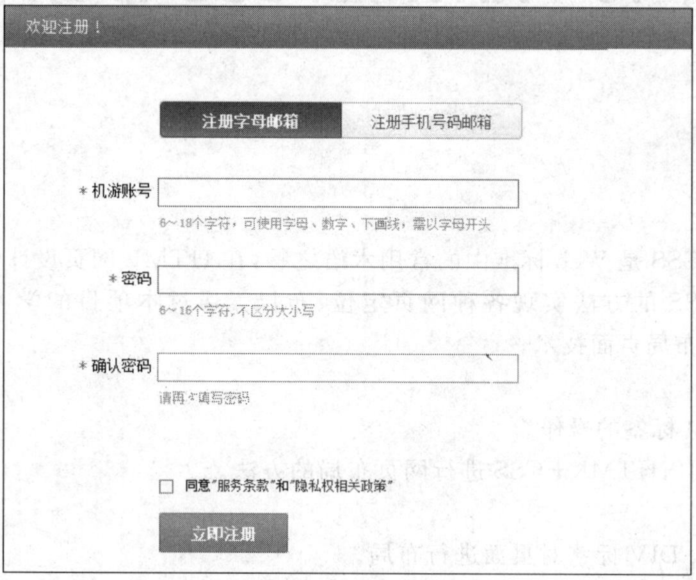

欢迎注册！

注册字母邮箱 | 注册手机号码邮箱

*机游账号

6～18个字符，可使用字母、数字、下画线，需以字母开头

*密码

6～16个字符，不区分大小写

*确认密码

请再次填写密码

同意"服务条款"和"隐私权相关政策"

立即注册

图 9-34 注册页面

项目 10　XHTML+CSS 布局网页

项目描述

XHTML＋CSS 是 Web 标准中的常用术语之一，在 HTML 网页设计标准中，通常采用 XHTML＋CSS 的方法实现各种网页定位、布局。通过本项目的学习，掌握基本的 XHTML＋CSS 布局页面技术。

知识目标

- 掌握 DIV 标签的操作。
- 掌握使用 XHTML＋CSS 进行网页布局的方法。

技能目标

- 学会插入 DIV 标签对页面进行布局。
- 学会在使用 XHTML＋CSS 布局的页面中合理插入各种网页元素。

任务 10.1　制作第十二届中国航展简介页面

任务描述

第十二届中国航展简介页面在项目 8 中是通过表格制作的，本任务运用 XHTML＋CSS 重新布局并设计该页面，效果如图 10-1 所示。

相关知识与技能

1. DIV 标签

(1) 定义

DIV(Division)元素是用来为 HTML 文档内大块(Block-Level)的内容提供结构和背景的元素。DIV 的起始标签和结束标签之间的所有内容都是用来构成这个块的，其中所包含元素的特性由 DIV 标签的属性来控制，或者是通过使用样式表格式化这个块来进行控制。DIV 标签称为区隔标记，其作用是设定字、画、表格等的摆放位置。把文字、图像、表格及其他各种页面元素或内容放在 DIV 中，它可称为 DIV 块，或 DIV 元素，或 CSS 层。

<div>标签可以把文档分割为独立的、不同的部分。它可以用作严格的组织工具，并且不需要使用任何特定格式与其关联。如果用 id 或 class 来标记<div>，那么该标签

图 10-1　第十二届中国航展简介

的作用会变得更加有效。

（2）用法

DIV 标签应用于式样表(Style Sheet)方面会更显威力，它的最终目的是给设计者另一种组织能力。它有 Class、Style、title、ID 等属性。

<div>是一个块级元素。这意味着它的内容自动地开始一个新行。实际上，换行是<div>固有的唯一格式表现。可以通过<div>的 class 或 id 应用额外的样式。

不必为每一个<div>都加上类或 id，虽然这样做也有一定的好处。

可以对同一个<div>元素应用 class 或 id 属性，但是更常见的情况是只应用其中一种。这两者的主要差别是，class 用于元素组(类似的元素，或者可以理解为某一类元素)，而 id 用于标识单独的唯一的元素。

（3）插入 DIV 标签

① 在目标位置定位插入点，在菜单栏中依次选择“插入”→DIV 命令，如图 10-2 所示，或者单击“插入”面板中 HTML 分类中的 DIV 按钮，可插入一个 DIV 标签元素。

② 弹出“插入 DIV”对话框，如图 10-3 所示。

该对话框中的选项含义如下。

- 插入：用于选择 DIV 标签的位置及标签名称。

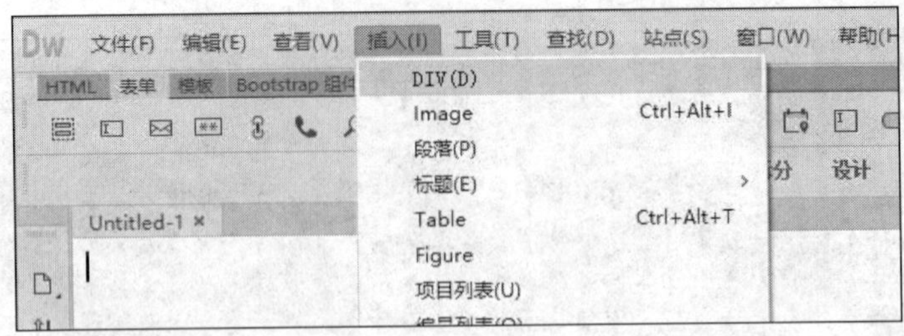

图 10-2 插入 DIV 标签菜单

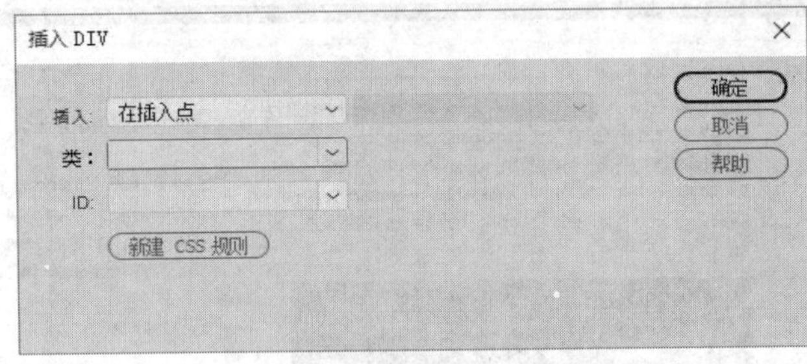

图 10-3 “插入 DIV”对话框

- 类：用于显示当前应用标签的类样式。
- ID：更改用于标识 DIV 标签的名称。如果附加了样式表，则该样式表中定义的 ID 将出现在列表中，不会列出文档中已存在的块的 ID。
- 新建 CSS 规则：用于设置 CSS 样式，单击该按钮后弹出如图 10-4 所示的“新建 CSS 规则”对话框和图 10-5 所示的“#box 的 CSS 规则定义”对话框。

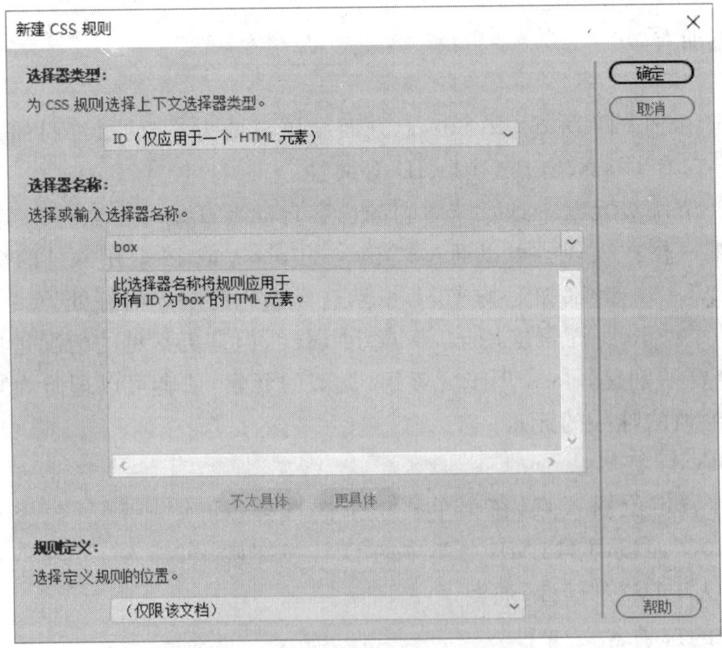

图 10-4 “新建 CSS 规则”对话框

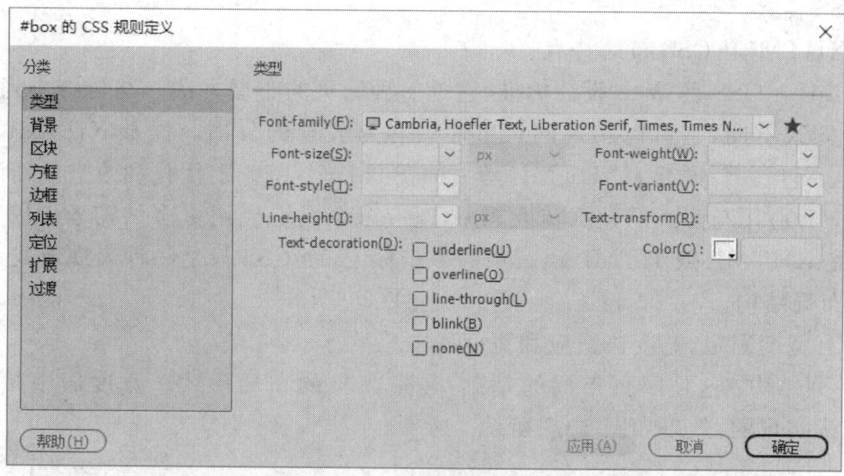

图 10-5　“#box 的 CSS 规则定义”对话框

(4) DIV 标签嵌套

DIV 标签可以嵌套，在插入的 DIV 标签内单击，然后使用插入 DIV 标签的方法就可以插入嵌套的 DIV 标签，如图 10-6 所示。

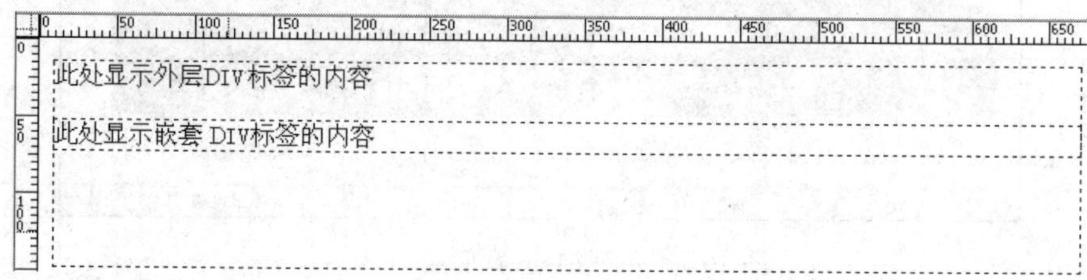

图 10-6　嵌套的 DIV 标签

2. CSS 样式

CSS(Cascading Style Sheets，层叠样式表)用于定义 HTML 元素的显示形式，是 W3C 推出的格式化网页内容的标准技术。它是一种用来表现 HTML 或 XML(标准通用标记语言的一个子集)等文件样式的计算机语言。CSS 是网页设计者必须掌握的技术之一。

CSS 目前最新版本为 CSS 3，是能够真正做到网页表现与内容分离的一种样式设计语言。相对于传统 HTML 的表现而言，CSS 能够对网页中的对象的位置排版进行像素级的精确控制，支持几乎所有的字体字号样式，拥有对网页对象和模型样式编辑的能力，并能够进行初步交互设计，是目前基于文本展示最优秀的表现设计语言。CSS 能够根据不同使用者的理解能力，简化或者优化写法，有较强的易读性。

3. XHTML+CSS 布局

DIV 标签本身没有任何表现属性，如果要使 DIV 标签显示某种效果，则需为 DIV 标签定义 CSS 样式。

(1) XHTML+CSS 布局特点

XHTML+CSS 是 Web 设计标准，它是一种网页的布局方法。与传统中通过表格布局定位的方式不同，它可以实现网页页面内容与表现的分离。提及 XHTML+CSS 组合，还要从 XHTML 说起。XHTML 是一种在 HTML 基础上优化和改进的新语言，目的是基于 XML 应用与强大的数据转换能力，适应未来网络应用更多的需求。因为 DIV 与 Table 都是 XHTML 或 HTML 语言中的一个标记，而 CSS 只是一种表现形式。

(2) 布局结构

网页有宽度固定、宽度自适应和宽度居中三类。

① 单列结构：这是网页布局的基础，是最简单的布局形式。宽度居中是通过设置 CSS 样式来实现的，效果如图 10-7 所示。

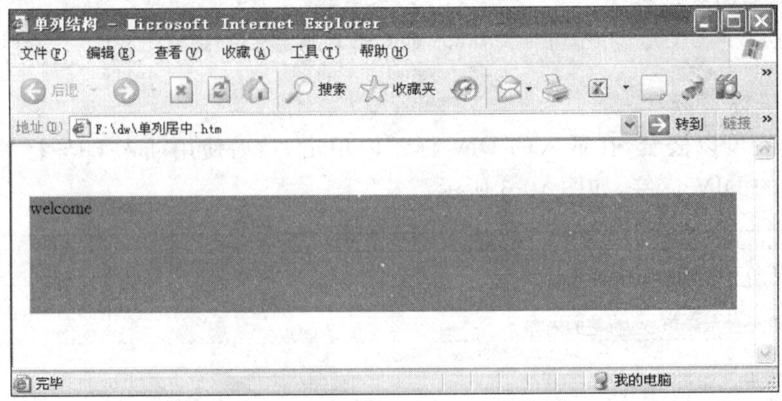

图 10-7 单列结构(宽度居中)效果

```
#content
{   background-color: #f00;
    margin-left: auto;
    margin-right: auto;
    height:100px;
    width: 600px;
    margin-top: 30px;
}
```

② 上下结构：就是常见的两行一列结构，通常第一行是标题，第二行是内容，结构与一列类似，不过是多了一个 DIV 标签和 CSS 样式，这类结构多见于文学类网页。效果如图 10-8 所示。

```
#content-top{
    background-color:#F00;
    margin-left:auto;
    margin-right:auto;
```

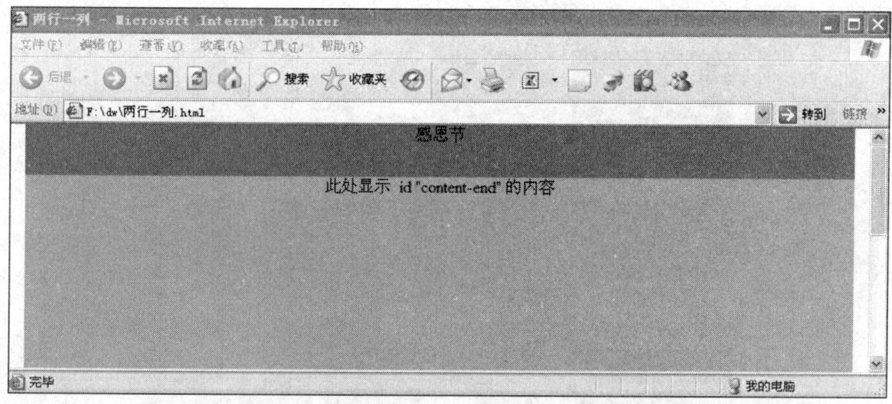

图 10-8　两行一列(宽度居中)结构效果

```
    width:800px;
    height:50px;
}
#content-end{
    background-color:#6C9;
    margin-left:auto;
    margin-right:auto;
    width:800px;
    height:500px;
}
```

③ 两列结构：两列式布局与单列式布局很类似，不同的是 DIV 嵌套结构，如图 10-9 所示，最终页面效果如图 10-10 所示。

```
<style type="text/css">
body{
    font-size: 12px;
    margin:20px;
}

#main{
    width: 450px;
    height: 80px;
    padding: 5px;
    margin-right: auto;
    margin-left: auto;
    margin-bottom:10px;
    border: 5px solid #fcc;
}

#mainleft {
    width: 120px;
    height: 60px;
    border: 10px solid #cf0;
    background-color: #99f;
}

#mainright {
    width: 280px;
    height: 60px;
    border: 10px solid #fc0;
    background-color:  #c9f;
}

</style>
```

```
<body>
<div id="main">
    <div id="mainleft" style="float:left">左区块：左浮动、宽度固定</div>
    <div id="mainright" style="float:left">右区块：左浮动、宽度固定</div>
</div>

<div id="main">
    <div id="mainleft" style="float:left">左区块：左浮动、宽度固定</div>
    <div id="mainright" style="float:right">右区块：右浮动、宽度固定</div>
</div>

<div id="main">
    <div id="mainleft" style="float:left;margin-right:10px">
        左区块：左浮动、宽度固定、右边界10px
    </div>
    <div id="mainright" style="float:left">右区块：左浮动、宽度固定</div>
</div>

<div id="main">
    <div id="mainleft" style="float:left;width: 30%;">左区块：左浮动、宽度自适应</div>
    <div id="mainright" style="float:left;width: 59%;margin-left: 10px">
        右区块：左浮动、宽度自适应、左边界10px
    </div>
</div>

</body>
```

图 10-9　两列式布局的代码标签

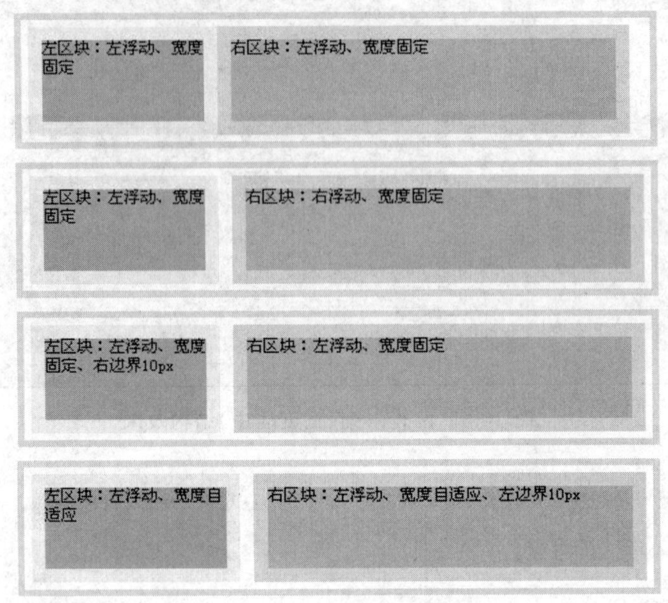

图 10-10　两列结构页面效果

④ 三列结构：三列式布局与两列式布局很类似，不同的是 DIV 嵌套结构不同，如图 10-11 所示，最终页面效果如图 10-12 所示。

```
body{
    font-size: 12px;
    margin:20px;
}
.main{
    width: 730px;
    height: 80px;
    padding: 5px;
    margin-right: auto;
    margin-left: auto;
    margin-bottom:10px;
    border: 5px solid #fcc;
}
.mainleft {
    width: 150px;
    height: 60px;
    border: 10px solid #cf0;
    background-color: #99f;
}
.maincenter {
    width: 300px;
    height: 60px;
    margin-right: 10px;
    margin-left: 10px;
    border: 10px solid #fc0;
    background-color: #c9f;
}
.mainright {
    width: 200px;
    height: 60px;
    border: 10px solid #cc0;
    background-color: #fc9;
}
.contain {
    width: 510px;
    height: 80px;
}
```

```
<body>
<div class="main">
    <div class="mainleft" style="float:left;">左区块：左浮动、宽度固定</div>
    <div class="maincenter" style="float:left;">中区块：左浮动、宽度固定</div>
    <div class="mainright" style="float:left;">右区块：左浮动、宽度固定</div>
</div>
<div class="main">
    <div class="mainleft" style="float:left;">左区块：左浮动、宽度固定</div>
    <div class="mainright" style="float:right;">右区块：右浮动、宽度固定</div>
    <div class="maincenter" style="margin-left: 180px;">
        中区块：不浮动、左边界大于等于左区块的宽度</div>
</div>
<div class="main">
    <div class="contain" style="float:left;">
        <div class="mainleft" style="float:left;">左区块：左浮动、宽度固定</div>
        <div class="maincenter" style="float:right;">中区块：右浮动、宽度固定</div>
    </div>
    <div class="mainright" style="float:right;">右区块：右浮动、宽度固定</div>
</div>

<div class="main" style="position: relative;">
    <div class="mainleft" style="position: absolute;top: 5px;left: 5px;">
        左区块：绝对定位、宽度固定
    </div>
    <div class="mainright" style="position: absolute;top: 5px;right: 5px;">
        右区块：绝对定位、宽度固定
    </div>
    <div class="maincenter" style="margin-left: 180px;">
        中区块：左边界大于等于左区块的宽度
    </div>
</div>
</body>
```

图 10-11　三列式布局的代码标签

⑤ 多列结构：多列式布局与两列式布局也类似，不同的是 DIV 嵌套结构不同，如

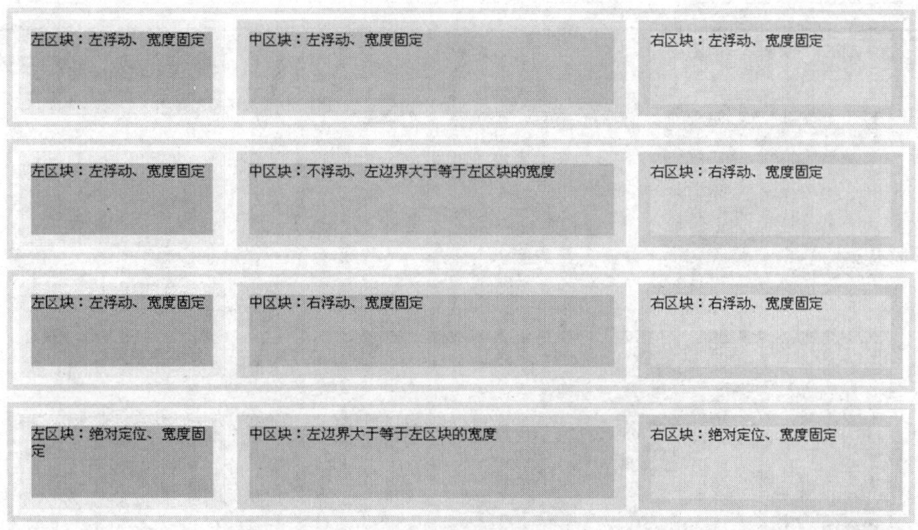

图 10-12　三列结构页面效果

图 10-13 所示，最终页面效果如图 10-14 所示。

```
<title>多行多列式布局</title>
<style type="text/css">
html,body{
    height:100%;
    font-size: 12px;
    margin:10px;
}

.main{
    width: 730px;
    padding: 5px;
    margin-right: auto;
    margin-left: auto;
    margin-bottom:5px;
    border: 5px solid #fcc;
}

#mainleft {
    border: 10px solid #cf0;
    background-color: #99f;
}

#maincenter {
    margin-right: 10px;
    margin-left: 10px;
    border: 10px solid #fc0;
    background-color:  #c9f;
}

#mainright {
    border: 10px solid #cc0;
    background-color:  #fc9;
}
</style>
</head>
```

```
<div class="main" style="height:20px;background-color:#cc9;">宽度自适应浏览器窗口，高度固定</div>
<div class="main" style="height:30%">
  <div id="mainleft" style="float: left;width:180px;height:90%;">
     左区块：左浮动、宽度固定、高度自适应
  </div>
  <div id="mainright" style="float: right;width:500px;height:90%;">
     右区块：右浮动、宽度固定、高度自适应
  </div>
</div>
<div class="main" style="height:200px">
    <div id="mainleft" style="float: left;width:30%;height:180px;">
       左区块：左浮动、宽度自适应、高度固定
    </div>
    <div id="maincenter" style="float:left;width: 40%;height:180px;">
       中区块：左浮动、宽度自适应、高度固定
    </div>
    <div id="mainright" style="float:left;width: 139px;height:180px;">
       右区块：左浮动、宽度固定、高度固定
    </div>
</div>
<div class="main" style="height:50px;background-color:#cf9;">宽度自适应浏览器窗口，高度固定</div>
```

图 10-13　多列式布局的代码标签

⑥ 混合结构：混合结构就是包含了不同的 DIV 嵌套结构，如图 10-15 所示，最终页面效果如图 10-16 所示。

具体用哪类结构，要依据网站的主题来定夺。

(3) XHTML+CSS 布局优势

① 代码精简，减少重构难度。网站使用 XHTML+CSS 布局使代码变得十分精简。

图 10-14　多列结构页面效果

```
#m{padding-left:150px}
#middle{
    position: absolute;
    width: 468px;
    margin-right: auto;
    margin-left: auto;
    padding: 0px;
    background-color: #99f;
    color: #000;
}
#left{
    float: left;
    background: #6CC;
    width: 140px;
    height: 30px;
    color: #000;
}
#right{
    float: right;
    background: #6CC;
    width: 140px;
    height:30px;
    color: #000;
}
#all{
    width:770px;
    margin-right: auto;
    margin-left: auto;
    padding: 0px;
    color: #000;
    background-color: #fcc;
}
#footer{
    clear: both;
    background: #c9f;
    height: 50px;
    color: #000;
}
```

```
<body>
<div id="all">
<div id="m">
<div id="middle">
  <p>大家好！我是CSS混合布局，嘿嘿……</p>
  <p> </p>
  <p> </p>
  <p> </p>
  <p> </p>
  <p> </p>
</div>
</div>
<div id="left">左栏</div>
<div id="right">右栏<br>
</div>
  <p> </p>
  <p> </p>
  <p> </p>
  <p> </p>
    <p> </p>
  <p> </p>
  <p> </p>
  <p> </p>
<div id="footer">网页底部</div>
</div>

</body>
```

图 10-15　混合结构代码标签

图 10-16　混合结构页面效果

CSS 文件可以在网站的任意一个页面进行调用，而若是使用表格修改部分页面却很麻烦。如果一个门户网站需手动修改很多页面，使用 CSS+DIV 布局只需修改 CSS 文件中的一些代码即可。

② 网页访问速度。使用了 XHTML+CSS 布局的网页与表格布局比较，精简了许多页面代码，其浏览访问速度自然得以提升，也从而提升了网站的用户体验度。

③ SEO 优化。采用 XHTML+CSS 布局的网站对于搜索引擎"很友好"，因此其避免了表格嵌套层次过多而无法被搜索引擎抓取的问题，而且简洁、结构化的代码更加有利于突出重点和适合搜索引擎抓取。

④ 浏览器兼容性。若使用表格布局网页，在使用不同浏览器时会发生错位，而使用 XHTML+CSS 设计的网页则不会出现变形情况。

任务实现

新建网页文档，保存在当前站点下，并命名为"12th-XHTML+CSS"，整个页面外观布局分为三部分。

1. 整体部分

由于本页面的内容是独立的，因此只要在本页中创建 CSS 文件即可。

(1) 新建 CSS 规则，类型为 ID，名称为 box，属性为{margin: auto; width: 961px; font-size:12px;}。

(2) 新建 CSS 规则，类型为 ID，名称为 main，属性为{margin: auto; width: 961px;}。

(3) 新建 CSS 规则，类型为 ID，名称为 footer，属性为{margin: auto; width: 961px;}。

2. banner 部分

插入图片 logo. png；复制文字"第十二届中国航展将于 2018 年 11 月 6 日至 11 日在广东珠海举行"，将该文本设置为来回滚动字幕方式，滚动字幕及背景的参考代码如下：

```
<span style="color: #F00; background-color: # 000;"><marquee behavior="alternate" onMouseOver="this.stop()" onMouseOut="this.start()">第十二届中国航展将于 2018 年 11 月 6 日至 11 日在广东珠海举行</marquee></span>
```

效果如图 10-17 所示。

图 10-17　页面的头部

3. 中间部分

中间部分为本页的主要内容,该部分包括了主办单位、2018 年珠海航展最大期待、温馨提示等。

(1) 新建 CSS 规则,类型为 ID,名称为 left,属性为{float: left;width: 180px;}。

(2) 新建 CSS 规则,类型为 ID,名称为 middle,属性为{width:420px;margin-left:200px;}。

(3) 新建 CSS 规则,类型为 ID,名称为 right,属性为{float: right;width: 320px;}。

其他部分的制作设置如下:

```
<div id="main">
    <div id="left">
        <p style="text-align:center;font:bold;color:#F93">主办单位:</p>
            广东省人民政府<br>
            工业和信息化部<br>
            中国国际贸易促进委员会<br>
            中国民用航空局<br>
            中国人民解放军空军<br>
            中国航空工业集团公司<br>
            中国商用飞机有限责任公司<br>
            中国航天科技集团公司<br>
            中国航天科工集团公司
        <p>协办单位:<br>
            中国兵器工业集团公司<br>
            中国兵器装备集团公司</p>
```

```
        <p>支持单位:<br>
            国务院新闻办<br>
            公安部<br>
            国家国防科技工业局<br>
            中国人民解放军总参谋部<br>
            中国人民解放军总装备部<br>
            中国人民解放军海军</p>
        <p style="font-size:14px;text-align:center;font:bold;color:#F93">
      执行单位:</p>
            珠海市人民政府<br>
            承办单位:<br>
            珠海航展有限公司<br>
    </div>
        <div id="right">
            <p style="font-size:14px;text-align:center;font:bold;color:#
            F93">温馨提示</p>
            <hr width="320" size="5"  color="#66cccc">
              <p class="text">特别声明：本届航展每日限量发售 8 万张,现场不设售票
              点。<br>
              1.门票使用有效期为：2018 年 11 月 9 日至 11 月 11 日(公众日),每天开放时
                间为 9：00—17：00。<br>
              2.所有门票公众日门票都需要指定日期入场。<br>
              3.入场时必须出示有效身份证件(身份证或护照)配合安全检查。<br>
              4.所有人员均需购票入场,实行一人一票(不分年龄和身高)。<br>
              5.不建议三岁以下儿童入场参观,如坚持入场,则需购票。<br>
              6.禁止携带无票婴幼儿入场。<br>
              7.门票一经售出,不予退票、换票,损坏或遗失不补,过期作废。</p>
        </div>
    <div id="middle">
        <p style="font-size:14px;text-align:center;font:bold;color:#F93">
      2018 年珠海航展最大期待  歼 20 有可能配备 WS15 公开亮相</p>
        <hr width="420" size="5" color="#66cccc">
        <p class="text">2018 年珠海航展  9 月 5 日我国香港南华早报透露,国产 WS-15
        涡扇发动机已经突破一系列技术难关,将会在 2018 年年底投放批量生产,装备歼-20
        战斗机,并且配备 WS-15 涡扇发动机的歼-20B 战斗机有可能在今年珠海航展公开亮
        相。如果消息属实,表明歼-20 有可能在 2020 年之后达到完整技术状态,整体作战能
        力向前又迈进了一大步,可以媲美美国 F-22 战斗机,这将是中国空军和航空工业一次
        飞跃。</p>
        <img  src="../../public/images/picture/12jie/歼 20.jpg" width="400"
        height="300">
    </div>
</div>
```

效果如图 10-18 所示。

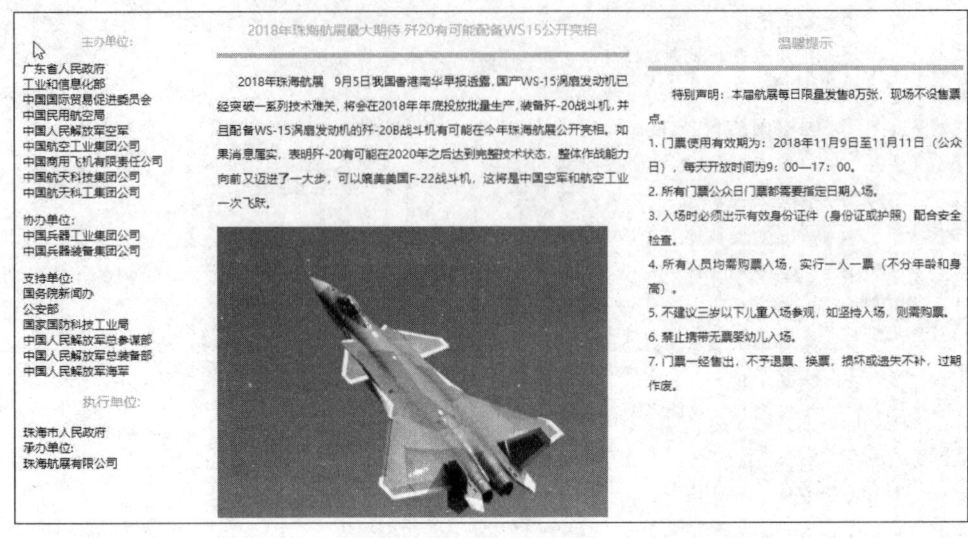

图 10-18 页面的主要内容

4. 版权部分

页面的底部一般用来放置版权或广告,本页面底部的内容是版权。底部页面的设置如下:

```
<div id="footer">
        <hr color="#66cccc">/*水平线*/
    Copyright&copy;珠海航展有限公司</div>
```

效果如图 10-19 所示。

Copyright©珠海航展有限公司

图 10-19 页面的底部

最终完成的页面效果如图 10-1 所示。

任务 10.2 制作珠海航空展首页

任务描述

通过设置 XHTML+CSS 布局完成"珠海航空展"的首页,本任务是采用多列结构形式页面布局,如图 10-20 所示。

任务实现

新建网页文档保存在当前站点下,并命名为 index,整个页面外观布局分为三部分。

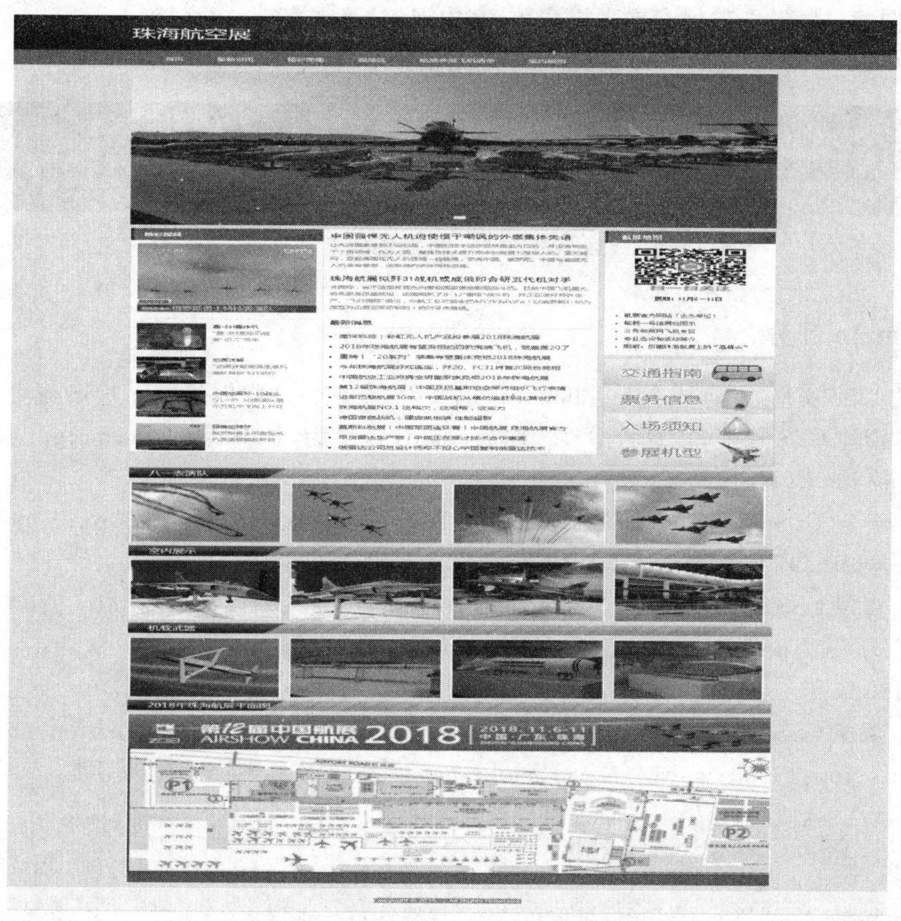

图 10-20　XHTML+CSS 布局的页面效果

1. header 部分

新建 CSS 文件，保存的文件名为 public. css，在 public. css 中创建以下 CSS 规则。

(1) 新建 CSS 规则，类型为 ID，名称为 header，属性为{width: 970px; margin: 0 auto; height: 150px;}。

(2) 新建 CSS 规则，类型为 ID，名称为 top，属性为{height: 103px; line-height: 103px; font-size: 36px; text-align: left; color: #FFF; font-family: "微软雅黑";}。

(3) 新建 CSS 规则，类型为 ID，名称为 navigation，属性为{height: 47px;}。设置链接属性 a{color: #FFF; margin-top: 15px; display: block; float: left; margin-left: 50px; font-size: 14px;}, a: hover{text-decoration: underline;}。

(4) 保存 public. css 文件。切换到 index 文档窗口，导入该文件。

(5) 将鼠标光标置于文档窗口中，插入一个 DIV 标签，选择 ID 为 header，在 header 标签中插入一个 ID 为 top 的 DIV 标签，输入文字"珠海航空展"。

(6) 在 top 标签后面插入一个 ID 为 navigation 的 DIV 标签，依次输入"首页、最新资讯、精彩图集、视频区、航展参展飞机清单、室内展馆”等文字。

保存 index 网页文档，header 页面效果如图 10-21 所示。

图 10-21　header 页面效果

2. main 部分

新建 CSS 文件，保存成名为 index. css 的文件，在该文件中创建以下 CSS 规则。

（1）新建 CSS 规则，类型为 ID，名称为 main，属性为{width：970px；margin：0 auto；text-align：justify；}。

（2）新建 CSS 规则，类型为 ID，名称为 banner，属性为{height：460px；　position：relative；width：970px；overflow：hidden；}。

（3）新建 CSS 规则，类型为 ID，名称为 lzt（轮转图效果），属性为{width：970px；}，链接属性为 a { position：relative；left：0px；top：0px；}，a img { width：970px；height：460px；}。

（4）新建 CSS 规则，类型为 ID，名称为 ctl（轮转图效果），属性为{position：absolute；left：462px；top：430px；width：72px；height：7px；}。在该标签中创建以下类。

```
.picture_layer{height:220px; overflow:hidden; margin-bottom:10px;}
.picture_layer .title{height:30px; border:solid 1px #ddd; background:url(../
images/title_bg.gif) no-repeat; text-align:left;}
.picture_layer .title span{color:#FFF; line-height:30px; margin-left:30px;
font-family:"微软雅黑"; font-size:18px;}
.picture_layer .content{}
.picture_layer .content ul{list-style:none; width:968px; margin:0 auto;
margin-top:10px;}
.picture_layer .content ul li{float:left; width:232px; text-align:center;
margin-right:10px;}
.picture_layer .content ul li img{width:224px; padding:3px; border:solid 1px #
ddd; background:#FFF;}
.picture_layer .content ul li a{font-size:12px; line-height:30px;}
.picture_layer .content ul li a:hover{text-decoration:underline; color:
#09C;}
.picture_layer2{margin-bottom:10px;}
.picture_layer2 .title{height:30px; border:solid 1px #ddd; background:url(../
images/title_bg.gif) no-repeat; text-align:left;}
.picture_layer2 .title span{color:#FFF; line-height:30px; margin-left:30px;
font-family:"微软雅黑"; font-size:18px;}
```

（5）新建 CSS 规则，类型为 ID，名称为 left，属性为{width：700px；background：#FFF；float：left；height：663px；border：solid 1px #ddd；}。left 标签中包含以下标签和类。

```
.leftleft {width: 290px; float: left; border-right: solid 1px #ddd;
height:663px;}
.title2{background:url(../images/title_bg2.jpg); height:35px; text-align:
left;}
.title2 span{color:#FFF; font-size:14px; font-weight:bold; margin-left:20px;
line-height:35px;}
#video{margin-top:-10px;}
#video ul {margin-left:10px; list-style:none; margin-bottom:10px;}
#video ul li{height:88px; border-bottom:solid 1px #f1f1f1; padding-top:10px;
text-align:left;}
#video .r1{float:left; width:104px; height:78px;}
#video .r1 img{width:104px; height:78px;}
#video .r2{float:left; margin-left:10px; width:115px;}
#video .r2 .name{display:block; height:18px; width:100%; overflow:hidden;}
#video .r2 .time{font-size:12px; color:#999; line-height:19px;}
.leftright{float:right; width:400px; height:663px;}
#fstNews{margin-top:10px; width:390px;}
.fstTitle{text-align:left;}
.fstTitle a{font-size:18px; font-family:"黑体"; color:#009;}
.fstContent{font-size:12px; line-height:20px; color:#888; text-align:left;
margin-top:5px;}
#newsList{margin-top:10px; text-align:left; width:390px;}
#newsList .newsListTitle{font-size:16px; color:#009; font-family:"微软雅
黑"; border-bottom:solid 1px #ddd; height:30px; line-height:30px;}
.newsListContent{}
.newsListContent ul{margin-left:15px; margin-top:10px;}
.newsListContent ul li{height:30px; line-height:30px;}
.newsListContent ul li a{font-size:14px; color:#06346f;}
```

（6）新建 CSS 规则，类型为 ID，名称为 right，属性为{float：right；width：260px；}。right 标签中包含以下标签和类。

```
#map{background:#FFF; border:solid 1px #ddd; width:258px; font-size:12px;
font-family:"宋体";}
#map .title{height:35px; background:url(../images/title_bg1.gif) no-repeat;}
.fengexian {border-bottom: dashed 1px #ddd; height: 1px; overflow: hidden;
display:block; margin:15px;}
#map ul{margin-left:30px;}
#map ul li{text-align:left; height:23px; line-height:23px;}
```

(7) 保存 index.css 文件。切换到 index 文档窗口,导入该文件。

(8) 将鼠标光标置于文档窗口中 header 标签后,插入一个 DIV 标签,选择 ID 为 main。

(9) 在 main 标签中完成以下任务。

① 在 main 标签中插入一个 DIV 标签,选择类为 banner,在 banner 标签中插入一个 ID 为 lzt 的 DIV 标签,效果如图 10-22 所示。

图 10-22 banner 页面效果

② 在 banner 标签后面插入一个类为 left 的 DIV 标签,在该标签中插入一个类为 leftleft 的 DIV 标签,在 leftleft 标签中完成如图 10-23 所示的效果。

图 10-23 leftleft 页面效果

③ 在 leftleft 标签后面插入一个类为 leftright 的 DIV 标签，在该标签中插入一个 ID 为 fstNews 的 DIV 标签，在 fstNews 标签中输入文字“中国强悍无人机迫使惯于嘲讽的外媒集体失语”，同样的操作方法输入文字“珠海航展似歼 31 战机或成俄印合研五代机对手”“最新消息”，分别给前两段文字加载类 fstContent，给“最新消息”中的文字加载类 newsListContent，完成后效果如图 10-24 所示。

④ 在 left 标签后面插入一个 ID 为 right 的 DIV 标签，在该标签中插入一个 ID 为 map 的 DIV 标签，在 map 标签中，插入一个二维码图片，在图片下面输入“展期：11 月 6—11 日”文字；然后输入“航展官方网站”等文字，分别给这些文字设置超链接；插入图片 piaowu. gif，通过热点链接给图片设置链接。完成如图 10-25 所示的效果。

中国强悍无人机迫使惯于嘲讽的外媒集体失语

让先进国家感到不安的是，中国的技术进步显然是全方位的，并没有拘泥于个别领域，作为大国，整体性技术提升带来的威慑力是惊人的。毫无疑问，目前美国在无人机领域一枝独秀，领先中国、俄罗斯。中国与美国无人机虽有差距，但取得的进步同样显著。

珠海航展似歼31战机或成俄印合研五代机对手

外媒称，尚不清楚将首先向哪些国家推销新型战斗机。目前中国飞机最大的买家是巴基斯坦，该国购买了JF-17"雷电"战斗机，并正在进行特许生产。"飞行国际"指出，中航工业可能会把AFC作为FGFA（以俄罗斯T-50为原型为印度空军研制的）的对手来推销。

最新消息

- 南洋科技：彩虹无人机产品拟参展2018珠海航展
- 2018年珠海航展有望亮相的四款高端飞机，就差轰20了
- 重磅！“20系列”装备有望集体亮相2018珠海航展
- 今年珠海航展好戏连连，歼20、FC31将首次同台亮相
- 中国航空工业将携全明星家族亮相2018年珠海航展
- 第12届珠海航展：中国及巴基斯坦空军将组织飞行表演
- 进军巴黎航展30年：中国战机从模仿追赶到比翼世界
- 珠海航展NO.1 这档次，这规格，这实力
- 德国奇葩战机：螺旋桨倒装 性能超群

图 10-24 leftright 页面效果

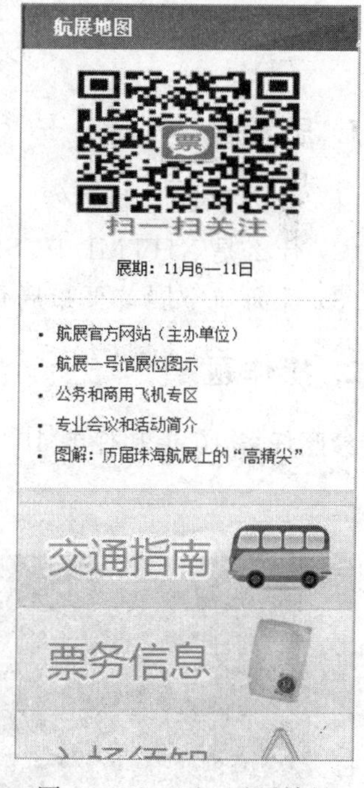

图 10-25 right 页面效果

3. footer 部分

(1) 在 public. css 文件中新建 CSS 规则，类型为 ID，名称为 footer，属性为{height：70px；width：100%；background：# f5f5f5；border-top：solid 2px # ddd；text-align：center；line-height：70px；color：#999；font-family：Arial；}。

(2) 保存 public. css 文件，切换到 index 文档窗口，导入该文件。在 main 标签后插入一个 ID 为 footer 的 DIV 标签，在该标签中输入文字“Copyright © 2018—All Rights Reserved.”，完成后效果如图 10-26 所示。

Copyright © 2018 — All Rights Reserved.

图 10-26 footer 页面效果

最终完成的页面效果如图 10-20 所示。

小　结

XHTML＋CSS 是 Web 设计标准，它是一种网页的布局方法。与传统中通过表格布局定位的方式不同，它可以实现网页页面内容与表现相分离，几乎所有的网站现在的布局方式都是这种类型。本项目详细介绍了 DIV 标签和 XHTML＋CSS 布局的情况。

思考与练习

1. 思考题

(1) 什么是 DIV 标签？

(2) 什么是 XHTML＋CSS 布局？

(3) 珠海航空展首页布局是使用了哪种 XHTML＋CSS 布局结构？

2. 操作题

参照任务 10.1 和任务 10.2 制作如图 10-27 所示的网页。

图 10-27　XHTML＋CSS 布局的页面效果

项目 11　模板和库

项目描述

珠海航空展网站的页面总体有十几个页面，而且每个页面的头部均相同，这个效果就是通过模块和库来实现的。通过本项目的学习，在掌握创建模板和库的同时，还可以大大减少网站设计者的工作量。

知识目标

- 掌握创建与应用模板和库的方法。
- 掌握创建基于模板和库的文档的方法。
- 掌握修改模板和库以更新站点的方法。

技能目标

- 学会创建与应用模块和库。
- 学会在现有的文档上应用模板和库。

任务 11.1　利用模板制作珠海航空展其他页面

任务描述

珠海航空展中其他页面均是以“珠海航空展”首页（见图 11-1）为模板和库文件而完成的。

相关知识与技能

1. 模板概述

(1) 模板简介

网页模板就是已经做好的网页框架，使用网页编辑软件输入自己需要的内容，再发布到自己的网站。每个网页模板压缩包内包含：PSD 图片文件（可用 Photoshop、ImageReady 或 Fireworks 修改），按钮图片、Flash 源文件和字体文件，推荐使用 Dreamweaver 软件向网页模板添加内容。

模板是一种特殊类型的文档，用于设计相对固定的页面布局；然后可基于模板创建文档，创建的文档会继承模板的页面布局。模板文件与常规网页文档有很大区别，有专门的

图 11-1　XHTML+CSS 布局的页面效果

格式为 DREAMWEAVER。

设计模板时,可以指定在基于模板的文档中哪些内容是用户“可编辑的”。使用模板,模板创作者控制哪些页面元素可以由模板用户(如作家、图形艺术家或其他 Web 开发人员)进行编辑。模板创作者可以在文档中包括数种类型的模板区域。使用模板可以一次更新多个页面。从模板创建的文档与该模板保持连接状态(除非以后分离该文档)。可以修改模板并立即更新基于该模板的所有文档中的设计。

(2) 模板作用

使用模板可以控制大的设计区域,以及重复使用完整的布局。如果要重复使用个别设计元素,如站点的版权信息或徽标,可以创建库项目。

使用模板可以一次更新多个页面。从模板创建的文档与该模板保持连接状态(除非以后分离该文档)。可以修改模板并立即更新基于该模板的所有文档中的设计。

(3) 模板分类

① 成品模板。在网站建设行业中,经常会听说自助建站、智能建站,就是说网站的提供商已经提供了模板以及该模板带有的一套网站系统,网站系统有可能是 ASP 的,有可能是 PHP 的,或者是其他的语言。确切地说,这类成品模板网站是可以无数次地被使用,用户在购买了提供商的模板后只有使用权,不拥有版权,而网站的提供商最终拥有网

站模板以及系统源代码的版权。

② 仿制模板。在网站制作的过程中，仿制模板表示在模板设计的时候参考其他现有的网站风格、色彩、布局。也就是说，仿制型的模板网站既有自己的风格，又有其他网站的模板风格，例如当当商城、京东商城的网上平台被很多模板设计者所参考；Ecshop、Shopex 的官方网站经常可以下载雷同的网站模板，根据这类模板制作出来的网站叫作仿制型模板网站。

③ 手工模板。和上面两种类型的网站一样，手工模板网站的模板是完全根据各个网站特定的风格来订制的模板。区别在于手工模板网站使用的客户拥有模板的版权，而且一套模板只允许一个企业使用。如果其他的企业进行复制，属于侵权行为。

④ PSD 模板。PSD/PDD 是 Adobe 公司的图形设计软件 Photoshop 的专用格式，PSD 文件可以存储成 RGB 或 CMYK 模式，能够自定义颜色数并加以存储，还可以保存 Photoshop 的层、通道、路径等信息，是唯一能够支持全部图像色彩模式的格式，但体积庞大，在大多数平面软件中均可以通用，另外在一些其他类型编辑软件内也可使用。PSD 作为常用的设计格式，在全世界有数千万用户。在通用设计领域，比如企业网站 PSD 模板、婚庆网页 PSD 模板，基本都是由 Photoshop 设计完成的，这些模板的实用性和通用性都很强。

⑤ 怪兽模板。提到网页模板，就不得不提起 TemplateMonster(TM)这个品牌，它是全球最大的模板供应商美国怪兽模板网站的产品。该供应商是美国规模最大、设计能力最卓越的设计公司，为全球企业提供包括网站、VI、字体、图标、Logo 在内的全面设计资源。作为全球设计领域的领导者，TM 的每件作品都堪称佳作，他们不仅在创作，更是在引领时代潮流，可以说，TM 的作品是每个时代的设计风向标。

2. 创建模板

可以基于现有文档创建模板，也可以基于新文档创建模板。

(1) 创建空模板

① 在菜单栏中依次选择“文件”→“新建”命令，在弹出的“新建文档”对话框中单击 启动器模板 按钮，在示例文件夹中选择“基本布局”，示例页中选择“基本—单页”，如图 11-2 所示。

② 单击“创建”按钮，可进入模板窗口进行编辑。

(2) 基于现有文档创建模板

在“文件”面板中打开 index.html 页面，在菜单栏中依次选择“文件”→“另存为模板”命令，或者选择“插入”面板中“模板”分类中的按钮，如图 11-3 所示，弹出“另存模板”对话框，在“另存为”文本框中输入 index 作为名称，如图 11-4 所示，单击“保存”按钮。

在站点根目录下会自动创建 Templates 文件夹，创建的模板保存在这个文件夹中，扩展名为. Dreamweaver。

提示：创建模板前需要建立站点。

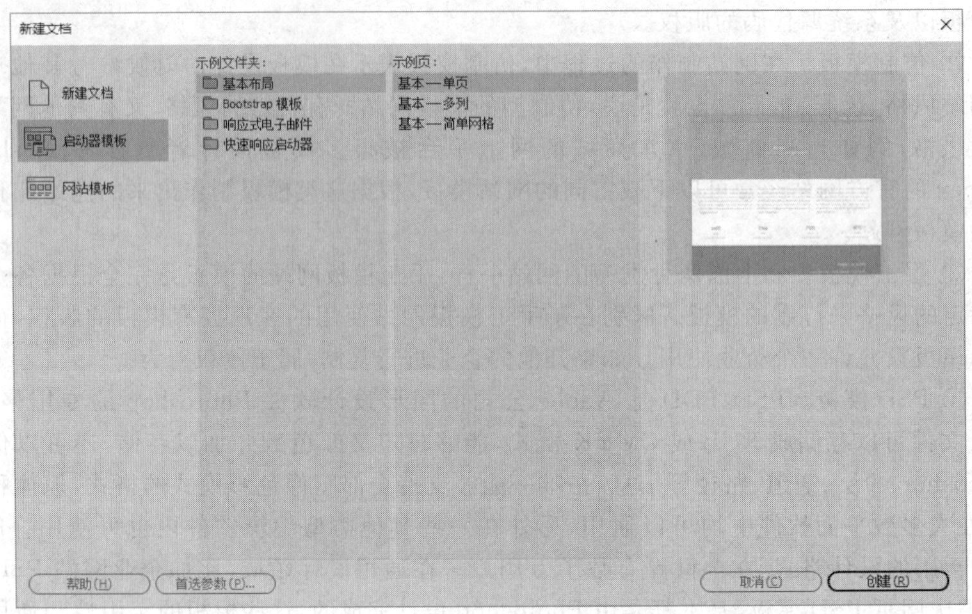

图 11-2 “新建文档”对话框

图 11-3 “创建模板”按钮

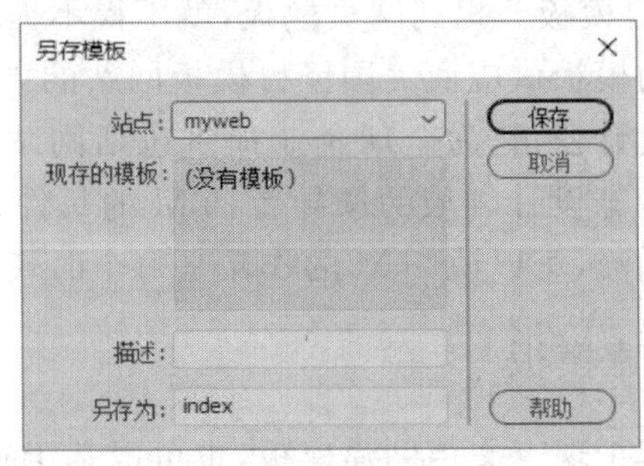

图 11-4 “另存模板”对话框

(3) 使用“资源”面板创建新模板

① 在菜单栏中依次选择“窗口”→“资源”命令，弹出“资源”面板，在该面板中选择左侧的“模板”按钮，即可显示“模板”界面，如图 11-5 所示。

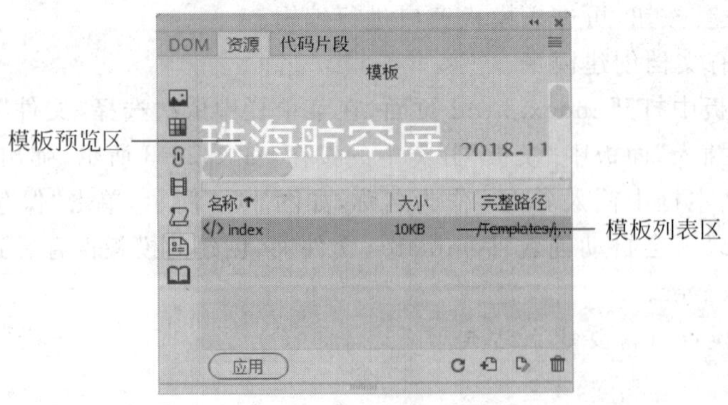

图 11-5 “资源”面板

“资源”面板中的主要选项如下。

- 模板列表区：用于显示所有已创建的模板。
- 模板预览区：用于预览模板列表区选择的模板内容。
- “应用”按钮：将模板列表区选择的模板应用于当前文档。
- “新建模板”按钮：用于新建模板。
- “编辑”按钮：用于编辑模板列表区中选中的模板。
- “删除”按钮：用于删除模板列表区中选中的模板。

② 单击“资源”面板底部的按钮，一个无标题的新模板将添加到“资源”面板中的模板列表中，如图 11-6 所示。

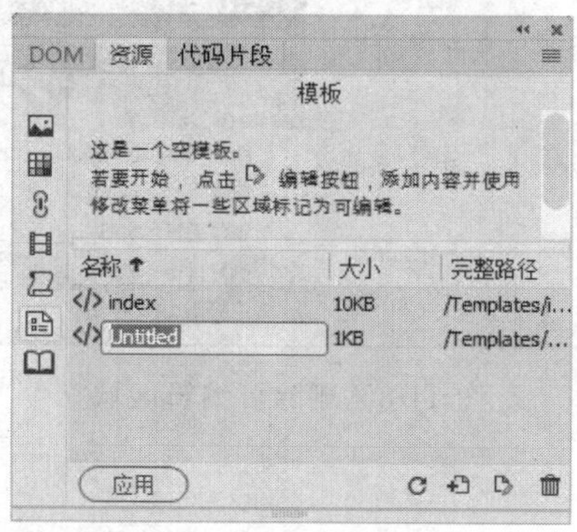

图 11-6　无标题的新模板

3. 模板的可编辑区域

可编辑区域是 Dreamweaver 的模板为每个应用模板的网页设计的可以单独修改的单元，修改模板后能够批量更新的是不可编辑的区域，可编辑区域通常无法做到批量统一修改与更新。

(1) 创建可编辑区域

① 在文档窗口中打开 index. Dreamweaver 文件，选择插入可编辑模板区域。

在菜单栏中依次选择“插入”→“模板对象”→“可编辑区域”命令，或者右击并在弹出的快捷菜单中选择“模板”→“新建可编辑区域”命令，也可通过单击“插入”面板的“模板”分类中的“模板”按钮来选择“可编辑区域”选项。

② 在弹出的“新建可编辑区域”对话框中，在名称文本框中输入 main，单击“确定”按钮，如图 11-7 所示。

③ 以同样的方法在其他区域中设置可编辑区域，并分别命名。

(2) 删除可编辑区域

如果已经将模板文件中的某一个区域标记为可编辑区域，想重新锁定该区域，则可通过“删除模板标记”命令实现。单击可编辑区域的左上角的标签，进行以下操作。

右击并在弹出的快捷菜单中选择“模板”→“删除模板标记”命令，如图 11-8 所示。

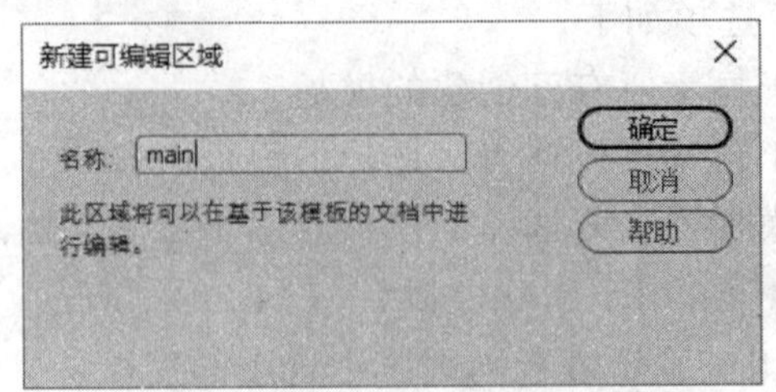

图 11-7 “新建可编辑区域”对话框

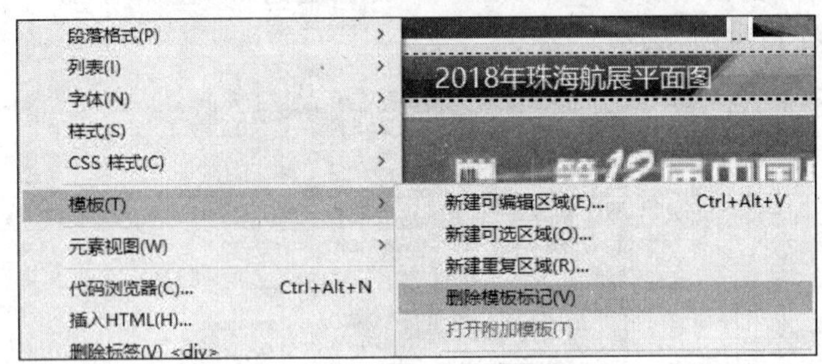

图 11-8 删除可编辑区域

(3) 重复区域

重复区域是模板的一部分,可以在模板的页面中重复多次。重复区域一般与表格一起使用。重复区域是指当一个网页表格更新数据时(一般指数据库数据)可以替换原表格对应数据的一种“特殊”表格。也能使其他网页元素定义重复区域,Dreamweaver 提供了两个重复区域模板对象:重复区域和重复表格。

创建重复区域的操作类似可编辑区域。

(4) 可选区域

可选区域是模板中的区域,可将其设置为在基于模板的文档中显示或隐藏。当想要为在文档中显示内容设置条件时,请使用可选区域。

插入可选区域以后,既可以为模板参数设置特定的值,也可以为模板区域定义条件语句(if...else 语句)。可以使用简单的真或假操作,也可以定义比较复杂的条件语句和表达式。如有必要,可以在以后对这个可选区域进行修改。模板用户可以根据定义的条件在其创建的基于模板的文档中编辑参数并控制是否显示可选区域。

其创建操作类似可编辑区域。

4. 使用模板创建网页

建立模板后,就可以使用模板创建网页。

(1) 从“模板”界面中创建网页

新建一个 HTML 网页文件,选择“资源”面板的模板列表区中的模板,单击[应用]按钮,即可创建一个基于模板的页面。

(2) 从"模板中的页"新建网页

在 Dreamweaver 主窗口中，在菜单栏中依次选择"文件"→"新建"命令，在弹出的"新建文档"对话框中选择"网站模板"，选择站点"珠海航展"，选择站点"珠海航展"的模板 index，单击"创建"按钮，则可以建立一个基于模板 index 的网页文件，如图 11-9 所示。

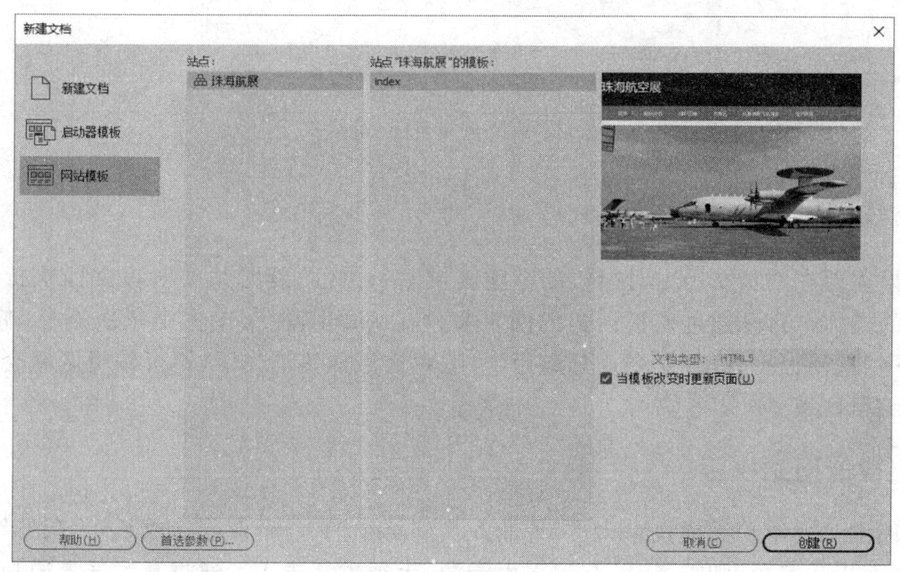

图 11-9　从模板中创建网页

5. 模板网页的维护与更新

(1) 通过修改模板的网页更新

修改模板之后，在 Dreamweaver 中会提示更新基于该模板的文件。当对修改后的模板进行保存时，将弹出"更新模板文件"对话框，再单击"更新"按钮，如图 11-10 所示。

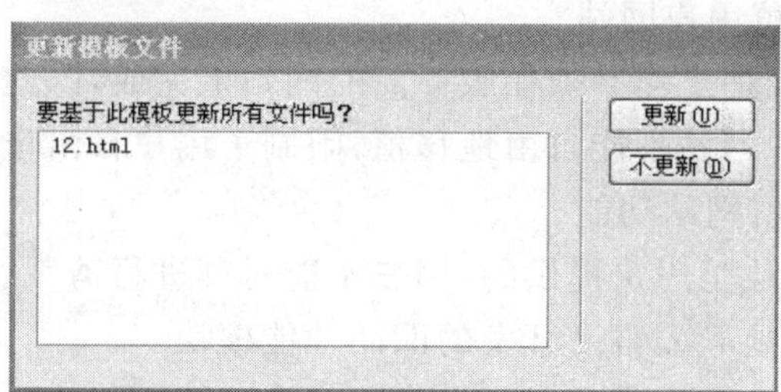

图 11-10　"更新模板文件"对话框

(2) 通过命令方式进行网页更新

① 更新当前网页文档：在应用某个模板的网页文档窗口中选择"修改"→"模板"→"更新当前页"命令，可对当前网页文件进行更新操作。

② 更新所有网页文档：选择"修改"→"模板"→"更新页面"命令，在弹出的"更新页面"对话框中可根据文档需要进行选择，设置完毕后单击"开始"按钮更新文件，如图 11-11

所示，如果勾选了“显示记录”选项，则会提示更新是否成功的信息。

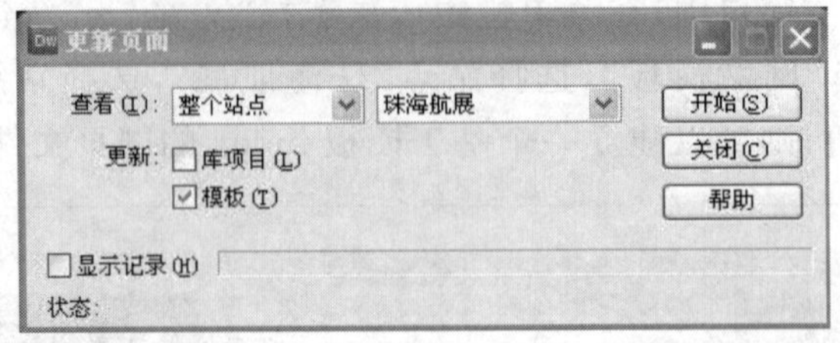

图 11-11 “更新页面”对话框

6. 从模板中分离文档

如果需要在网页文档中对模板的锁定区域进行修改，就必须要对该文档执行从模板中分离的操作。打开通过模板创建的网页文件 12.html，在菜单栏中依次选择“修改”→“模板”→“从模板中分离”命令。分离后，可编辑区域标签消失了，不可编辑区域会自动转变为可编辑区域。

7. 智能网站模板

智能网站的维护无须技术人员，普通人员即可维护，与企业同步成长，无限升级，统一后台，界面操作简单，随需组合，节省人力资源，无须重复投入。通过在线选择模板即可完成一个网站的制作。

虽然通过智能网站模板能快速、低成本地完成建站，但是由于有以下缺点，目前并没有广泛使用。

(1) 所建网站缺乏个性且功能简单

大多数智能建站将建站的快慢作为衡量标准，提出了“一分钟建站”的口号。一分钟建好一个网站在技术上并不困难，但风格上难免就欠缺一些。

(2) 不能自由地移植用户网站

由于建站、管理和维护工作必须在服务商的网站上完成，因此用户的网站也被捆绑在该公司的服务器上，用户网站不能自由地移植，限制了用户自由选择的权利。

(3) 不能灵活地扩展网站功能

智能网站的功能模块是固定提供的，用户不能对其进行剪裁、设置、组合，更谈不上对其进行二次开发或自由地导入自己开发的网站功能模块。

(4) 不能随意地编辑网页模板

对于选用的网站模板，用户无法对其进行独立、随意地编辑，更不能导入自定义的模板，利用这样的技术制作的网站，往往是一个呆板而雷同的网站，难以让人接受。

(5) 域名不便于记忆

多数智能建站系统都采用整个平台的二级域名或三级域名，导致域名比较长，不便于用户记忆。

任务实现

1. 创建模板

在文件“浮动”面板中打开站点下的文件 index.html，在 Dreamweaver CC 2018 主窗口中选择菜单栏中的“文件”→“另存为模板”命令，弹出“另存模板”对话框，在“另存为”文本框中输入 index 名称。

2. 设置可编辑区域

在标签栏选择＜div＃main＞标签，单击“插入”面板的“常用”分类中的“模板”按钮，选择“新建可编辑区域”，并命名为 main，如图 11-12 所示。

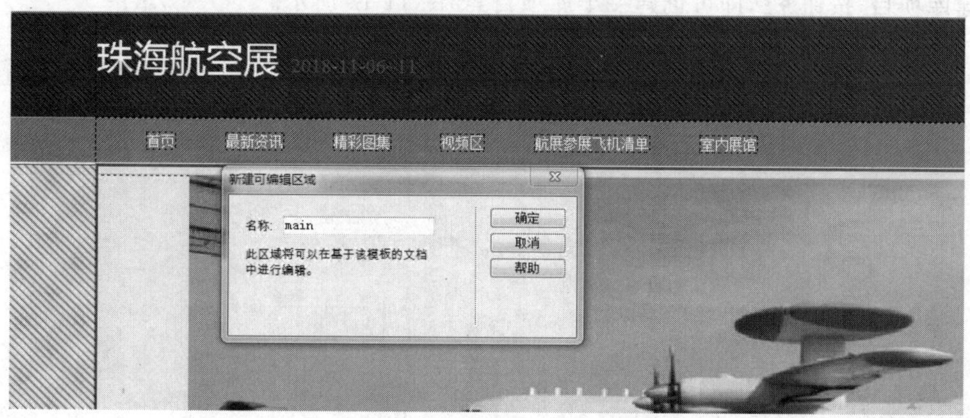

图 11-12　设置可编辑区域

3. 创建基于模板的网页

在 Dreamweaver 主窗口中，在菜单栏中依次选择“文件”→“新建”命令，在弹出的“新建文档”窗口中选择“模板中的页”，在站点“珠海航展”的列表中选择已建立的模板 index，单击“创建”按钮，创建了一个基于 index 模板的网页文档。

在该文档窗口中通过可编辑区域进行编辑，保存后预览。

任务 11.2　利用库文件制作珠海航空展其他页面

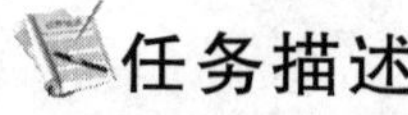

任务描述

珠海航空展中其他页面除了可以用“珠海航空展”首页作为模板进行制作，同时，也可以使用库文件来制作完成。

相关知识与技能

Dreamweaver 中的库是一种用来存储想要在整个网站上经常重复使用或更新的页面元素(如图像、文本和其他对象)的方法。这些元素称为库项目。将库项目放在文档中时,Dreamweaver 向文档中插入该项目的 HTML 源代码拷贝,并添加一个包含对原始外部项目的引用的 HTML 注释。Dreamweaver 将库项目存储在每个站点的本地根文件夹内的 Library 文件夹中。

1. 创建库项目

(1) 使用"库"面板创建库。在菜单栏中依次选择"窗口"→"资源"命令,弹出"资源"面板。在"资源"面板中选择左侧的"库"按钮,即可显示"库"界面,单击面板底部的"新建库项目"按钮,即可创建一个库项目,如图 11-13 所示。

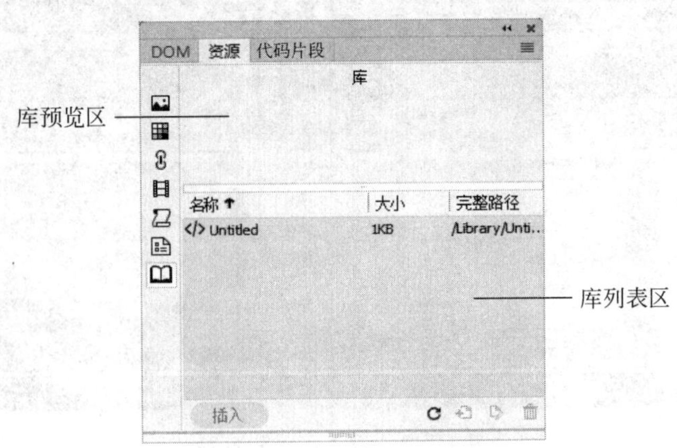

图 11-13 "库"界面

"库"界面的主要选项作用如下。

- 库列表区:用于显示所有已创建的库。
- 库预览区:用于预览库列表区选择的库内容。
- "插入"按钮:将模板列表区选择的库应用于当前文档。
- "新建库"按钮:用于新建库。
- "编辑"按钮:用于编辑库列表区选中的库。
- "删除"按钮:用于删除库列表区选中的库。

(2) 使用网页文件创建库。打开网页文档,选择要保存为库项目的文件,在菜单栏中依次选择"修改"→"添加对象到库"命令,即可创建库项目,创建完成后给每个库项目命名。

2. 编辑库项目

(1) 插入库项目。在需要插入库项目的文档窗口中定位,在"资源"面板的"库"界面中选择需要插入的库项目,单击"插入"按钮即可;或者选中需要插入的库项目,按下鼠标左键将其拖至文档窗口,也能实现库项目的插入。

(2) 修改库项目。在 Dreamweaver 中可对库项目的内容进行修改,在"资源"面板的

“库”界面中选择需要修改的库项目，单击按钮，或者直接双击选中需要修改的项目，均可对库项目进行修改。

(3) 更新库项目。修改库项目后，在菜单栏中依次选择“修改”→“模板”→“更新当前页”命令，可以对网页文档进行库项目的更新；也可通过“修改”→“模板”→“更新页面”命令来更新整个站点中包含该库项目在引用的页面进行统一更新。

任务实现

1. 创建库文件

在文件“浮动”面板中打开站点下的文件 index. html，在 Dreamweaver CC 2018 的主窗口中选择菜单栏中的“窗口”→“资源”命令，弹出如图 11-14 所示的“浮动”面板。

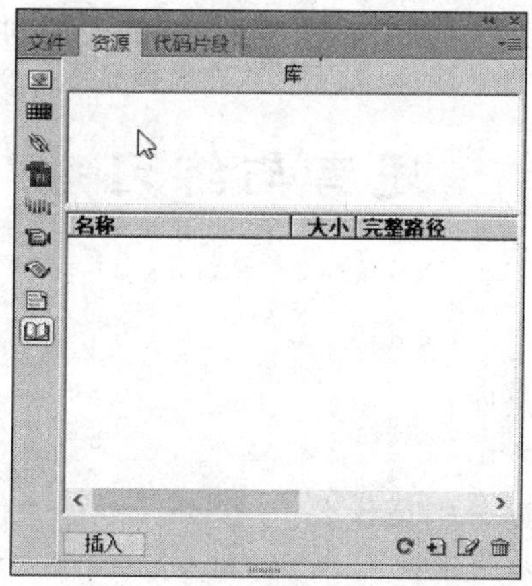

图 11-14　浮动的“库”界面

复制 index. html 首页的 top 部分，单击“库”界面上的“新建项目”按钮，在库预览区域中出现如图 11-15 所示的内容，双击预览区域，可以根据需要对该部分进行修改。

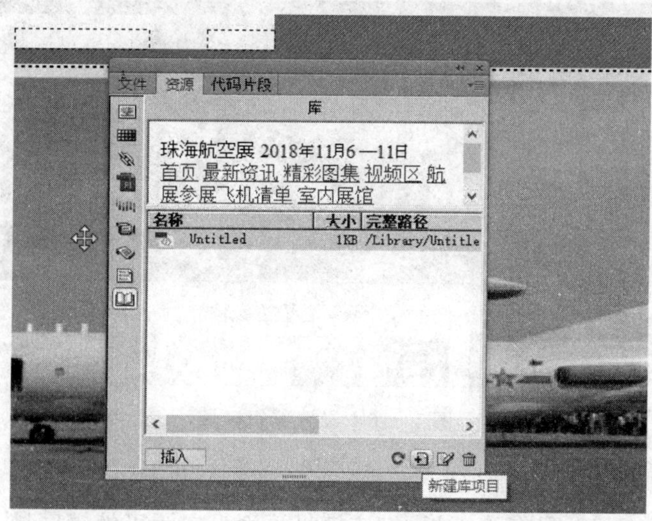

图 11-15　在库中新建项目

其他公共部分需要创建库文件的内容操作同上。

2. 在新页面中使用库文件

新建页面，打开“库”界面，将库预览区中的内容拖动到新页面中，保存即可。

小　　结

对于一个网站来说，多个页面布局大部分是相同的，如页面格式、导航栏等，如果在制作每个页面的时候，这些相同的部分都要设计与制作，则网站设计师的工作量是相当大的。而模板和库恰好能帮助网站设计师解决这个问题。本项目详细介绍了模板和库的作用、怎样创建和编辑模板，以及如何利用已经创建好的模板创建新的网页。

思考与练习

1. 思考题

(1) 什么是模板？什么是库？

(2) 模板和库有何区别？

(3) 创建模板和库的用途分别是什么？

2. 操作题

(1) 利用模板制作网页

参照任务 11.1 和任务 11.2 制作如图 11-16 所示的网页。

图 11-16　设置编辑区域

参考步骤：

① 打开 index 页面，另存为模板，将该模板页面设置为可编辑区域，如图 11-15 所示。

② 设置完成后，保存该模板网页。

③ 利用模板创建其他页面。

(2) 利用库文件制作网页

参照任务 11.1 和任务 11.2 制作如图 11-17 所示的网页。

图 11-17　通过模板网页创建的页面

参考步骤：

① 打开 index 页面，复制公共部分。打开"库"面板，新建库项目，如图 11-18 所示。

② 新建页面，将"库"面板中的内容拖动至新页面中，保存页面即可。

图 11-18　创建库项目

项目 12　行为和制作动态网页

项目描述

Dreamweaver 中提供了“行为”技术，通过“行为”技术能够在网页中自动生成 JavaScript 代码，可以实现很多动态效果和交互功能，比如打开浏览器窗口、交换图像等。Dreamweaver 将所生成的代码自动和相应的事件相联系，比如移动鼠标、单击鼠标等，即使不懂 JavaScript，通过行为也能够方便地制作出充满动感和交互性的网页。

珠海航空展网站中提供了游客注册、登录功能，目的是为了统计大家对航展的关注程度。

知识目标

- 掌握行为在网页中的应用方法。
- 掌握简单动态网页的制作方法。
- 掌握搭建服务器平台的方法。

技能目标

- 学会行为在网页中的合理应用。
- 能够创建动态网页。
- 能够搭建服务器平台。

任务 12.1　制作新闻列表页面

任务描述

在“珠海航空展”中的“最新资讯”页面中使用大量的行为和 spry 构件来增加图片的动态效果，如图 12-1 所示。

相关知识与技能

1. 认识行为

选择要应用行为效果的对象，展开“行为”面板，单击“添加行为”按钮，从弹出的下拉菜单中打开“效果”子菜单，从中选择要应用的各种效果。

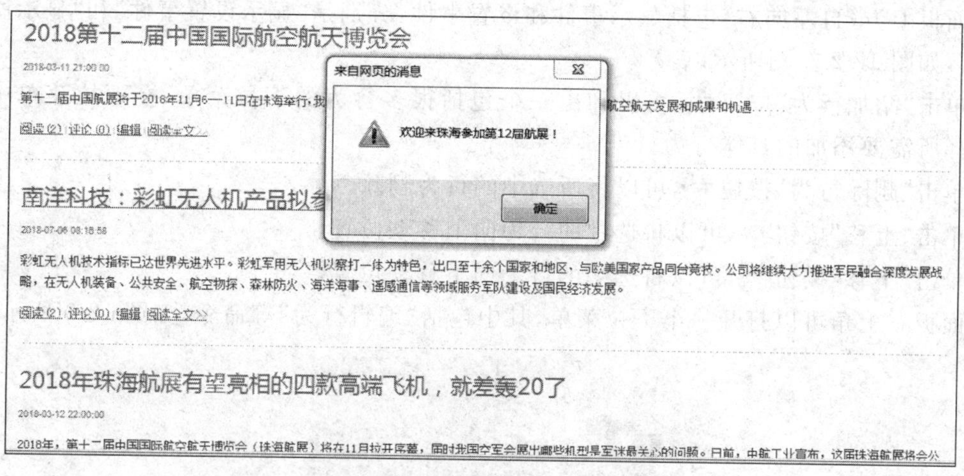

图 12-1　页面中添加了行为和 spry 构件的页面效果

(1) 行为和“行为”面板

① 行为：它是由事件(Event)触发的动作(Action)，因此行为的基本元素有两个：事件和动作。事件是浏览器产生的有效信息，也就是访问者对网页进行的操作。例如，当访问者将鼠标光标移到一个链接上，浏览器就会为这个链接产生一个 onMouseOver(鼠标经过)事件。然后，浏览器会检查当事件产生时，是否有一些代码需要执行，如果有就执行这段代码，这就是动作。动作是由 JavaScript 代码组成的，这些代码执行特定的任务。

不同的事件为不同的网页元素所定义。例如，在大多数浏览器中，onMouseOver(鼠标经过)和 onClick(单击)是和链接相关的事件，然而 onLoad(载入)是和图像及文档相关的事件。一个单一的事件可以触发几个不同的动作，而且可以指定这些动作发生的顺序。

② “行为”面板：在文档窗口中，选择“窗口”→“行为”命令，或者按 Shift＋F4 组合键，均可打开“行为”面板，如图 12-2 所示。

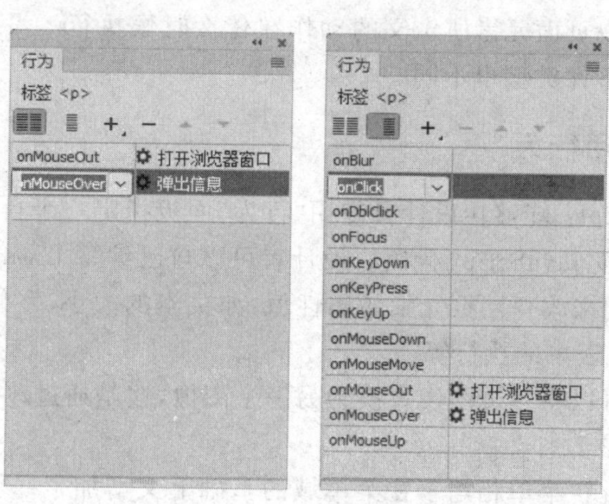

图 12-2　“行为”面板

下面对面板进行介绍。

面板上方(自左向右)包括显示事件和设置事件,分别是“显示设置事件”和“显示所有事件”,如图 12-2 左图所示。

单击“添加行为”按钮,可以弹出一个包括很多行为的下拉菜单,在下拉菜单中可以选择所需要添加的具体行为。

单击“删除行为”按钮,可以将所选中的行为删除。

单击“上移”按钮,可以将选中的行为向上移动位置。

单击“下移”按钮,可以将选中的行为向下移动位置。

面板右上角可以打开一个下拉菜单,其中包括“编辑行为”等命令,如图 12-3 所示。

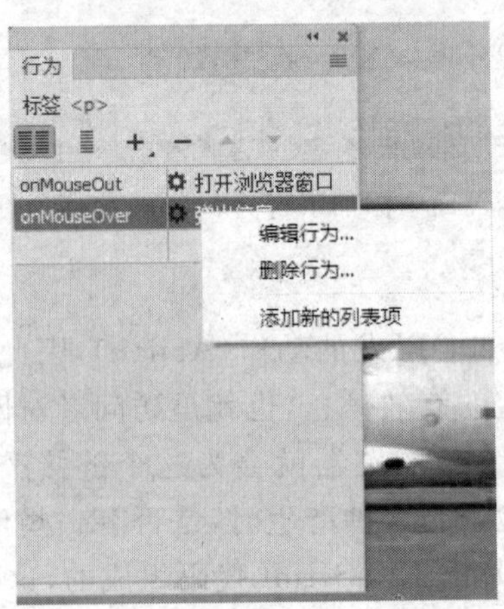

图 12-3 “行为”面板的下拉菜单

面板下方显示行为的窗口,包括两列内容,左边显示的是“事件”,右边显示的是“动作”。

(2) 事件和动作

事件决定了为某一页面元素所定义的动作在什么时候执行。需要注意的是,不同版本的浏览器所支持的事件类型也不同。

2. 网页中的常用行为

(1) 调用 JavaScript:能够让设计者使用“行为”面板指定一个自定义功能,或者当一个事件发生时执行一段 JavaScript 代码。设计者可以自己编写 JavaScript 代码。

(2) 改变属性:用来改变网页元素的属性值,如文本的大小、字体,层的可见性、背景色,以及图片的来源及表单的执行等。

(3) 交换图像:可以将一个图像替换为另一个图像,这是通过改变图像的 src 属性来实现的。

(4) 跳转菜单:跳转菜单相当于在菜单域的基础上又增加了一个按钮。一旦在文档中插入了跳转菜单,就无法再对其进行修改了。如果要修改,只能将菜单删除,然后再重新创建一个,这样做非常麻烦。而 Dreamweaver 所设置的“跳转菜单”行为,其实就是为了弥补这个缺陷。

(5) 打开浏览器窗口：将打开一个新的浏览器窗口，在其中显示所指定的网页文档。设计者可以指定这个新窗口的属性，包括窗口尺寸、是否可以调节大小、是否有菜单栏等。

(6) 弹出信息对话框：将显示一个指定的 JavaScript 提示信息框。

(7) 预先载入图像：行为可以将不会立即出现在网页上的图像预先载入浏览器缓存中。这样可防止需要图像出现时再去下载而导致延迟，还便于脱机使用。

(8) 拖动 AP 元素：此功能可以制作出能让浏览者任意拖动的对象。不过，在开始制作前，需要在页面中先添加 AP Div，并在其中添加图像或文本。

(9) 转到 URL：可以在当前窗口或指定的框架中打开一个新页面。此操作对通过一次单击修改两个框架或多个框架的内容非常适用。

3. JavaScript

JavaScript 是一种基于对象和事件驱动并具有相对安全性的客户端脚本语言，同时也是一种广泛用于客户端 Web 开发的脚本语言，常用来给 HTML(标准通用标记语言的子集)网页添加动态功能，比如响应用户的各种操作。它最初由网景公司(Netscape)的 Brendan Eich 设计，是一种动态、弱类型，基于原型的语言，内置支持类。JavaScript 是 Sun 公司(已被 Oracle 收购)的注册商标。Ecma 以 JavaScript 为基础制定了 ECMAScript 标准。JavaScript 也可以用于其他场合，如服务器端编程。完整的 JavaScript 实现包含三部分：ECMAScript、文档对象模型、字节顺序记号。

JavaScript 主要用来向 HTML 页面添加交互行为。可以直接嵌入 HTML 页面，但写成单独的 JavaScript 文件，有利于结构和行为的分离。

JavaScript 常用来完成以下任务。

(1) 嵌入动态文本于 HTML 页面中。

(2) 对浏览器事件做出响应。

(3) 读写 HTML 元素。

(4) 在数据被提交到服务器之前验证数据。

(5) 检测访客的浏览器信息。

(6) 控制 cookies，包括创建和修改 cookies 等。

任务实现

1. 创建“最新资讯”页面

在 Dreamweaver 主窗口中，在菜单栏中依次选择“文件”→“新建”命令，在弹出的“新建文档”对话框中选择“模板中的页”，在站点“珠海航展”的列表中选择已建立的模板 index，单击“创建”按钮，创建一个基于 index 模板的网页文档，保存文件名称为“最新资讯”。

在 ID 为 left 区域中输入文字“美媒声称中国军……国 MQ-9‘死神’的仿制品”。

2. 添加行为

在文档窗口中选择“窗口”→“行为”命令，打开“行为”面板，单击添加行为按钮，在弹出的级联菜单中选择“弹出信息”命令，在“弹出信息”对话框中输入文字“最新航展资讯”，单击“确定”按钮，如图 12-4 所示。设置动作为 onClick。

图 12-4　设置弹出信息的内容

在浏览器窗口中的效果如图 12-1 所示。

任务 12.2　制作注册登录页面

任务描述

通过创建动态网页，搭建服务器平台和设计数据库，完成注册页面的创建，如图 12-5 所示。

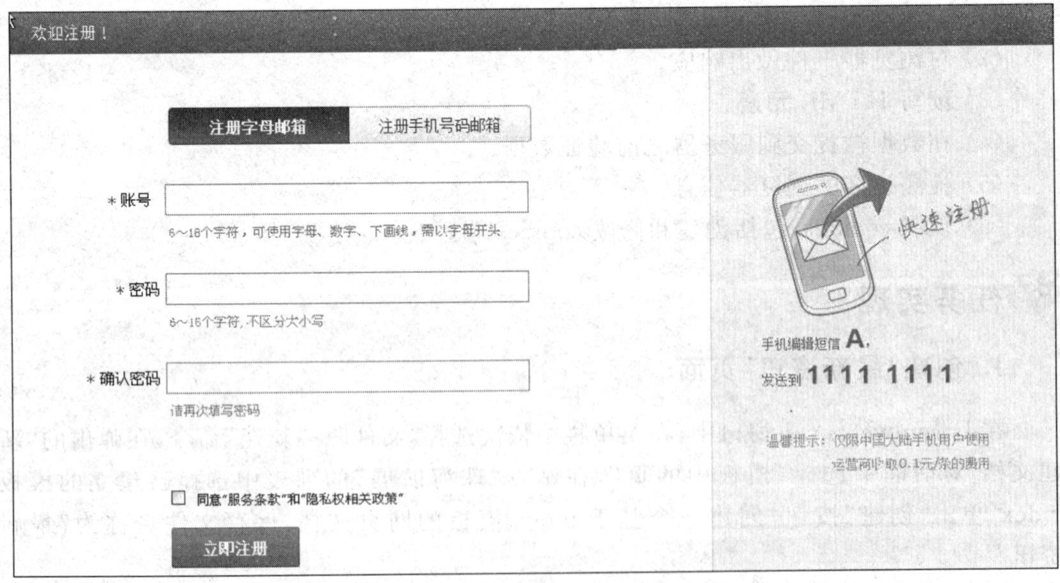

图 12-5　注册页面

相关知识与技能

1. 动态网页

(1) 动态网页的概念

所谓动态网页,是指与静态网页相对的一种网页编程技术。静态网页随着HTML代码的生成,页面的内容和显示效果就基本上不会发生变化了,除非修改了页面代码。而动态网页则不然,页面代码虽然没有变,但是显示的内容却是可以随着时间、环境或者数据库操作的结果而发生改变。

动态网页就是网页文件中不但含有HTML标记,而且是建立在B/S(浏览器与服务器)架构上的服务器端脚本程序。在浏览器端显示的网页是服务器端程序运行的结果。动态网页文件的后缀根据不同的程序语言来定,如ASP文件的后缀是.asp。动态页面最主要的特点就是结合后台数据库自动更新页面。建立数据库的链接是页面通向数据的桥梁,任何形式的添加、删除、修改和检索都是建立在链接的基础上的。

动态网页发布技术的出现使得网站从展示平台变成了网络交互平台。Dreamweaver在集成了动态网页的开发功能后,就由网页设计工具变成了网站开发工具。Dreamweaver提供了众多的可视化设计工具、应用开发环境以及代码编辑支持,开发人员和设计师能够快捷地创建代码应用程序,集成程度非常高,开发环境精简而高效。

从网站浏览者的角度来看,无论是动态网页还是静态网页,都可以展示基本的文字和图片信息,但从网站开发、管理、维护的角度来看,就有很大的差别。

总之,动态网页是基本的HTML语法规范与Java、Visual Basic、Visual C++等高级程序设计语言、数据库编程等多种技术的融合,以期实现对网站内容和风格的高效、动态和交互式的管理。因此,从这个意义上来讲,凡是结合了HTML以外的高级程序设计语言和数据库技术进行的网页编程技术生成的网页都是动态网页。

另外,与静态网页相对应的,动态网页能与后台数据库进行交互并传递数据。动态网页是以.aspx、.asp、.jsp、.php、.perl、.cgi等形式为后缀,并且在动态网页网址中有一个标志性的符号——“?”。动态网页也可以用Visual Studio 2008等软件来实现。

(2) 动态网页的特点

① 交互性:即网页会根据用户的要求和选择而动态改变和响应。例如访问者在网页填写表单信息并提交,服务器经过处理,将信息自动存储到后台数据库中,并打开相应的提示页面。

② 自动更新:即无须手动操作,便会自动生成新的页面,可以大大节省工作量。例如,在论坛中发布信息,后台服务器将自动生成新的网页。

③ 随机性:即当不同的人在不同的时间访问同一网址时会产生不同的页面效果。

(3) 服务器端

一个在Web(网络)服务器上运行的程序(服务器端脚本)可以用来改变在不同的网页之上显示的网页内容,或调节序列,或重新加载网页。服务器通过响应来确定具体的情况,比如张贴的超文本标记语言表单里头的数据、URL中的参数、所使用的浏览器类型、数据库或服务器的状态等。

这些网页通常都是使用如 ASP、ColdFusion、Perl、PHP、WebDNA 或者其他的服务器端语言。这些服务器端语言经常使用通用网关接口(CGI)产生动态网页。有两个明显的例外是 ASP.NET 和 JSP，在它们的 API(程序编程接口)里头会重复使用 CGI 的概念，但实际上所有的 Web 请求分派到一个共享的虚拟机上。动态网页在很少或没有预期变化时，往往会通过高速缓存和页面预计而接收大量的网络流量，会营造缓慢的加载时间至服务器。

(4) 客户端

客户端脚本在一个特定的网页中，可以改变网页界面以及行为，或响应鼠标，或键盘操作，或指定事件。在这种情况下，动态行为在发生时，客户端生成的内容放在用户的本地计算机系统中。

这些网页使用的演示技术被称为富接口页面。客户端脚本语言，如 JavaScript、ActionScript、动态 HTML(DHTML)和 Flash 技术的使用，经常被用来编排媒体类型(声音、动画、文本等)的演示。该脚本还允许使用远程脚本的相关技术。DHTML 页面请求服务器的相关信息，使用一个隐藏的框架，比如 XMLHttpRequest 或 Web(网络)服务。

(5) 动态网页相关技术

① PHP。PHP 即 HyperText Preprocessor(超文本预处理器)，它是现在 Internet 上最为火热的脚本语言，其语法借鉴了 C、Java、Perl 等语言，但只需要很少的编程知识就能使用 PHP 建立一个真正交互的 Web 站点。

它与 HTML 语言具有非常好的兼容性，使用者可以直接在脚本代码中加入 HTML 标签，或者在 HTML 标签中加入脚本代码，从而更好地实现页面控制。PHP 提供了标准的数据库接口，数据库连接方便，兼容性强，扩展性强，还可以进行面向对象编程。

② ASP。ASP 即 Active Server Pages(活跃服务器页)，它是微软开发的一种类似超文本标识语言(HTML)、脚本(Script)与 CGI(公用网关接口)的结合体，它没有提供自己专门的编程语言，而是允许用户使用许多已有的脚本语言编写 ASP 的应用程序。ASP 的程序编制比 HTML 更方便且更有灵活性。它在 Web 服务器端运行，运行后再将运行结果以 HTML 格式传送至客户端的浏览器，因此 ASP 与一般的脚本语言相比要安全得多。

ASP 的最大好处是可以包含 HTML 标签，也可以直接存取数据库及使用无限扩充的 ActiveX 控件，因此在程序编制上要比 HTML 方便而且更富有灵活性。通过使用 ASP 的组件和对象技术，用户可以直接使用 ActiveX 控件调用对象的方法和属性，以简单的方式实现强大的交互功能。

但 ASP 技术也并非完美无缺，由于它基本上是局限于微软的操作系统平台之上，主要工作环境是微软的 IIS 应用程序结构，又因 ActiveX 对象具有平台特性，所以 ASP 技术不能很容易地实现在跨平台 Web 服务器上工作。

③ JSP。JSP 即 Java Server Pages(Java 服务器页面)，它是由 Sun Microsystem 公司于 1999 年 6 月推出的新技术，是基于 Java Servlet 以及整个 Java 体系的 Web 开发技术。

JSP 和 ASP 在技术方面有许多相似之处，不过两者来源于不同的技术规范组织，以至于 ASP 一般只应用于 Windows NT/2000 平台，而 JSP 则可以在 85%以上的服务器上运行，而且基于 JSP 技术的应用程序比基于 ASP 的应用程序易于维护和管理，所以许多人认为 JSP 是未来最有发展前途的动态网站技术。

④ ASP. NET。ASP. NET 对应的文件是微软在服务器端运行的动态网页文件，通过 IIS 解析执行后可以得到动态页面，是微软推出的一种新的网络编程方法，而不是 ASP 的简单升级，因为它的编程方法和 ASP 有很大的不同，它是在服务器端靠服务器编译执行的程序代码，ASP 使用脚本语言，每次请求的时候，服务器调用脚本解析引擎来解析执行其中的程序代码，而 ASP. NET 则可以使用多种语言编写，而且是全编译执行的，比 ASP 快，而且还有很多其他优点。

(6) 动态体系

① LAMP。LAMP 是 Linux＋Apache＋MySQL＋PHP 的组合，是一组常用来搭建动态网站或者服务器的开源软件，本身都是各自独立的程序，但是因为常被放在一起使用，拥有了越来越高的兼容度。以上组合共同组成了一个强大的 Web 应用程序平台。

随着开源潮流的蓬勃发展，开放源代码的 LAMP 已经与 J2EE 和. NET 商业软件形成三足鼎立之势，并且该软件开发的项目在软件方面的投资成本较低，因此受到整个 IT 界的关注。从网站的流量上来说，70%以上的访问流量是 LAMP 提供的，LAMP 是最强大的网站解决方案。

LAMP 是一种开放资源网络开发平台。PHP 有时候用 Perl 或 Python 代替。

② WAM。WAM 是指微软操作系统（Windows 系列）下的 Apache＋MySQL＋Perl/PHP/Python，一组常用来搭建动态网站或者服务器的开源软件，本身都是各自独立的程序，但是因为常被放在一起使用，拥有了越来越高的兼容度，共同组成了一个强大的 Web 应用程序平台。

2. 搭建服务器平台

(1) 服务器平台

动态网站系统要在服务器平台下运行，离开一定的平台，动态交互式的网站系统就不能正常运行。

各种动态网页格式适用的服务器应用软件如表 12-1 所示。

表 12-1　服务器应用软件

格　式	服务器应用软件
ASP	Microsoft 的 IIS 或 PWS
ASP. NET	Microsoft 的 IIS、. NET Framework 及 MDAC（Microsoft Data Access Components）2. 6 以上的版本
PHP	PHP、Microsoft 的 IIS(或 PWS)或免费软件 Apache
JSP	Macromedia 的 JRun，或 IBM 的 WebSphere，或 Tomcat
ColdFusion	ColdFusion

在 Dreamweaver 中设计 ASP、ASP. NET、PHP 或 JSP 网页时，也必须安装相关的服务器软件，才能正常预览动态网页。服务器软件有些附加在系统安装的光盘中，有些可以从网站免费下载，在选择以某种语言作为开发平台时，需考虑到其适用性、复杂度及软件支持应用的便利性。

本项目的实例是以 ASP 为开发平台，选择的服务器软件是 IIS。

(2) IIS 的安装

在 Windows 10 操作平台上安装 IIS 服务器软件，步骤如下：

① 单击 Windows 任务栏中的“开始”按钮，选择“控制面板”命令，弹出如图 12-6 所示的界面，在该界面中选择“程序和功能”选项，在弹出的窗口中选择如图 12-7 所示的“启用或关闭 Windows 功能”选项。

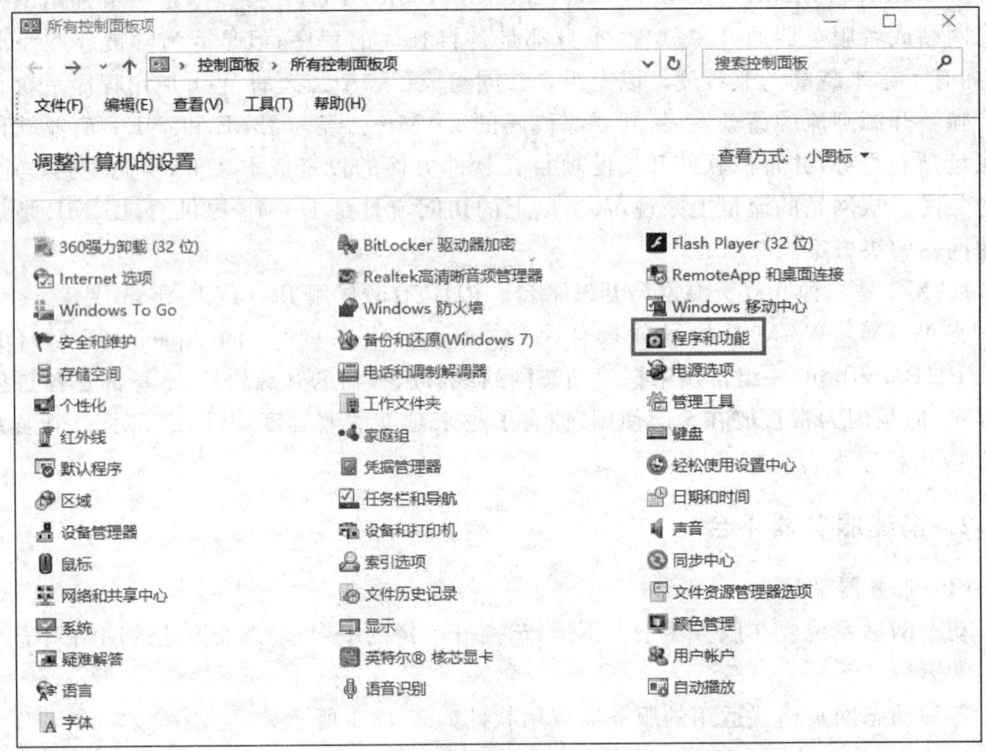

图 12-6 选择“程序和功能”选项

② 接下来会弹出“Windows 功能”对话框，在对话框中选中 Internet Information Services 与“Internet Information Services 可承载的 Web 核心”两个复选框，如图 12-8 所示，再单击“确定”按钮后，进入如图 12-9 所示的界面。

(3) 设置 IIS 服务器

① 在 Windows 10 桌面上右击“此电脑”图标，在弹出的菜单中选择“管理”命令，如图 12-10 所示。

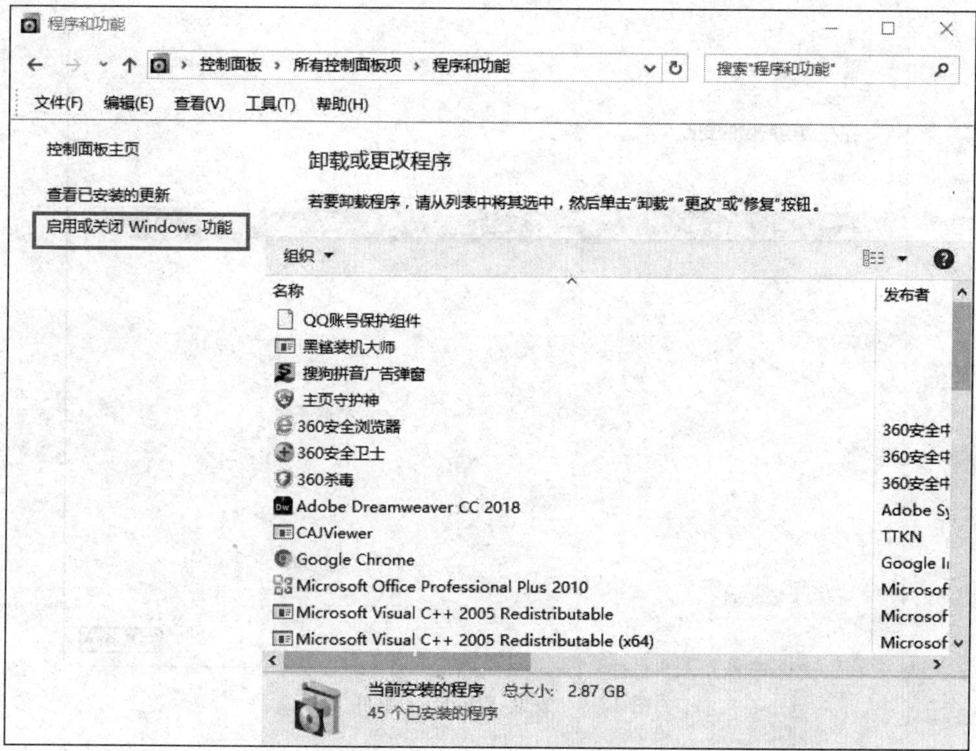

图 12-7 "启用或关闭 Windows 功能"选项

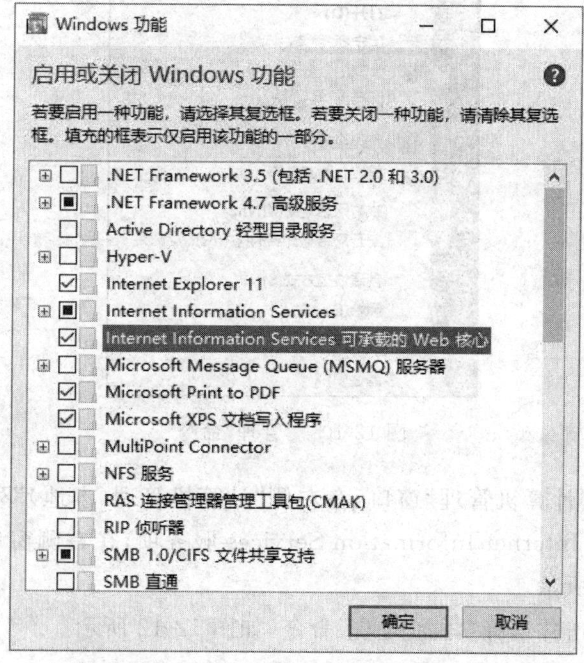

图 12-8 选择 Windows 组件 IIS

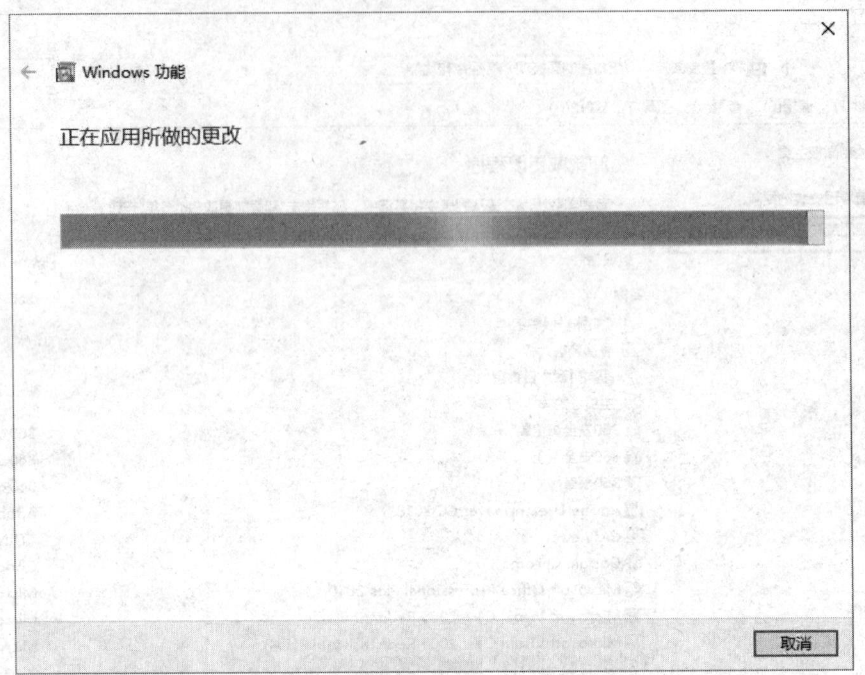

图 12-9 安装 Windows 组件 IIS

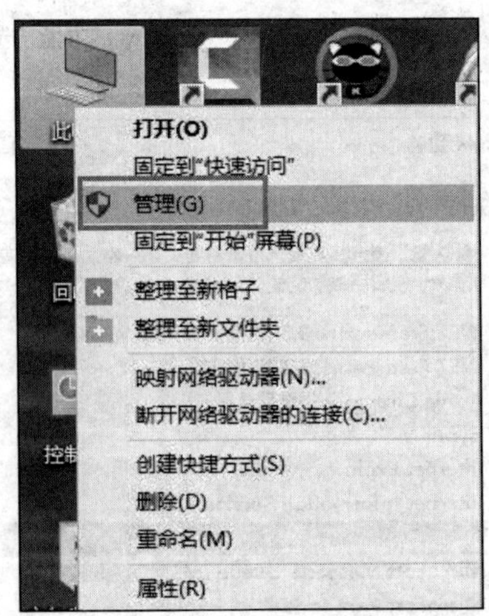

图 12-10 "管理"命令

② 接着会打开"计算机管理"窗口，在左侧"计算机管理(本地)"列表项中选择服务和应用程序，可以单击 Internet Information Services 服务项，在右侧窗口中就可以对其进行管理了，如图 12-11 所示。

③ 在主机上右击并选择"添加网站"命令，如图 12-12 所示。

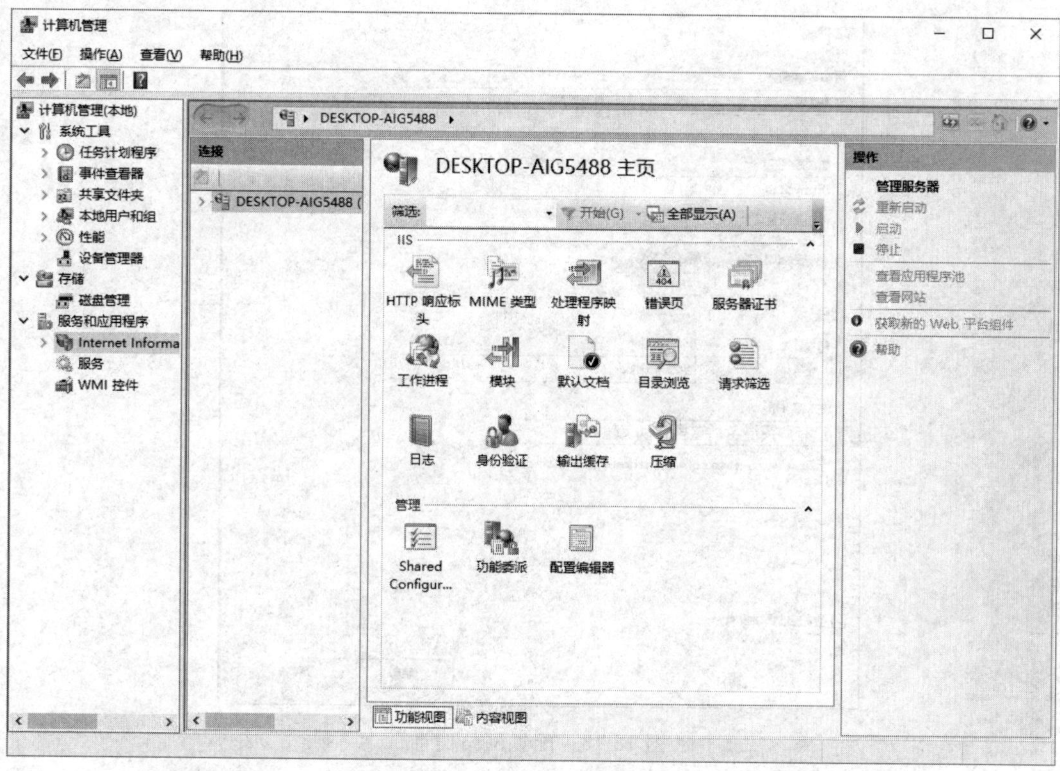

图 12-11　“计算机管理”窗口

图 12-12　在主机上添加网站

④ 在弹出的对话框中配置网站信息，如图 12-13 所示。

⑤ 关闭默认网站，在最右侧的“管理网站”中开启珠海航展网站，如图 12-14 所示。

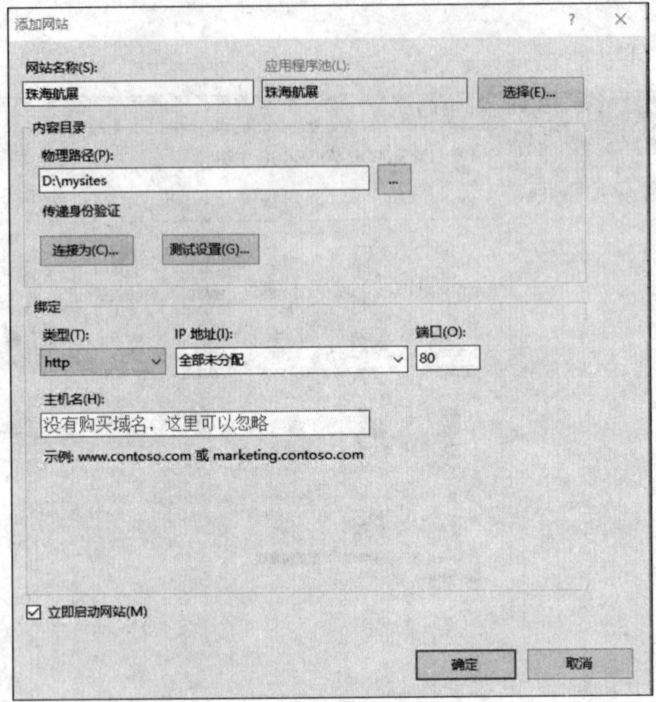

图 12-13　配置网站信息

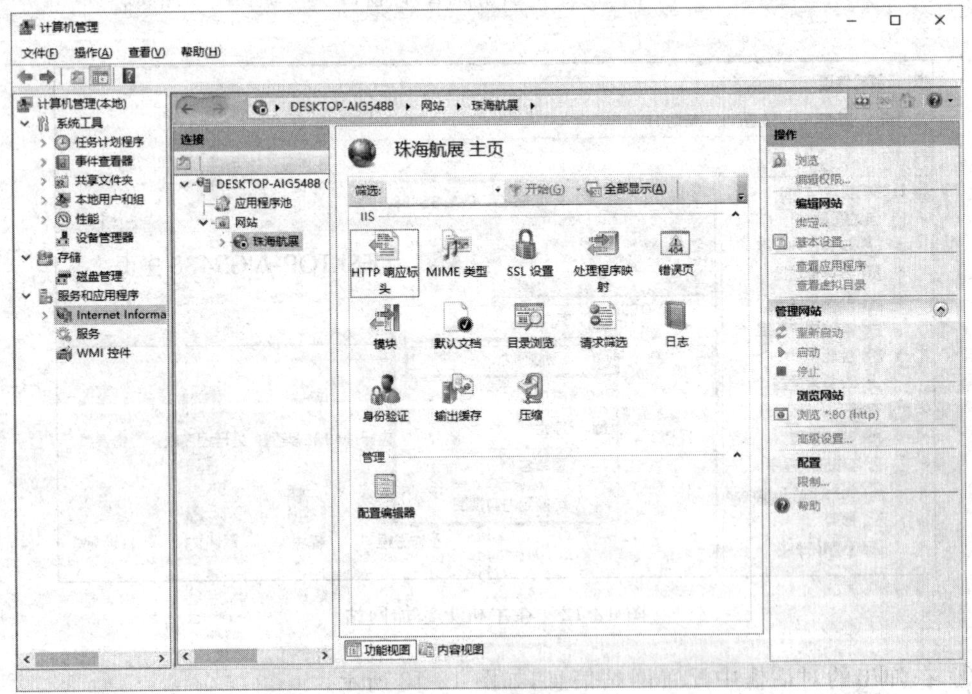

图 12-14　开启网站

⑥ 右击“珠海航展”并选择“管理网站”→“浏览”命令，如图 12-15 所示，登录网址进行验证，如图 12-16 所示。

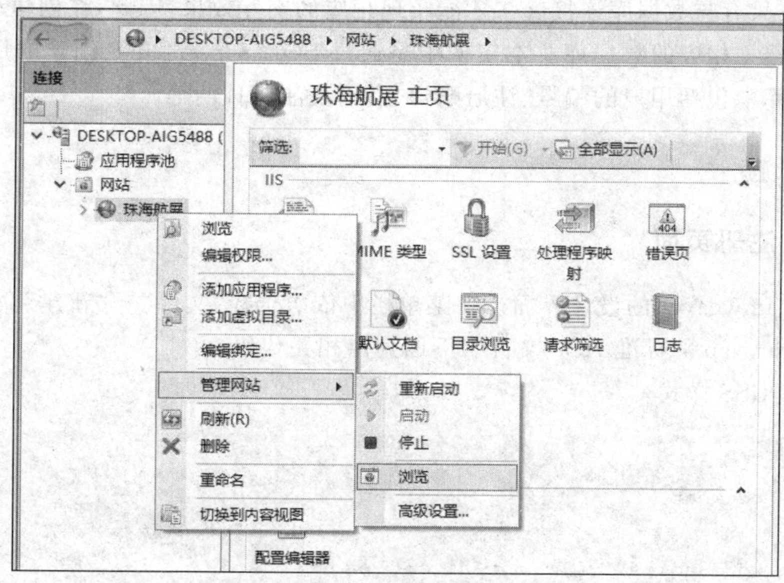

图 12-15　选择“浏览”命令

图 12-16　验证页面

3. 数据库设计

动态网页只有与数据库连接起来才能实现相应的交互效果，因此，在创建动态网页的同时，必须要建立相应的数据库。本实例中是通过 SQL Server 2008 创建的用户信息数据库，该数据库中包括用户的编号、注册账户、密码及注册日期等。

任务实现

1. 创建注册页面

打开 Dreamweaver 的设计界面。在菜单栏中依次选择"文件"→"新建"命令，新建一个名为 register.asp 的标准 ASP 文件。下面列出相关代码。

(1) 创建 CSS 样式

```
@charset "gb2312";
/* CSS Document */
/* ===================基本样式 ====================== */
body{background:#f9f9f9; font-size:12px;}
*{margin:0; padding:0;}
.clear{clear:both;}
a img{border:none;}

/* ==========================注册信息栏样式 ===================== */
#content{width:1004px; margin:0 auto; background:url(../images/register_bg.
jpg) no-repeat center 26px; padding-top:185px;}
#content dl{width:430px; margin-left:70px; line-height:30px;}
#content input{_vertical-align:middle; *vertical-align:middle; vertical-
align:middle\0;}/*ie6-8 兼容*/
#content dt{font-size:14px;}
#content dt,#content dd{float:right;}
#content dt span{color:#F00; margin-right:5px;}
#content dt input{width:332px; height:25px; margin-left:5px; _line-height:
25px; *line-height:25px; line-height:25px\0;}/*文本行高 ie6-8 兼容*/
#content dd{width:332px; margin-bottom:22px;}
/*同意条款位置样式*/
#content .h30{margin-top:30px; margin-bottom:10px;}
#content .h30 a{color:#000; text-decoration:none; margin-left:5px;}
#content .h30 a span{color:#003399;}
.redText{color:red;}
.greenText{color:#090;}
#repwdTips{height:30px; line-height:30px;}
.redColor{color:red;}
.greenColor {color:#390;}
```

```
.greyColor{color:#999;}
```

（2）导入 CSS 样式

```
<link href="../public/css/register.css" rel="stylesheet" type="text/css" />
```

（3）输入内容

在 body 中输入以下代码。

```
<div id="content">
    <dl>
        <dt><span>      * </span>账号
            <input name="" type="text" id="username" /></dt>
        <dd id="usernameTips" class="greyColor">6～18 个字符,可使用字母、数字、
        下画线,需以字母开头</dd>
        <dt><span> * </span>密码<input name="" type="password" id="password"
        /></dt>
        <dd id="pwdTips" class="greyColor">6～16 个字符,不区分大小写</dd>
        <dt><span> * </span>确认密码<input name="" type="password" id=
        "repwd" /></dt>
        <dd id="repwdTips" class="greyColor">请再次填写密码</dd>
        <dd class="h30">
            <input name="" type="checkbox" id="readed" />
            <a href="#">同意"<span>服务条款</span>"和"<span>隐私权相关政策
            </span>"</a>
        </dd>
        <dd><a href="#" class="rit_bt"><img src="../public/images/register_
        bt.png" name="register" id="register" /></a></dd>
    </dl>
    <div class="clear"></div>
</div>
```

在 body 范围外给页面添加以下内容。

```
<script>
$(document).ready(function(){
var bool1 =false;
var bool2 =false;
var bool3 =false;
$("#username").blur(function(){
    reg =/^\w{6,18}$/;
    var username =$("#username").val();
    if(username=="") {
        $("#usernameTips").text("用户名不能为空!").removeClass("greyColor").
        removeClass("greenColor").addClass("redColor");
```

```
    }else{
        if(reg.test(username)==true){
            $("#usernameTips").text("此用户名可用!").removeClass("greyColor").
            removeClass("redColor").addClass("greenColor");
            bool1=true;
        }else{
            $("#usernameTips").text("6~18个字符,可使用字母、数字、下画线,需以字
            母开头!").removeClass("greyColor").removeClass("greenColor").
            addClass("redColor");
        }
    }
})

$("#password").blur(function(){
    reg=/^\w{6,18}$/;
    var psd=$("#password").val();
    if(psd!=""){
        if(reg.test(psd)){
            $("#pwdTips").text("可用!").removeClass("greyColor").removeClass
            ("redColor").addClass("greenColor");
            bool2=true;
        }else{
            $("#pwdTips").text("6~16个字符,不区分大小写!").removeClass
            ("greyColor").removeClass("greenColor").addClass("redColor");
        }
    }else{
        $("#pwdTips").text("不可用!").removeClass("greyColor").removeClass
        ("greenColor").addClass("redColor");
    }
})

$("#repwd").blur(function(){
    var pwd=$("#password").val();
    var repwd=$("#repwd").val();
    pwd==repwd ? new function(){$("#repwdTips").text("  "); bool3=true;} :
    $("#repwdTips").text("两次密码不相同").css("color","red") ;
})

$("#register").click(function(){
    if(bool1==true && bool2==true && bool3==true){
        if($("#readed").attr("checked")=="checked"){
        $("#repwdTips").load("/ajax/register.php",{"username":$("#
        username").val(),
```

```
        "password":$("#password").val()},function(){
            alert("Register success !");
            location.href='../login.html';
        });
        }else{
            alert('请阅读服务条款!');
        }
    }
})

})
</script>
```

网页运行后的效果如图 12-17 所示。

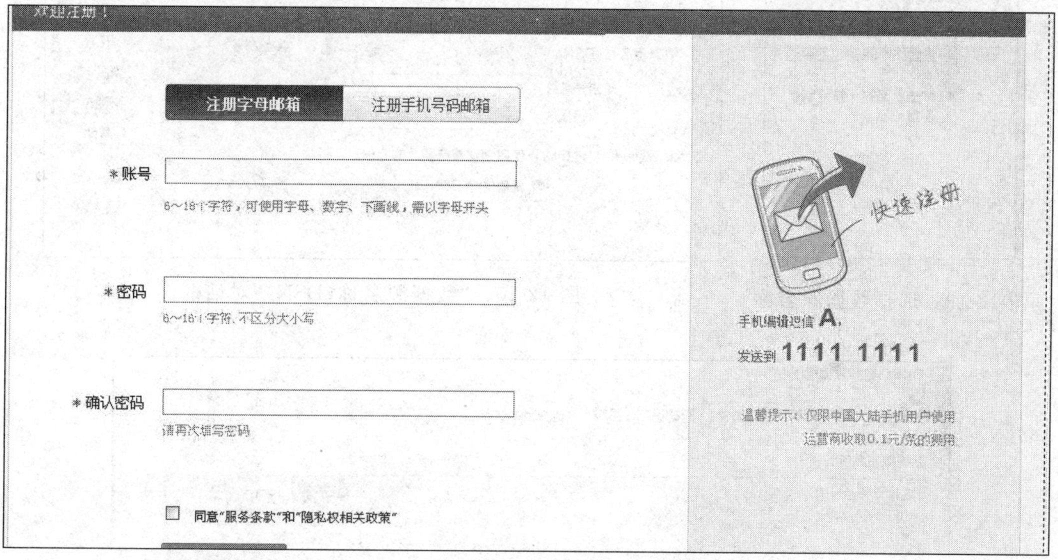

图 12-17　注册页面效果

2. 链接数据库

(1) 选择文档类型

在 Dreamweaver CC 2018 窗口中,在菜单栏中选择"窗口"→"扩展"命令,在弹出的"数据库"对话框中选择"2. 选择一种文档类型",在弹出的"选择文档类型"对话框中进行如图 12-18 所示的选择后,单击"确定"按钮,完成文档类型的选择。

(2) 选择数据源

完成了文档类型的选择后,在"数据库"选项卡中出现如图 12-19 中的黑色"十字"处于可选择状态,单击该黑色十字右下角并选择"数据源名称(DSN)"选项。

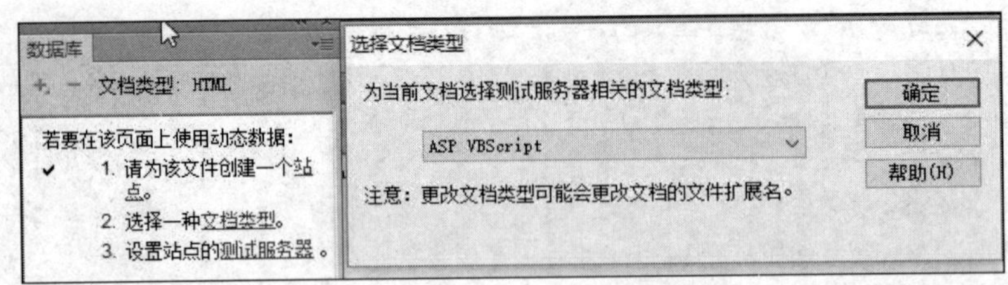

图 12-18　选择文档类型

弹出如图 12-20 所示的“数据源名称(DSN)”对话框,单击“定义”按钮,弹出如图 12-21 所示的界面。

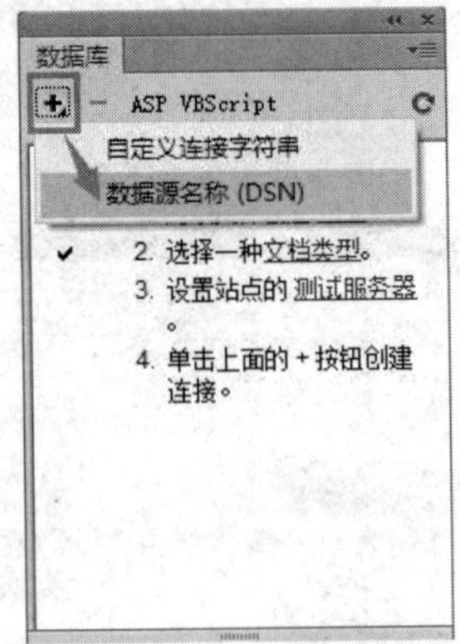

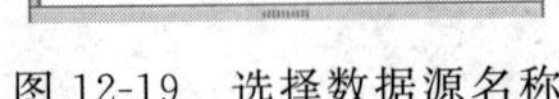
图 12-19　选择数据源名称

图 12-20　“数据源名称(DSN)”对话框

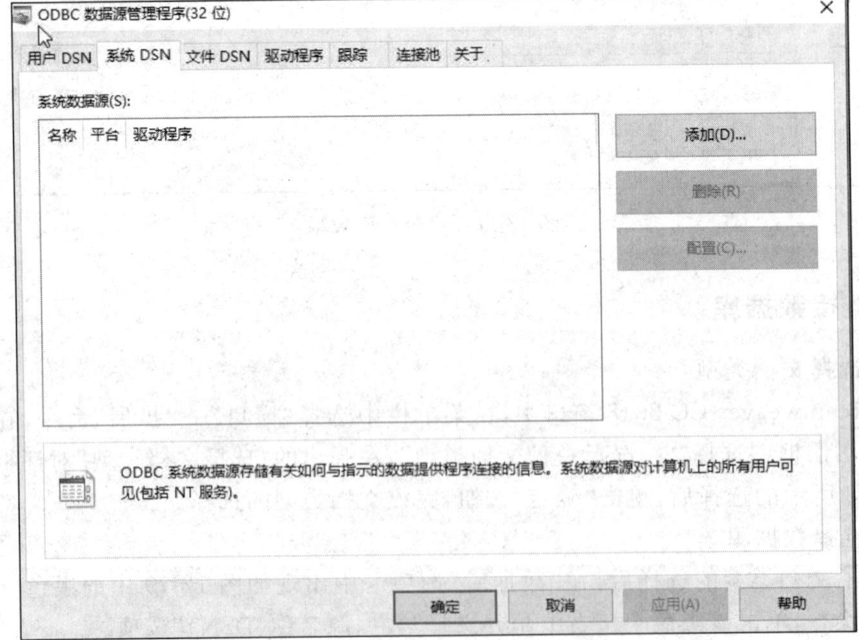

图 12-21　打开“系统 DSN”选项卡

在该界面中选择“系统 DSN”选项卡，在该选项卡中单击“添加”按钮。

在弹出的对话框中进行如图 12-22 所示的选择。

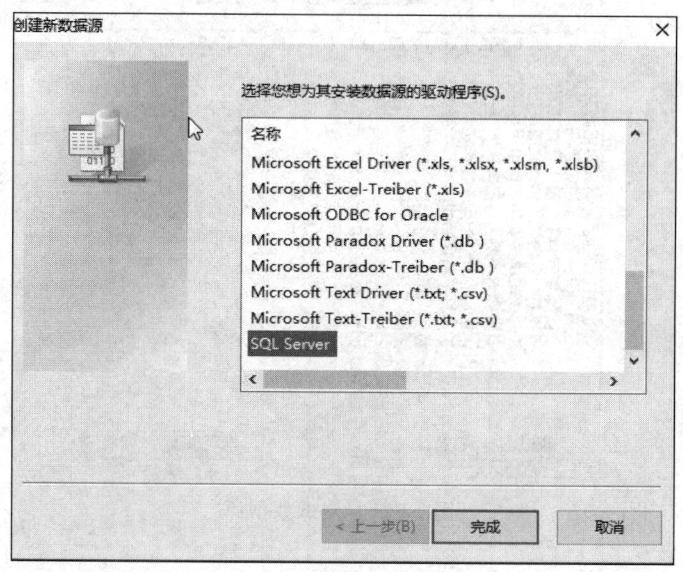

图 12-22　“创建新数据源”对话框

(3) 设置并测试数据源

在弹出的对话框中进行如图 12-23 所示的设置。

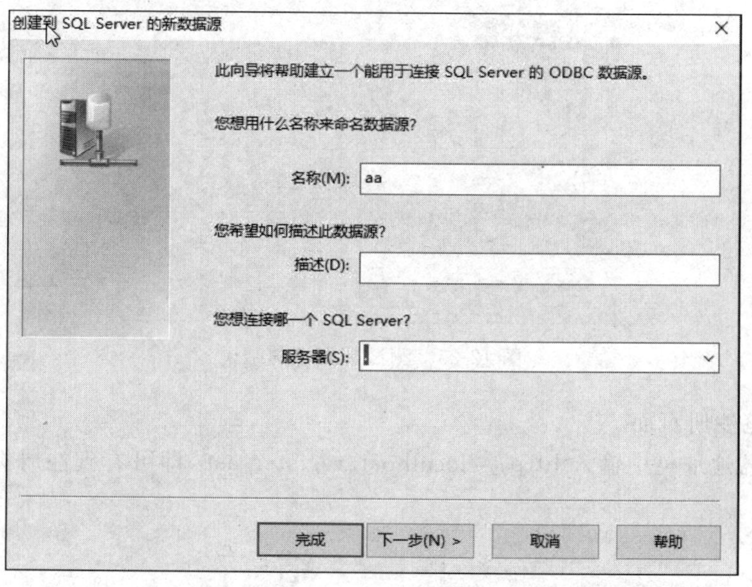

图 12-23　设置数据源

单击“下一步”按钮后，出现如图 12-24 所示的对话框，在该对话框中单击“测试数据源”按钮(测试数据源的选择是否正确)，然后弹出测试结果，如图 12-25 所示。

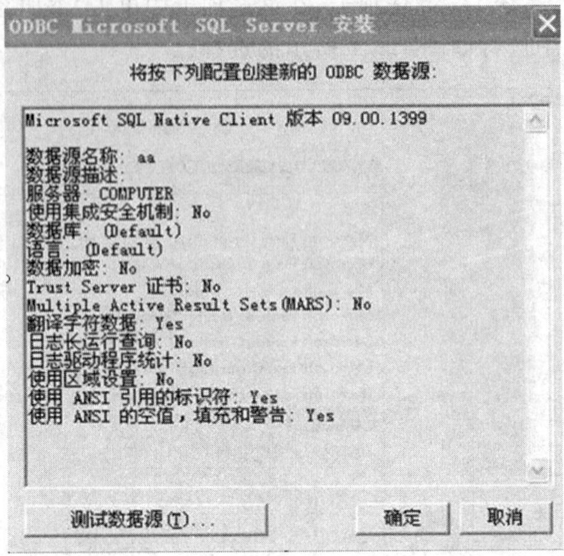

图 12-24　测试数据源

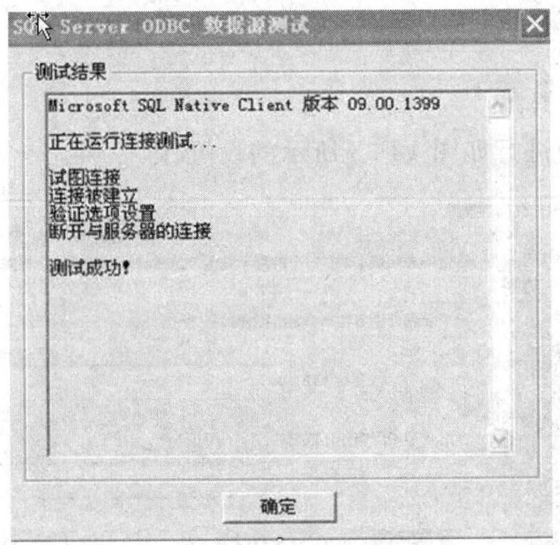

图 12-25　测试数据源的结果

(4) 预览注册页面

在浏览器地址栏中输入 http://localhost/register.asp,即可看到注册页面了。

小　结

网页中的行为实际上是一段程序,用来完成某些网页特效。本项目介绍了 Dreamweaver 中常见行为的使用。

动态网页是与静态网页相对应的,对于网站来说,动态网页主要能实现交互效果。本项目详细介绍了动态网页的特征及相关技术、搭建服务器和网页连接数据库的设计。

思考与练习

1. 思考题

(1) 行为是什么?

(2) JavaScript 与 HTML 有何区别?

(3) spry 构件由哪三部分组成?

(4) 动态网页的后缀名是什么?

(5) 为什么要搭建服务器平台?

2. 操作题

参照任务 12.1 和任务 12.2 制作如图 12-26 所示的网页和如图 12-27 所示的注册页面。

图 12-26　通过 JavaScript 实现图片切换效果

注册会员

用 户 名:

密　码:

确定密码:

E-mail:

图 12-27　制作注册页面

项目13 完善网站

项目描述

网站开发完成后要上传到网络服务器上，才能让其他人通过浏览器进入网站浏览。发布网站通常经由FTP进行，Dreamweaver内建FTP功能，可以方便地把网站内容送出去，并且提供了一些好用的网站内部管理功能。

知识目标

- 掌握网站的测试方法。
- 掌握网站的上传方法。
- 了解域名的申请和设计方法。
- 了解网站的维护和更新方法。

技能目标

- 学会测试网站。
- 学会上传网站。

任务13.1 网站的测试

任务描述

网站开发完成后，必须经过多次测试才能发布，以避免错误的发生。测试网站通常包括以下四方面：性能测试、安全性测试、基本测试和网站优化测试。

相关知识与技能

1. 性能测试

(1) 连接速度测试。用户连接到电子商务网的速度与上网方式有关，或许是电话拨号，或许是宽带上网。

(2) 负载测试。负载测试是在某一负载级别下检测电子商务系统的实际性能。也就是能允许多少个用户同时在线。可以通过相应的软件在一台客户机上模拟多个用户来测试负载。安排多个用户访问网站，让网站在高强度、长时间的环境中进行测试。测试内容主要有：网站在多个用户访问时，访问速度是否正常；网站所在服务器是否会出现内存溢出；CPU 资源占用是否正常。

(3) 压力测试。压力测试是测试系统的限制和故障恢复能力，也就是测试电子商务系统会不会崩溃。

2. 安全性测试

人们经常需要对网站的安全性方面(服务器安全或脚本安全)可能存在的漏洞进行测试，或对攻击性及错误性进行测试。也可以对电子商务的客户服务器应用程序、数据、服务器、网络、防火墙等进行测试。

3. 基本测试

基本测试包括色彩的搭配、连接的正确性、导航的方便和正确性、CSS 应用的统一性。测试内容主要有：评价每个页面的风格、颜色搭配、页面布局、文字的字体与大小等方面，并确认网站的整体风格是否统一、协调；各种链接所放的位置是否合适；页面切换是否简便；对于当前可用访问位置是否有明确提示信息等。

4. 网站优化测试

好的电子商务网站主要是看它是否经过搜索引擎优化了，并测试网站的架构、网页的栏目与静态情况等。

任务实现

1. 测试网页

本阶段的测试内容包括 HTML 源代码是否规范完整，网页中程序的逻辑是否正确，是否存在空链接、链接错误等。

(1) 检查链接

利用 Dreamweaver CC 2018 提供的“链接检查器”可以方便地检查错误链接，方法如下：打开珠海航展的首页，在 Dreamweaver CC 2018 主窗口中依次选择“文件”→“检查页”→“链接”命令，弹出如图 13-1 所示的界面，在该界面中选择“检查整个当前本地站点的链接”，检查结果如图 13-2 所示。

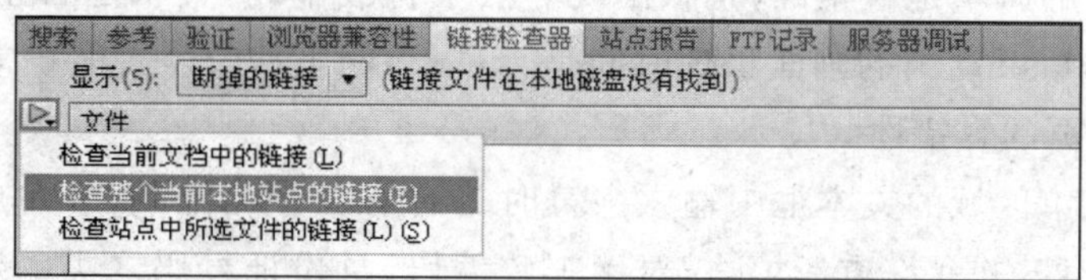

图 13-1　检查链接

从图 13-2 中可以看出该站点的链接文件有错误，进行修改后还需要再检查链接，直到没有孤立文件为止。

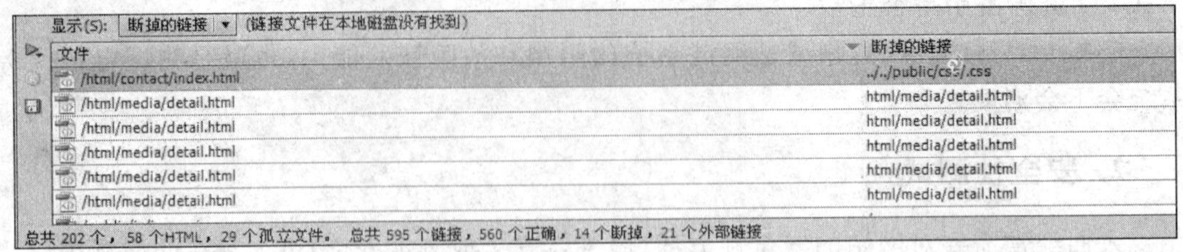

图 13-2 检查链接的结果

- 孤立文件：网站经过多次更新，难免会留下一些用不到的文件，这时就可以将这些孤立的文件删除，以免占用网页空间，因为这些文件在发布时都会被送到服务器上。
- 断掉的链接：显示错误的超链接，可能指定的链接文件已不在或文件名改变了。

(2) 检查目标浏览器的兼容性

由于浏览者的浏览器类型或版本会有所不同，导致用不同浏览器浏览同一网页时显示的效果也会有所不同。网页中的图像、文本等元素在不同的浏览器中显示的效果差别不大，但是CSS样式、行为等元素在不同的浏览器中可能差异很大。

打开珠海航展的首页，在 Dreamweaver CC 2018 主窗口中依次选择"文件"→"检查页"→"浏览器兼容性"命令，在当前文档下方出现的检查结果如图 13-3 所示。

图 13-3 检查浏览器兼容性的结果

2. 测试本地站点

本阶段测试内容包括：检查链接、检查页面效果、检查网页的容错性。

(1) 检查链接

检查链接的方法同网页测试。

(2) 检查页面效果

检查网页中的脚本是否正确，是否出现非法字符或乱码，文字是否正常，是否有显示不出来的图片，Flash 动画的画面出现时间是否过长，网页特效是否能正常显示等。

(3) 检查网页的容错性

检查网页表单区域的文本框中输入字符时是否有长度的限制；表单中填写信息出错时是否有提示信息，并允许重新填写；对于邮政编码、身份证号码之类的数据是否有长度限制等。

任务13.2　申请域名和空间

任务描述

网站设计完成后经过本地站点测试，要将它发布到Internet上，首先需要申请一个域名和空间。空间申请是动态的，可以用不同语言编写，如ASP、PHP、JSP，相应的空间支持和价格也是不同的。域名在哪里申请都是一样的，价格也是比较透明的。

相关知识与技能

1. 申请域名

(1) 域名的概念

域名(Domain Name)是由一串用点分隔的名字组成的，是Internet上提供给用户访问某网站或网页的路径，用于在数据传输时标识计算机的电子方位(有时也指地理位置)。国际域名管理机构是采取“先申请、先注册、先使用”的方式，只需要缴金额不高的注册年费并持续注册，就可以持有域名的使用权。由若干个字母和数字组成，由“.”分隔成几部分，例如，www.baidu.com就是一个域名。

“域名申请”是为保证每个网站的域名或访问地址是独一无二的，需要向统一管理域名的机构或组织注册或备档的一种行为。也就是说，为了保证网络安全和有序，网站建立后为其绑定一个全球独一无二的域名或访问地址，必须向全球统一管理域名的机构或组织去注册或者备档才可使用。

由于域名是网站必不可少的“门牌号”，域名可用于网站地址访问、电子邮箱、品牌保护等用途，所以很多企业或个人会进行域名申请。

(2) 域名种类

域名最高级别为顶级域名。顶级域名又分为通用顶级域名和国家顶级域名(有时也称为国家代码域名)。

通用顶级域名又分以下两类：.biz、.com、.edu、.gov、.info、.int、.mil、.name、.net、.org、.pro等域名一般无赞助；.aero、.cat、.coop、.jobs、.museum、.travel、.mobi、.asia、.tel等域名一般需要赞助。

(3) 域名注册

一般来说，通用顶级域名的管理机构都仅制定域名政策，而不涉及用户注册事宜，这些机构会将注册事宜授权给通过审核的顶级注册商，再由顶级注册商向下授权给其他二、三级代理商。

国家顶级域名的注册就比较复杂，除了遵循前述规范外，部分国家会将域名转包给某些公司管理，也有管理机构兼顶级注册商的情况。

（4）中文域名

中文域名就是以中文表现的域名。由于互联网起源于美国，使得英文成为互联网上资源的主要描述性文字，这一方面促进了互联网技术和应用的国际化；另一方面随着互联网的发展，特别是在非英文国家和地区的普及，英文又成为非英语文化地区人们融入互联网世界的障碍。

中文域名是含有中文的新一代域名，同英文域名一样，是互联网上的“门牌号码”。中文域名在技术上符合 2003 年 3 月 IETF 发布的多语种域名国际标准（RFC 3454、RFC 3490、RFC 3491、RFC 3492）。中文域名属于互联网上的基础服务，注册后可以对外提供 WWW、E-mail、FTP 等应用服务。

（5）域名的申请步骤

① 准备申请资料：com 域名无须提供身份证、营业执照等资料，2012 年 6 月 3 日起，cn 域名已开放个人申请注册，所以申请只需要提供身份证或企业营业执照即可。

② 寻找域名注册商：找一个信誉、质量、服务、稳定性都很好的空间域名网站，在这个网站上注册一个用户名。由于 com、cn 域名等不同后缀均属于不同注册管理机构所管理，如要注册不同后缀域名，则需要从注册管理机构寻找经过其授权的顶级域名注册服务机构。如 com 域名的管理机构为 ICANN（The Internet Corporation for Assigned Names and Numbers，互联网名称与数字地址分配机构），cn 域名的管理机构为 CNNIC（China Internet Network Information Center，中国互联网络信息中心）。域名注册查询商已经通过 ICANN、CNNIC 双重认证，则无须分别到其他注册服务机构申请域名。

③ 查询域名：在注册商网站选择要注册的域名，再进行域名注册查询。

④ 正式申请：查到想要注册的域名，并且确认域名为可申请的状态后，提交注册，并缴纳年费。

⑤ 申请成功：域名正式申请成功后，即可开始进入 DNS 解析管理来设置解析记录等操作。

域名申请成功后会有域名证书，域名证书是备案必需品，可以向域名服务商索要，《国际域名注册证书》是由国际顶级域名权威机构 ICANN 授权颁发，《中国国家顶级域名证书》是由 CNNIC 提供。

（6）其他

① 审批时间：国内域名的申请由于要备案，首先需要在网上提交，提交成功后还需要提供正式的域名申请表、企业营业执照副本复印件、介绍信和承办人身份证复印件等材料，然后需要经过人工审批，一般需要一个月的时间。

② 域名实名认证：很多域名服务商要求对域名进行实名认证，具体情况如下。

- 域名持有者为法人组织的，应提交组织机构代码证（复印件或扫描件）、注册联系人身份证（复印件或扫描件）。
- 域名持有者为非法人单位，没有组织机构代码证的，应提交营业执照（复印件或扫描件）、注册联系人身份证（复印件或扫描件）。

• 域名持有者为个人的，应提交持有人身份证（复印件或扫描件）。

国内域名是由中国互联网络信息中心管理和注册的，其网址是 http://www.cnnic.net.cn/index.htm，如图 13-4 所示。

图 13-4　中国互联网络信息中心首页

2. 申请空间

（1）网站空间

网站实际上是建立在网络服务器上的一组 Web 文件，而这些文件需要占据一定的硬盘空间，这就是通常所说的网站空间。

一个网站到底需要多大的空间呢？这是企业做网站十分关心的问题。一般情况下，企业网站的空间比较小，需要 80～100MB，其中基本 HTML 网页文件和网页图片需要 1～3MB 的空间，产品照片和各种介绍性页面的大小一般为 10MB 左右，另外，企业需要存放反馈信息和备用文件的空间，再加上一些剩余的硬盘空间（避免数据丢失）。如果是影视、在线听歌类等娱乐性质的网站，则需要大一些的空间，通常大型网站都用自己的服务器。

（2）空间类型

① 免费网站空间：不需要付费，但同时不支持应用程序技术和数据库技术。

② 使用虚拟主机：选择以虚拟主机空间作为放置网站内容的网站空间，通过支付一定的费用向网站托管服务商租用虚拟主机。虚拟主机空间价格最低，但仅能满足小部分中小企业要求。

③ 租用专用服务器：用户无须自己购买服务器，只需根据自己业务的需要提出对硬件配置的要求。用户采取租用的方式，安装相应的系统软件及应用软件以实现用户独享专用高性能服务器，实现 Web＋FTP＋E-mail＋VDNS 全部网络服务功能，用户的初期投资减轻了，可以更专注于自己业务的发展。

④ 购买服务器：对于访问量比较大的网站，需购买专用服务器，这样不会产生网络堵塞。

任务实现

（1）可以通过百度、搜狗等网站搜索提供免费空间的网站，输入“申请免费的主页空间”，即可出现相应的信息。在搜索结果中，选择申请免费空间链接，如图 13-5 所示。

（2）在该页面中的“免费空间”中单击，开始免费体验，如图 13-6 所示。

（3）接着弹出注册用户页面，在该页面中填好资料，单击“注册”按钮，如图 13-7 所示。

（4）注册成功并登录后，单击“产品”→“我的域名”选项区中的“注册域名”按钮，如图 13-8 所示，弹出的页面如图 13-9 所示，单击“立即开通”选项后再单击“确定”按钮，再关注微信即可。

（5）成功关注公众号后，刷新页面，弹出如图 13-10 所示的页面；单击“点击一键初始化”按钮，弹出如图 13-11 所示的域名详细信息，在该页面中选择“管理”并设置 FTP 密码，如图 13-12 所示。

（6）在图 13-11 中单击 http://ftp6255209.host707.zhujiwu.me，在图 13-13 中输入新设置的 FTP 密码，弹出如图 13-14 所示的页面。

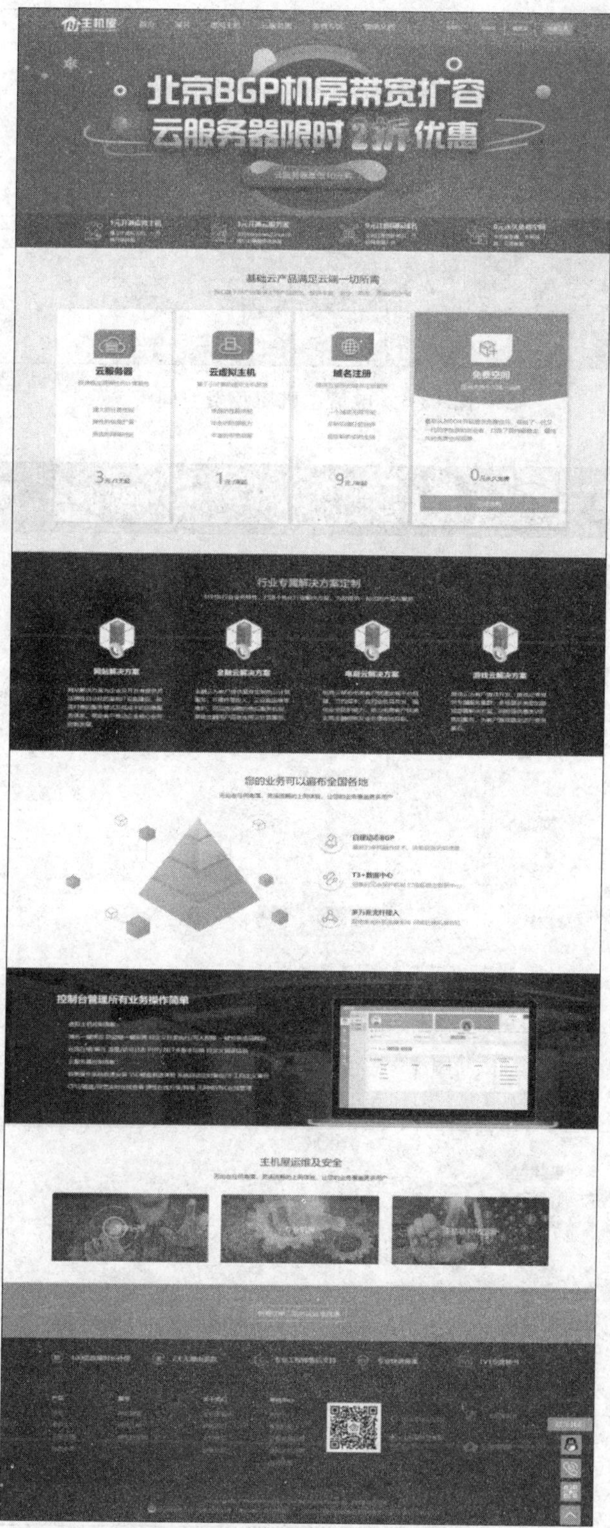

图 13-5 免费空间网站首页

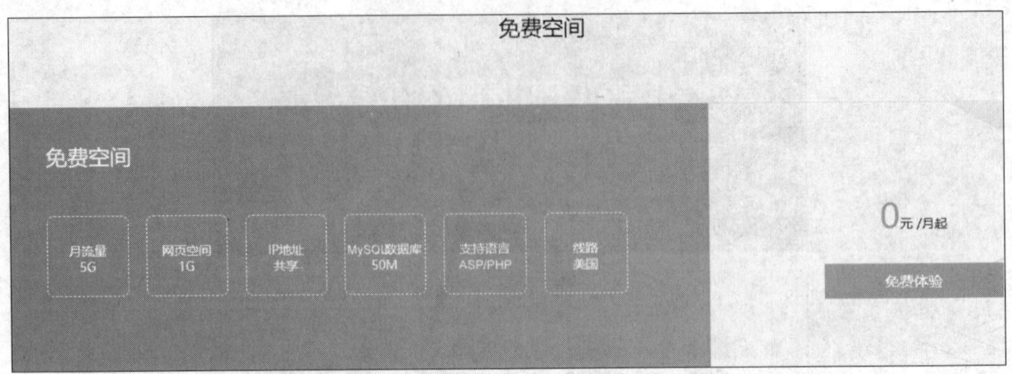

图 13-6　申请主机屋免费空间

图 13-7　注册申请免费空间

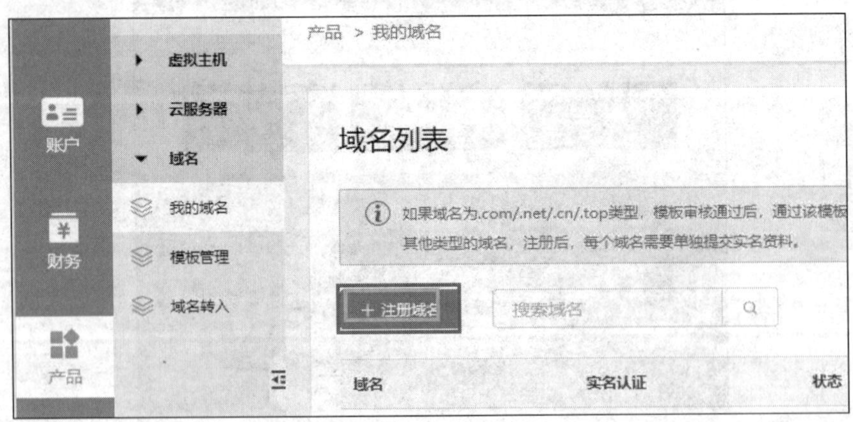

图 13-8　注册域名

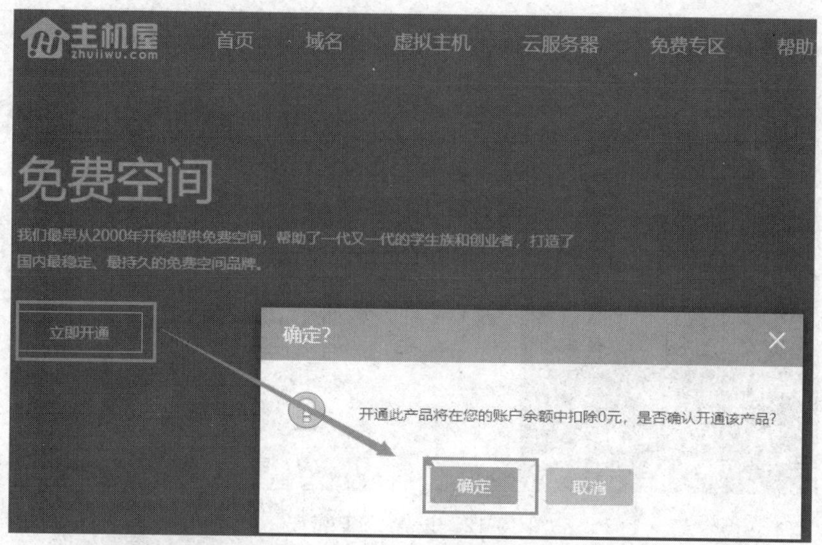

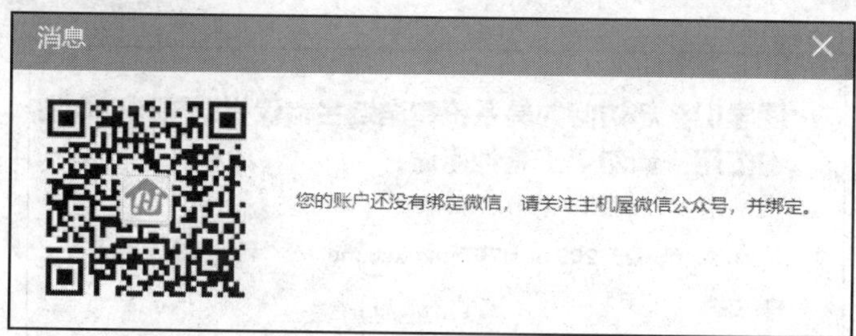

图 13-9　开通免费域名

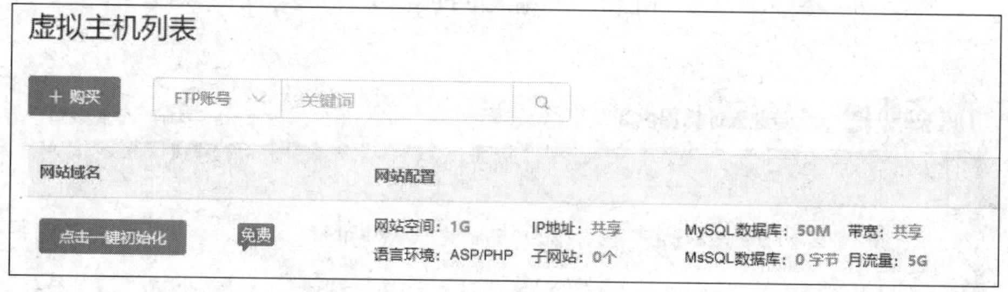

图 13-10　免费域名信息

图 13-11　免费域名的详细信息

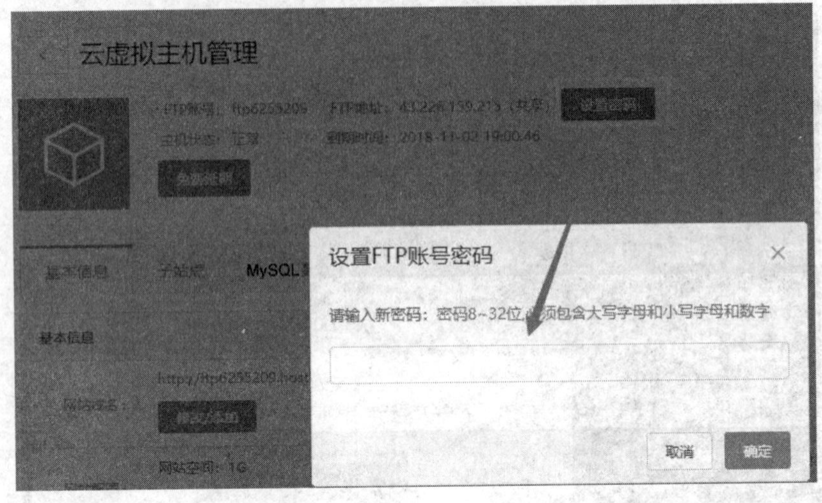

图 13-12　设置 FTP 密码

图 13-13　输入 FTP 密码

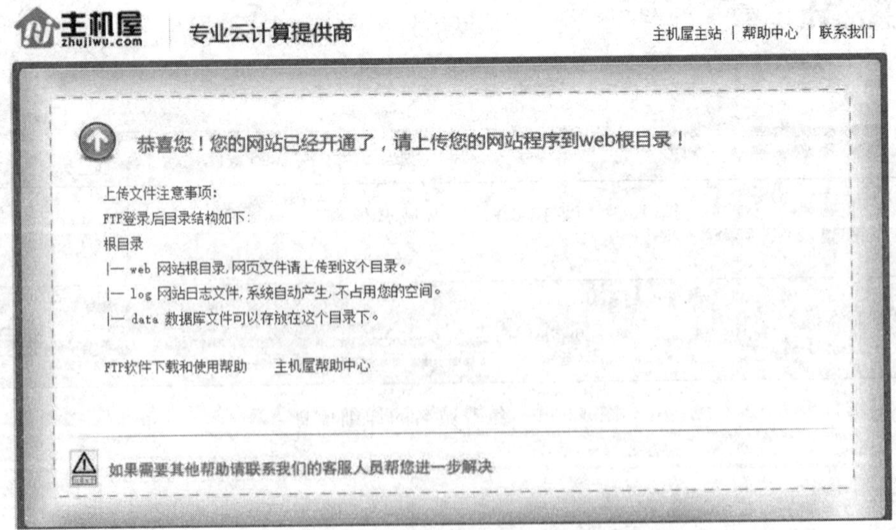

图 13-14　免费域名开通信息

任务 13.3　网站的上传和维护

任务描述

申请域名和空间后，本地站点建立的文件可以通过 FTP 协议上传到远程的 FTP 或 Web 服务器上，那网站也就成为真正的网站了。主要是通过 FTP 软件工具连接到 Internet 服务器进行上传。

相关知识与技能

1. FTP 协议

(1) FTP 的概念

FTP 是 TCP/IP 协议组中的协议之一，是英文 File Transfer Protocol 的缩写。该协议是 Internet 文件传送的基础，它由一系列规格说明文档组成，目标是提高文件的共享性，提供非直接使用远程计算机，使存储介质对用户透明和可靠高效地传送数据。简单地说，FTP 就是完成两台计算机之间的文件复制，从远程计算机复制文件至自己的计算机上，称为"下载"(download)文件。若将文件从自己计算机中复制至远程计算机上，则称为"上传"(upload)文件。在 TCP/IP 协议中，FTP 标准命令 TCP 端口号为 21，Port 方式数据端口为 20。

(2) 服务器

同大多数 Internet 服务一样，FTP 也是一个客户/服务器系统。用户通过一个客户机程序连接至在远程计算机上运行的服务器程序。依照 FTP 协议提供服务，进行文件传送的计算机就是 FTP 服务器；而连接 FTP 服务器、遵循 FTP 协议与服务器传送文件的计算机就是 FTP 客户端。用户要连上 FTP 服务器，就要用到 FTP 的客户端软件，通常 Windows 自带 ftp 命令，这是一个命令行的 FTP 客户程序，另外常用的 FTP 客户程序还有 FileZilla、CuteFTP、WS-FTP、FlashFXP、LeapFTP、流星雨-猫眼等。

(3) 用户授权

① 授权。要连上 FTP 服务器(即"登录")，必须要有该 FTP 服务器授权的账号，即只有在有了一个用户标识和一个口令后才能登录 FTP 服务器，享受 FTP 服务器提供的服务。

② FTP 地址格式。ftp://用户名:密码@FTP 服务器 IP(或域名):FTP 命令端口/路径/文件名

上面的参数除 FTP 服务器 IP 或域名为必要项外，其他都不是必需的。如以下地址都是有效 FTP 地址。

```
ftp://foolish.6600.org
```

```
ftp://list:list@ foolish.6600.org
```

③ 匿名。互联网中有很大一部分 FTP 服务器被称为“匿名”(Anonymous)FTP 服务器。这类服务器的目的是向公众提供文件复制服务,不要求用户事先在该服务器进行登记注册,也不用取得 FTP 服务器的授权。匿名 FTP 一直是 Internet 上获取信息资源的最主要方式,在 Internet 成千上万的匿名 FTP 主机中存储着无数的文件,这些文件包含了各种各样的信息,如 Red Hat、Autodesk 等公司的匿名站点。

(4) 传输模式

FTP 协议的任务是从一台计算机将文件传送到另一台计算机,它与这两台计算机所处的位置、连接的方式甚至与是否使用相同的操作系统无关。假设这两台计算机通过 FTP 协议对话,并且能访问 Internet,则可以用 ftp 命令来传输文件。每种操作系统在使用上有一些细微差别,但是每种协议基本的命令结构是相同的。

FTP 的传输有两种模式:ASCII 传输模式和二进制传输模式。

① ASCII 传输模式。假定用户正在复制的文件包含简单的 ASCII 码文本,如果在远程机器上运行的是不同的操作系统,当文件传输时,FTP 通常会自动地调整文件的内容以便把文件解释成另外那台计算机存储文本文件的格式。但是常常有这样的情况,用户正在传输的文件包含的不是文本文件,它们可能是程序、数据库、字处理文件或者压缩文件(尽管字处理文件包含的大部分是文本,其中也包含有指示页尺寸、字库等信息的非打印字符)。

在复制任何非文本文件之前,用二进制命令告诉 FTP 逐字复制,不要对这些文件进行处理,这也是下面要讲的二进制传输模式。

② 二进制传输模式。在二进制传输中要保存文件的位的顺序,以便原始内容和复制的内容是逐位一一对应的,即使目标机器上包含位序列的文件是没意义的。例如,Macintosh 以二进制方式传送可执行文件到 Windows 系统,在对方系统上,此文件不能执行。

如果在 ASCII 方式下传输二进制文件,即使不需要也仍会转译。这会使传输稍微变慢,也会损坏数据,使文件变得不能用。(在大多数计算机上,ASCII 传输模式一般假设每一字符的第一有效位无意义,因为 ASCII 字符组合不使用它。如果传输二进制文件,则所有的位都是重要的。)如果知道这两台机器是同样的,则二进制传输模式对文本文件和数据文件都是有效的。

(5) 工作方式

FTP 支持两种模式,一种模式叫作 Standard (也就是 Port 模式,主动方式);另一种模式是 Passive(也就是 PASV,即被动方式)。Standard 模式下 FTP 的客户端发送 port 命令到 FTP 服务器。Passive 模式下 FTP 的客户端发送 pasv 命令到 FTP 服务器。

下面介绍这两种模式的工作原理。

① Port 模式。FTP 客户端首先和 FTP 服务器的 TCP 21 端口建立连接,通过这个通道发送命令。客户端需要接收数据的时候在这个通道上发送 port 命令。port 命令包含了客户端用什么端口接收数据。在传送数据的时候,服务器端通过自己的 TCP 20 端

口连接至客户端的指定端口并发送数据。FTP 服务器必须和客户端建立一个新的连接来传送数据。

② Passive 模式。在建立控制通道的时候，该模式和 Standard 模式类似，但建立连接后发送的不是 port 命令，而是 pasv 命令。FTP 服务器收到 pasv 命令后，随机打开一个高端端口（端口号大于 1024），并且通知客户端在这个端口上传送数据的请求。客户端连接 FTP 服务器至此端口，然后 FTP 服务器将通过这个端口进行数据的传送，这个时候 FTP 服务器不再需要建立一个新的和客户端之间的连接。

2. Dreamweaver 内置 FTP

利用 Adobe Dreamweaver CC 2018 中改善的多线程 FTP 传输工具，可以更加快速高效地上传网站文件，缩短网站的制作时间。

3. 网站维护

一个好的网站需要定期或不定期地更新内容，才能不断地吸引更多的浏览者，增加访问量。网站维护是为了使网站能够长期稳定地运行在 Internet 上。网站维护的基本内容如下：

（1）服务器及相关软硬件的维护。对可能出现的问题进行评估，制定响应时间。

（2）数据库维护。有效地利用数据是网站维护的重要内容，因此要重视数据库的维护。

（3）内容的更新、调整等。

（4）制定网站维护的相关规定，将网站维护制度化、规范化。

（5）做好网站安全管理，防范黑客入侵网站，检查网站的各个功能，并检查链接是否有错。

任务实现

1. 设置远程服务器站点

（1）在当前文档窗口中，选择菜单栏中的“站点”→“管理站点”命令，打开“管理站点”对话框，如图 13-15 所示。

（2）在“管理站点”对话框中单击“编辑”按钮，弹出“站点对象设置”对话框，单击在该对话框的“服务器”类别，单击“添加新服务器”按钮，如图 13-16 所示。

（3）在弹出的对话框中进行如图 13-17 所示的设置。

（4）单击“保存”按钮并关闭对话框，返回“管理站点”对话框，再单击“完成”按钮即可。

2. 连接服务器

定义了远程服务器后，还需要建立本地站点和远程服务器，也就是 Internet 服务器的连接，才能上传本地站点文件。

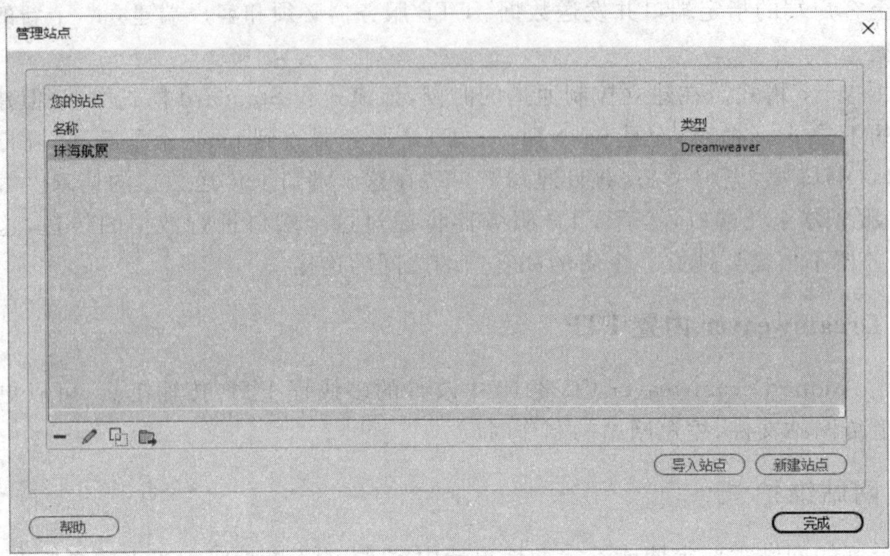

图 13-15 “管理站点”对话框

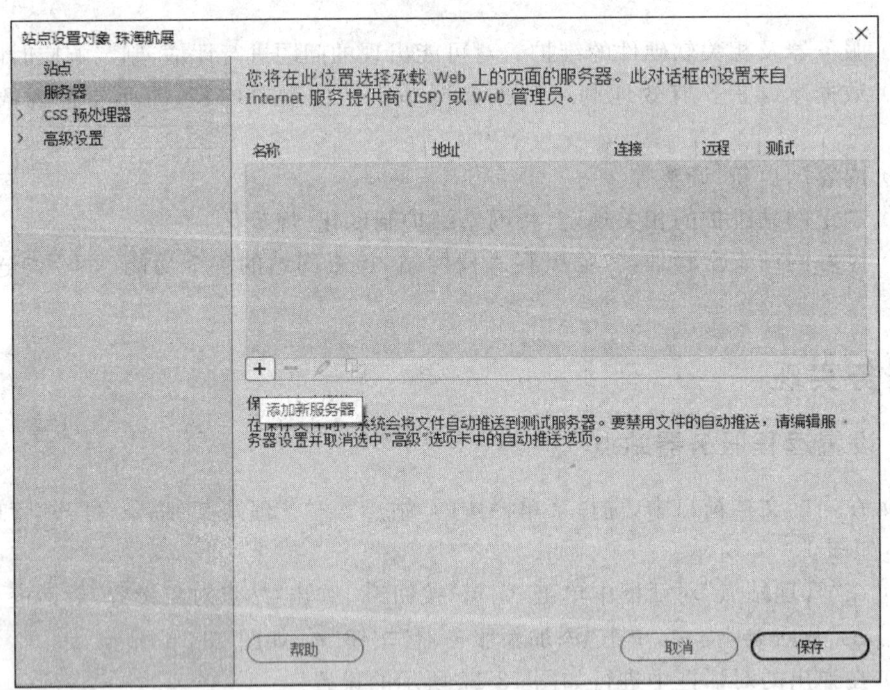

图 13-16 添加新服务器

(1) 在当前文档窗口中，依次选择菜单栏中的“窗口”→“文件”命令，弹出本地站点文件窗口，如图 13-18 所示。

(2) 单击“连接到远程服务器”按钮，则在站点窗口的远程站点窗格中显示主机的目录，它将作为远程站点的根目录。

(3) 在站点窗口中选择本地站点，单击“上传”按钮，本地站点中的所有文件将逐个上传到远程站点。

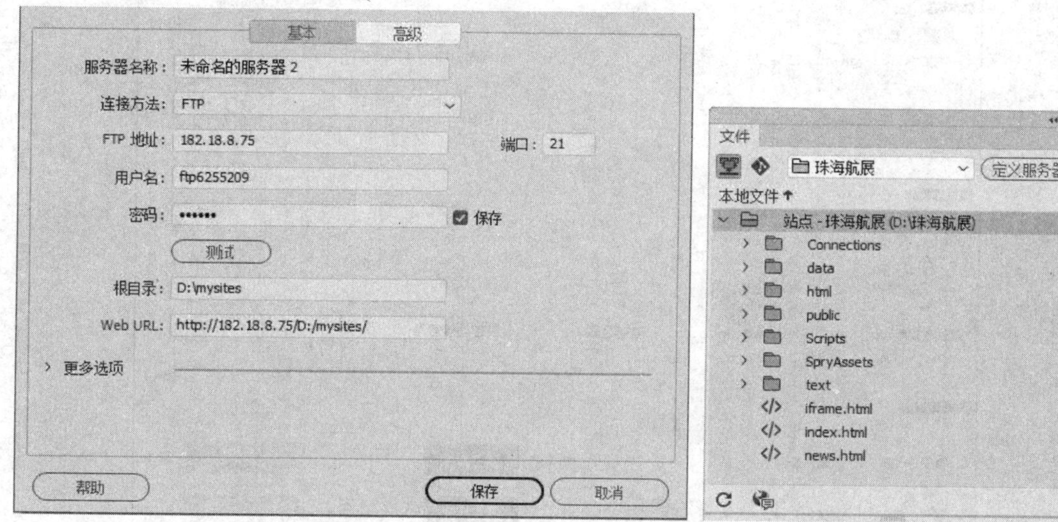

图 13-17　设置服务器

图 13-18　本地站点文件窗口

3. 网站的维护

对于一个网站来说，数据库的维护是十分重要的。一般情况下，小型网站只需要定时备份；大型网站除了需要定时备份，还要进行数据压缩、数据安全漏洞检查、数据库设计结构调整和优化、索引查询优化及软硬件升级等。

(1) 登录到已经申请的免费空间，选择“MySQL 数据库”选项，弹出如图 13-19 所示的界面。在该界面中可以进行密码设置、数据库的备份与还原、数据库初始化及高级管理等操作。

(2) 密码设置如图 13-20 所示，密码长度要求是 8 位数以上。如果想修改为其他密码，单击“马上修改”按钮即可。

(3) 备份还原就是对数据库进行备份，如果某一时间段，网站因为不能正常运行，则可以通过备份操作将数据库还原到可运行的时间段。在备份数据库之前单击“开启数据库 FTP”按钮，然后可以对当前网站数据库进行备份，如图 13-21 所示。

(4) 在数据库管理界面中选择“高级管理”选项，弹出如图 13-22 所示的界面，可对数据库中数据表及数据字段进行相应的修改和删除操作，同时还能查询、增加和删除当前数据库中的数据，如图 13-23 所示。

单击“执行”按钮后，出现如图 13-24 所示的查询结果。

还可以在没有创建数据表的数据库中添加相应的数据表。单击“新建数据表”按钮，界面如图 13-25 所示，在该界面中创建相应的数据表，创建完成后单击“保存”按钮。

图 13-19　网站数据库的管理

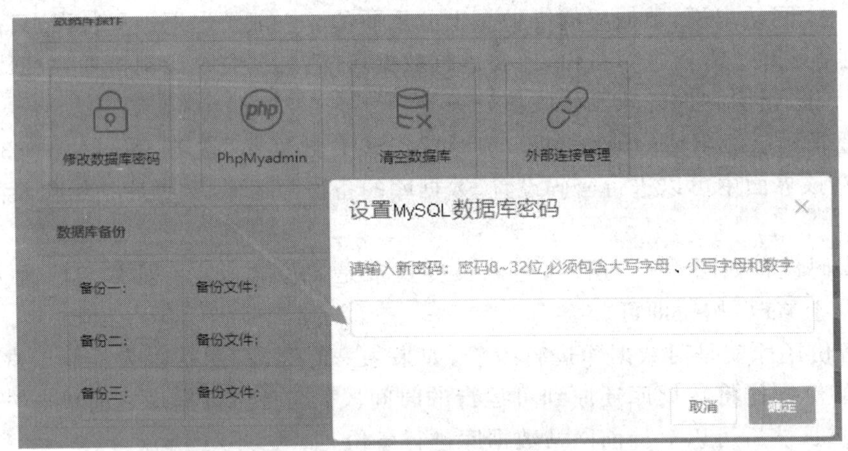

图 13-20　设置网站数据库密码

数据库备份

备份一：	备份文件：1.sql（2018-10-03 20:22:05）	建立备份	从备份中还原
备份二：	备份文件：2.sql（2018-10-03 20:22:45）	建立备份	从备份中还原
备份三：	备份文件：	建立备份	从备份中还原

图 13-21　备份及还原数据库

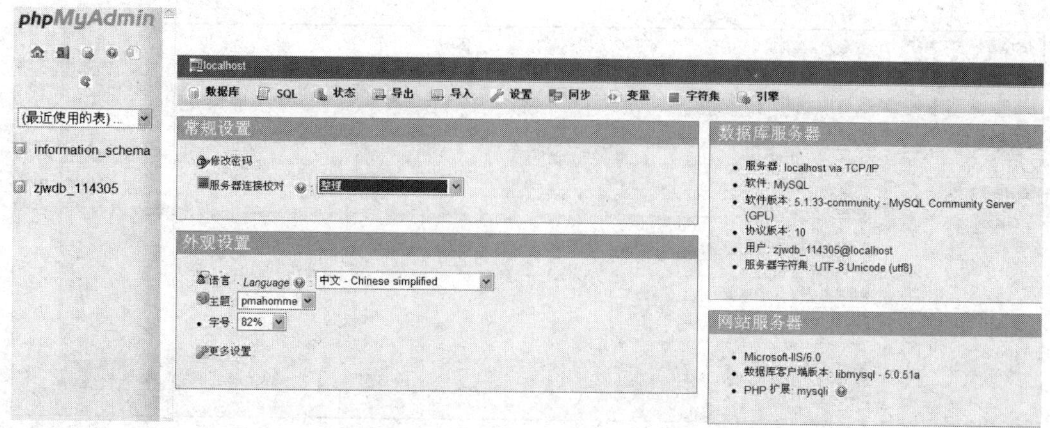

图 13-22　数据库高级管理

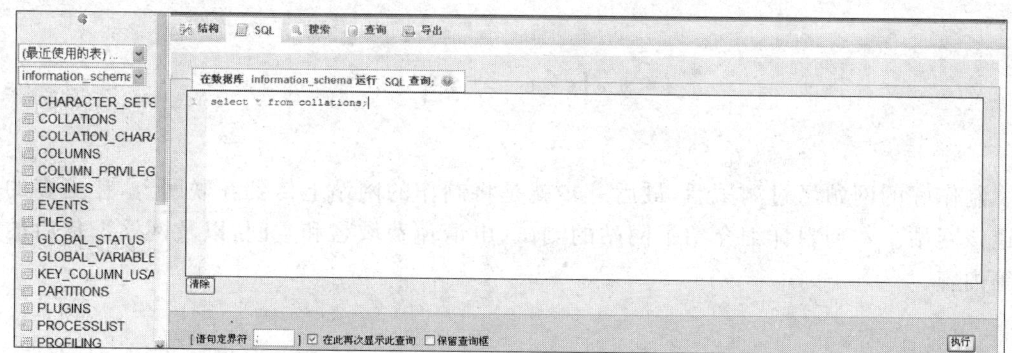

图 13-23　数据库高级管理中的查询数据

+选项

COLLATION_NAME	CHARACTER_SET_NAME	ID	IS_DEFAULT	IS_COMPILED	SORTLEN
big5_chinese_ci	big5	1	Yes	Yes	1
big5_bin	big5	84		Yes	1
dec8_swedish_ci	dec8	3	Yes	Yes	1
dec8_bin	dec8	69		Yes	1
cp850_general_ci	cp850	4	Yes	Yes	1
cp850_bin	cp850	80		Yes	1
hp8_english_ci	hp8	6	Yes	Yes	1
hp8_bin	hp8	72		Yes	1
koi8r_general_ci	koi8r	7	Yes	Yes	1
koi8r_bin	koi8r	74		Yes	1
latin1_german1_ci	latin1	5		Yes	1
latin1_swedish_ci	latin1	8	Yes	Yes	1
latin1_danish_ci	latin1	15		Yes	1
latin1_german2_ci	latin1	31		Yes	2
latin1_bin	latin1	47		Yes	1
latin1_general_ci	latin1	48		Yes	1
latin1_general_cs	latin1	49		Yes	1
latin1_spanish_ci	latin1	94		Yes	1
latin2_czech_cs	latin2	2		Yes	4
latin2_general_ci	latin2	9	Yes	Yes	1

图 13-24　查询数据的结果

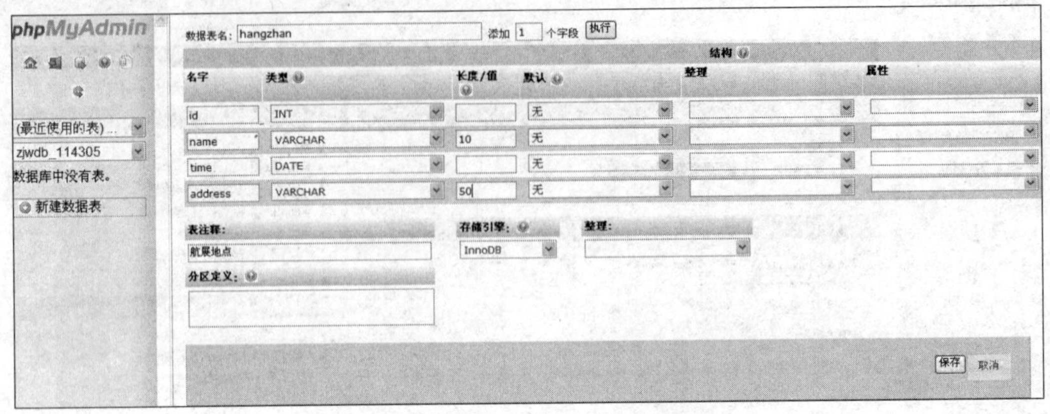

图 13-25　数据库高级管理中的创建数据表

小　　结

制作好的网站经过测试后，最后一步就是将制作的网站上传到互联网上，让更多的人知道该网站。本项目详细介绍了网站的测试、申请免费域名和空间，以及网站上传后的维护等内容。

思考与练习

1. 思考题

(1) 网站测试通常要进行哪些方面的测试？

(2) 为什么要申请域名和空间？

(3) 上传到互联网网站的日常维护主要是什么维护？

2. 操作题

参照任务 13.1 和任务 13.2，完成以下任务。

(1) 完成“酷致网络科技有限公司”网站的测试。

(2) 为“酷致网络科技有限公司”网站申请免费的域名和空间。

(3) 上传“酷致网络科技有限公司”网站到互联网中。

(4) 维护“酷致网络科技有限公司”网站。

项目 14 制作移动设备网页

项目描述

据报告显示，截至 2018 年 6 月底，中国仅智能手机用户就已经达到 7.22 亿人。庞大的移动设备用户群更乐于访问适配了移动设备的网页，这样的现象也使得很多微网站的发展更加趋于完善化。由于用户需求的不断增加，很多的微网站在建设中也随之增加了一定的程序。由于手机网页与 PC 端网页所呈现的尺寸有偏差，所以很多网站在设计的时候，为了更加便于浏览者的感官体验，将网页设计为自动适应计算机和移动设备的屏幕大小。

知识目标

- 掌握使用 jQuery Mobile 创建页面的方法。
- 掌握使用 jQuery UI 创建页面的方法。
- 了解 jQuery、jQuery Mobile 和 jQuery UI。

技能目标

- 学会使用 jQuery Mobile。
- 学会使用 jQuery UI。

任务 14.1 创建 jQuery Mobile 页面

任务描述

Dreamweaver 与 jQuery Mobile 相集成，可以帮助用户快速设计适合大部分移动设备的网页，同时也可以使网页自身适应各类尺寸的设备。前面运用 Dreamweaver 的其他技术创建了航展新闻列表页面，而且是通过 PC 端浏览查看。本实例使用 jQuery Mobile 创建的航展新闻列表页面可以在移动端查看，如图 14-1 所示，同时还可以在 PC 端查看。

相关知识与技能

1. jQuery

jQuery 命令是为了在数据库中寻找特定的文件、网站、数据库记录，由搜索引擎或数据库送出的消息。

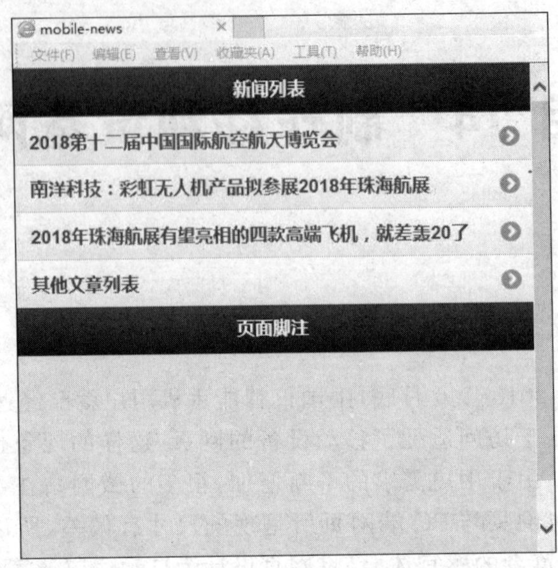

图 14-1　移动端页面

命令格式如下：

```
query user [{UserName | SessionName | SessionID}] [/server:ServerName]
```

参数说明如下。

- UserName：指定待查询用户的登录名。
- SessionName：指定待查询会话的名称。
- SessionID：指定待查询会话的 ID。
- /server：ServerName：指定要查询的终端服务器，否则使用当前终端服务器。在命令提示符下显示帮助。

jQuery 的具体作用如下：

(1) 取得页面中的元素。如果不使用 JavaScript 库，遍历 DOM(Document Object Model，文档对象模型)树，以及查找 HTML 文档结构中某个特殊的部分，必须编写很多行代码。jQuery 为准确地获取需要检查或操纵的文档元素提供了可靠而富有效率的选择符机制。

(2) 修改页面的外观。CSS 虽然为影响文档呈现的方式提供了一种强大的手段，但当所有浏览器不完全支持相同的标准时，单纯使用 CSS 就会显得力不从心。jQuery 可以弥补这一不足，它提供了跨浏览器的标准解决方案。即使在页面已经呈现之后，jQuery 仍然能够改变文档中某个部分的类或者个别的样式属性。

(3) 改变页面的内容。jQuery 能够影响的范围并不局限于简单的外观变化，使用少量的代码，jQuery 就能改变文档的内容。可以改变文本、插入或翻转图像、对列表重新排序，甚至对 HTML 文档的整个结构都能重写和扩充——所有这些只需一个简单易用的 API。

(4) 响应用户的页面操作。即使是最强大和最精心设计的行为,如果无法控制它何时发生,那它也毫无用处。jQuery 提供了截取形形色色的页面事件(比如用户单击一个链接)的适当方式,而不需要使用事件处理程序搞乱 HTML 代码。此外,它的事件处理 API 也消除了经常困扰 Web 开发人员的浏览器不一致性。

(5) 为页面添加动态效果。为了实现某种交互式行为,设计者也必须向用户提供视觉上的反馈。jQuery 中内置的一批淡入、擦除之类的效果,以及制作新效果的工具包,为此提供了便利。

(6) 无须刷新页面即可从服务器获取信息。这种编程模式就是众所周知的 AJAX(Asynchronous JavaScript and XML,异步的 JavaScript 和 XML),它能辅助 Web 开发人员创建出反应灵敏、功能丰富的网站。jQuery 通过消除这一过程中的浏览器特定的复杂性,使开发人员得以专注于服务器端的功能设计。

2. jQuery Mobile

jQuery Mobile 是 jQuery 框架的一个组件(而非 jQuery 的移动版本)。jQuery Mobile 是一款基于 HTML 5 的用户界面系统,旨在使所有智能手机、平板电脑和桌面设备上都可以访问相应的网站和应用。jQuery Mobile 不仅会给主流移动平台带来 jQuery 核心库,而且会发布一个完整统一的 jQuery 移动 UI 框架,支持全球主流的移动平台。

(1) 基本功能介绍

jQuery 驱动着 Internet 上的大量网站,在浏览器中提供动态用户体验,促使传统桌面应用程序越来越少。主流移动平台上的浏览器功能都赶上了桌面浏览器,因此 jQuery 团队引入了 jQuery Mobile(或 JQM)。JQM 的使命是向所有主流移动浏览器提供一种统一体验,使整个 Internet 上的内容更加丰富——不管使用哪种查看设备。

JQM 的目标是在一个统一的 UI 中交付超级 JavaScript 功能,可以在智能手机和平板电脑设备上工作。与 jQuery 一样,JQM 是一个在 Internet 上直接托管、免费可用的开源代码基础。事实上,当 JQM 致力于统一和优化相关代码时,jQuery 核心库受到了极大关注。这种关注充分说明,移动浏览器技术在极短的时间内有了很大的发展。

与 jQuery 核心库一样,开发程序用的计算机上不需要安装任何东西,只需将各种 *.js 和 *.css 文件直接包含到相关 Web 页面中即可。这样,JQM 的功能就可以随时使用。

(2) 基本特性

- 一般性框架:此框架简单易用。页面开发主要使用标记,无须或仅需很少 JavaScript 代码。
- 支持多种设备:尽管 jQuery Mobile 利用最新的 HTML 5、CSS 3 和 JavaScript,但并非所有移动设备都提供这样的支持。jQuery Mobile 同时支持高端和低端设备,比如那些没有 JavaScript 支持的设备,尽量提供最好的体验。
- 访问能力良好:jQuery Mobile 在设计时考虑了访问能力,它拥有对 WAI-ARIA(Web Accessibility Initiative-Accessible Rich Internet Applications,无障碍的网页应用技术)的支持,以帮助使用辅助技术的残障人士访问 Web 页面。

- 规模小：jQuery Mobile 框架文件整体比较小，JavaScript 库为 12KB，CSS 为 6KB，还包括一些图标。
- 主题设置框架：此框架提供一个主题系统，允许用户订制自己的应用程序样式。

(3) 对浏览器的支持更强

在移动设备浏览器支持方面取得了长足的进步，但并非所有移动设备都支持 HTML 5、CSS 3 和 JavaScript。jQuery Mobile 同时支持高端和低端设备，比如那些没有 JavaScript 支持的设备。jQuery 的持续增强功能包含以下核心原则。

- 所有浏览器都应该能够访问全部基础功能。
- 增强的布局由外部链接的 CSS 提供。
- 增强的行为由外部链接的 JavaScript 提供。
- 终端用户对浏览器的偏好应受到尊重。

所有基本内容应该(按照设计)在基础设备上进行渲染，而更高级的平台和浏览器将使用额外的、外部链接的 JavaScript 和 CSS 持续增强功能。

(4) 相关事件

jQuery Mobile 也提供了针对移动端浏览器的事件。

- 触摸事件：当用户触摸屏幕时触发。
- 滑动事件：当用户左右滑动时触发。
- 定位事件：当设备水平或垂直翻转时触发。
- 页面事件：当页面显示、隐藏、创建、加载或未加载时触发。

表 14-1 为所有 jQuery Mobile 事件(注意，请使用 on() 方法绑定事件)。

表 14-1　jQuery Mobile 事件

事　　件	描　　述
hashchange	启用可标记 #hash 历史，哈希值会在一次独立的单击时发生变化，比如一个用户单击"后退"按钮，会通过 hashchange 事件进行处理
navigate	包括了 hashchange 和 popstate 事件
orientationchange	在用户垂直或者水平旋转移动设备时触发事件
pagebeforechange	在页面切换之前触发的事件。使用 $.mobile.changePage()方法来切换页面，此方法触发 2 个事件，即切换之前的 pagebeforechange 事件，切换完成后的 pagechange(成功)或者 pagechangefailed(失败)事件
pagebeforecreate	页面初始化之前触发
pagebeforehide	在页面切换后，旧页面隐藏之前触发的事件
pagebeforeload	在加载请求发出之前触发的事件
pagebeforeshow	在页面切换后，新页面显示之前触发的事件
pagechange	在页面切换成功后触发的事件。使用 $.mobile.changePage()方法来切换页面，此方法触发 2 个事件，即切换之前的 pagebeforechange 事件，和切换完成后的 pagechange(成功)或者 pagechangefailed(失败)事件

续表

事 件	描 述
pagechangefailed	在页面切换失败时触发的事件。使用 $. mobile. changePage()方法来切换页面,此方法触发 2 个事件,即切换之前的 pagebeforechange 事件,和切换完成后的 pagechange(成功)或者 pagechangefailed(失败)事件
pagecreate	在页面创建成功之后触发的事件,但在页面增强完成之前触发
pagehide	在页面切换后,老页面隐藏之后触发的事件
pageinit	在页面初始化时触发的事件
pageload	在页面完全加载成功后触发的事件
pageloadfailed	页面请求失败触发的事件
pageremove	在窗口视图从 DOM 中移除外部页面之前触发的事件
pageshow	在过渡动画完成后,在"到达"页面时触发的事件
scrollstart	当用户开始滚动页面时触发的事件
scrollstop	当用户停止滚动页面时触发的事件
swipe	当用户在元素上水平滑动时触发的事件
swipeleft	当用户从左划过元素超过 30px 时触发的事件
swiperight	当用户从右划过元素超过 30px 时触发的事件
tap	当用户敲击某元素时触发的事件
taphold	当元素敲击某元素并保持 1s 时触发的事件
throttledresize	启用可标记的 # hash 历史记录
updatelayout	由动态显示/隐藏内容的 jQuery Mobile 组件触发的事件
vclick	虚拟化的 click 事件处理器
vmousecancel	虚拟化的 mousecancel 事件处理器
vmousedown	虚拟化的 mousedown 事件处理器
vmousemove	虚拟化的 mousemove 事件处理器
vmouseout	虚拟化的 mouseout 事件处理器
vmouseover	虚拟化的 mouseover 事件处理器
vmouseup	虚拟化的 mouseup 事件处理器

任务实现

1. 创建 jQuery Mobile 页面

jQuery Mobile 提供了多种组件,包括列表、布局、表单等多种元素,在 Dreamweaver 中使用"插入"面板的 jQuery Mobile 分类可以可视化地插入这些组件。

(1) 新建一个页面并保存为 mobile-news 的文件。切换到“插入”面板并选择 jQuery Mobile 选项,在当前页面中插入 jQuery Mobile 页面,如图 14-2 所示。

图 14-2 插入 jQuery Mobile 页面

(2) 选择新插入的页面,弹出如图 14-3 所示的对话框,在此对话框中如果所有选项均为默认值,则 jQuery Mobile 页面中会自动加载 CSS 样式文件和 jQuery 文件。单击“确定”按钮后,出现如图 14-4 所示的“页面”对话框,单击“确定”按钮,在当前文档设计窗口中会看到如图 14-5 所示的页面。此时的页面中被自动加载了 CSS 样式文件和 jQuery 文件。

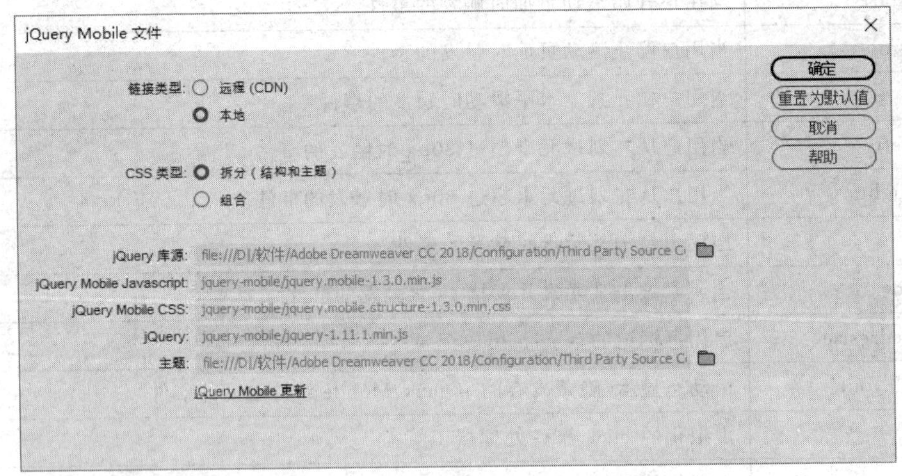

图 14-3 “jQuery Mobile 文件”对话框

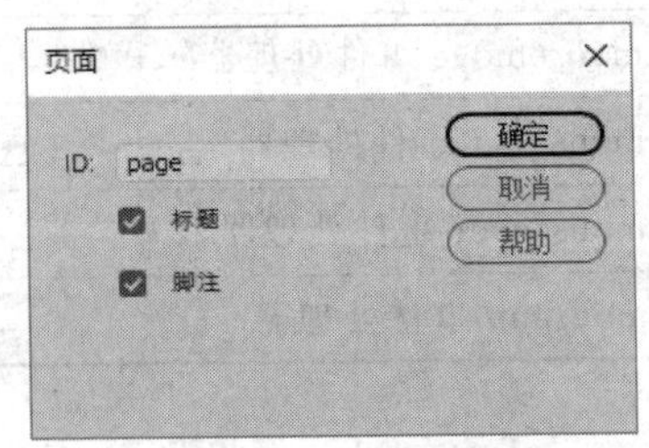

图 14-4 “页面”对话框

(3) 在图 14-5 所示的页面中添加相应的网页元素,这只是其中的一个页面。如果需要添加页面,则需要执行同步骤(1)类似的操作。本实例中需要添加 4 个这样的页面,添加后的效果如图 14-6 所示。

mobile-news.html*
源代码　jquery.mobile.theme-1.3.0.min.css　jquery.mobile.structure-1.3.0.min.css　jquery-1.11.1.min.js　jquery.mobile-1.3.0.min.js
jQueryMobile: page
标题
内容
脚注

图 14-5　加载 jQuery Mobile 后的页面

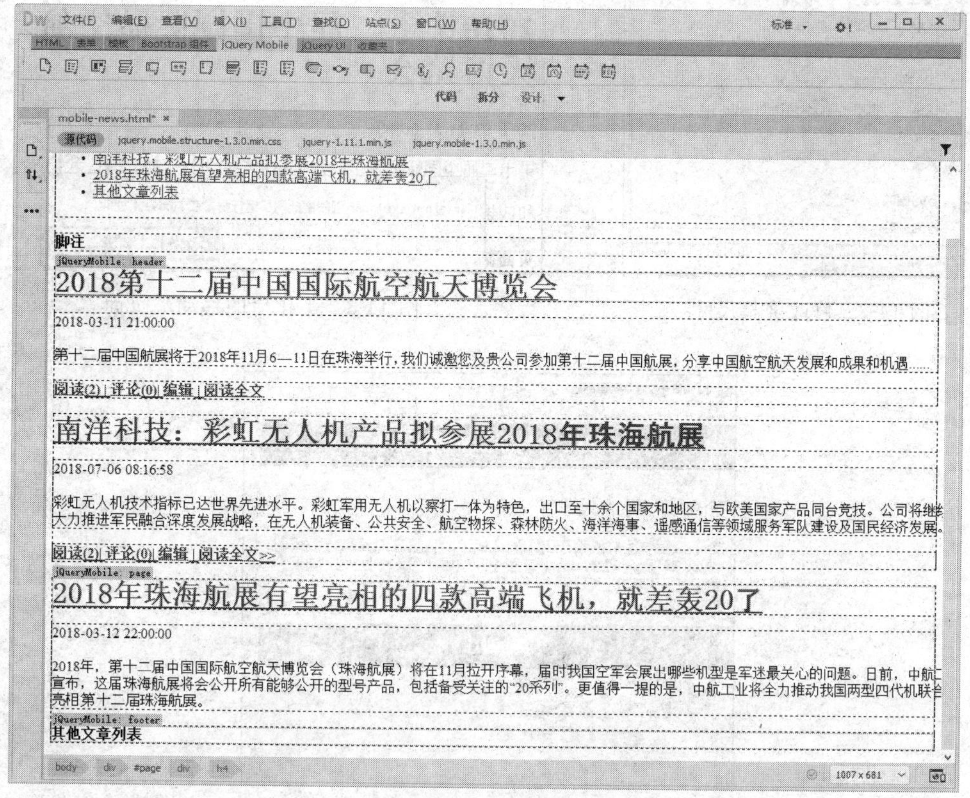

图 14-6　jQuery Mobile 新闻列表页面

2. 美化 jQuery Mobile 页面

在使用 jQuery Mobile 时，页面被自动加载了相应的样式和动态脚本文件，但是有时候还不能达到需求，则可以在加载样式的基础上添加新样式，最终达到需要的效果。

(1) 选择屏幕尺寸，Dreamweaver CC 2018 默认的屏幕尺寸是 PC 端的尺寸，在任务栏右下角可以修改尺寸，本实例中修改后的尺寸如图 14-7 所示。

(2) 将标题和内容进行进一步美化后，保存网页，在浏览器窗口中即可以看到如图 14-8 所示的页面，在该页面中单击“允许阻止的内容”按钮，就会出现移动端页面，单击此页面中的链接则可以跳转到下一页，如图 14-9 所示。

图 14-7 修改屏幕尺寸

图 14-8 美化后的移动端页面

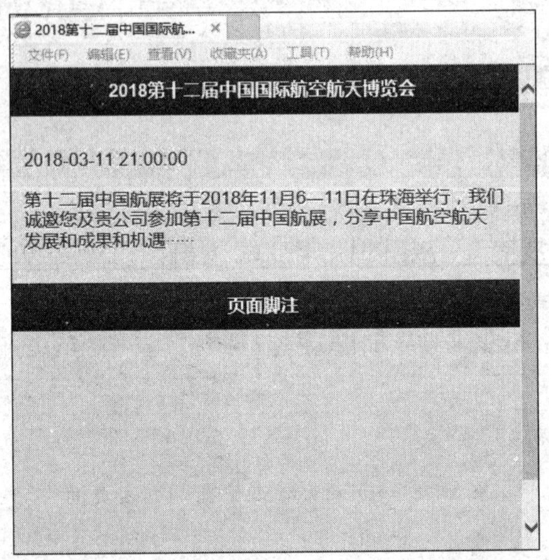

图 14-9 美化后的移动端页面

任务 14.2 创建 jQuery UI 页面

任务描述

jQuery UI 是建立在 jQuery JavaScript 库上的一组用户界面交互、特效、小部件及主题。无论是创建高度交互的 Web 应用程序还是仅仅向窗体控件添加一个日期选择器，

jQuery UI 都是一个完美的选择。

与 jQuery Mobile 不同的是，jQuery UI 页面是通过面板进行效果查看的，如图 14-10 所示。

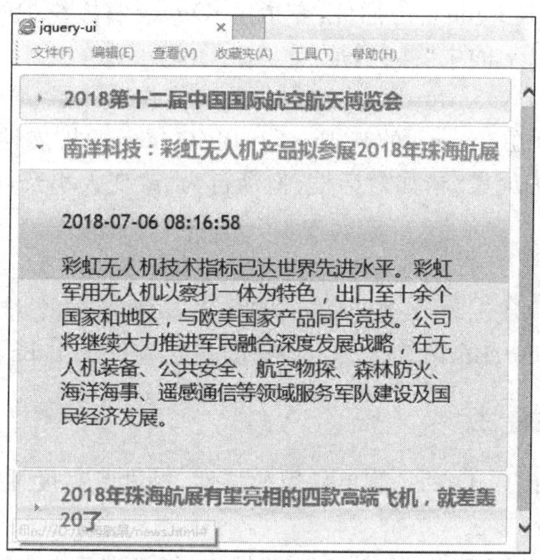

图 14-10　jQuery UI 页面

相关知识与技能

下面介绍 jQuery UI。

jQuery UI 是以 jQuery 为基础的开源 JavaScript 网页用户界面代码库，包含底层用户交互、动画、特效和可更换主题的可视控件。可以直接用它来构建具有很好交互性的 Web 应用程序。所有插件能兼容 IE 6.0、Firefox 3、Safari 3.1、Opera 9.6、Google Chrome 及以上版本。

1. 简介

jQuery UI 包含了许多维持状态的小部件（Widget），因此，它与典型的 jQuery 插件使用模式略有不同。所有的 jQuery UI 小部件使用相同的模式，所以，只要学会使用其中一个，就知道如何使用其他的小部件。

2. 组件构成编辑

jQuery UI 主要分为 3 个部分：交互、微件和效果库。

- 交互：交互部件是一些与鼠标交互相关的内容，包括 Draggable、Droppable、Resizable、Selectable 和 Sortable 等。
- 微件：主要是一些界面的扩展，包括 Accordion、AutoComplete、ColorPicker、Dialog、Slider、Tabs、DatePicker、Magnifier、ProgressBar、Spinner 等，新版本的 UI 将包含更多的微件。

- 效果库：用于提供丰富的动画效果，让动画不再局限于 jQuery 的 animate()方法。

3. jQuery UI 跟 jQuery 的区别

jQuery UI 实际上是 jQuery 的插件，专指由 jQuery 官方维护的 UI 方向的插件。

jQuery UI 与 jQuery 的主要区别是：

- jQuery 是一个 JavaScript 库，主要提供的功能是选择器、属性修改和事件绑定等。
- jQuery UI 则是在 jQuery 的基础上，利用 jQuery 的扩展性设计的插件。提供了一些常用的界面元素，诸如对话框、拖动行为、改变大小及行为等。

4. 版本

最新版的 jQuery UI 1.9.2 是 jQuery UI 1.9 的第二个维护版本，修复了包括 Accordion、Autocomplete、Button、Datepicker、Dialog、Menu、Tabs 等多个组件的错误。

5. jQuery UI 的特性

- 简单易用：继承了 jQuery 简单易用的特性，提供了高度抽象的接口，短期即可改善网站的易用性。
- 开源免费：采用 MIT & GPL 双协议授权，轻松满足自由产品及企业产品各种授权需求。
- 广泛兼容：兼容各主流桌面浏览器。
- 轻便快捷：组件间相对独立，可按需加载，避免浪费带宽而拖慢网页打开的速度。
- 标准先进：支持 WAI-ARIA，通过标准 XHTML 代码提供渐进增强功能，保证低端环境的可访问性。
- 美观多变：提供近 20 种预设主题，并可自定义多达 60 项可配置样式规则，提供 24 种背景纹理选择。
- 开放公开：从结构规划到代码编写均全程开放，人人均可参与。
- 强力支持：Google 为发布代码提供了 CDN 内容分发网络方面的支持。
- 完整汉化：开发包内置包含中文在内的 40 多种语言包。
- 代码不够健壮：缺乏全面的测试用例，部分组件问题较多，不能达到企业级产品开发的要求。
- 构架规划不足：组件间 API 缺乏协调，缺乏配合使用的帮助信息。
- 控件较少：相对于 Dojo、YUI、Ext JS 等成熟产品，可用控件较少，无法满足复杂界面功能设计的要求。

任务实现

本任务将创建 jQuery UI 页面。

jQuery UI 是建立在 jQuery JavaScript 库上的一组用户界面交互、特效、小部件及主题。无论是创建高度交互的 Web 应用程序还是仅仅向窗体控件添加一个日期选择器，jQuery UI 都是一个完美的选择。

（1）新建一个页面，保存为 mobile-news，选择“插入”面板上的“jQuery UI”选项，在当前页面中插入一个 Accordion，如图 14-11 所示。

图 14-11　插入一个 Accordion

（2）接着弹出如图 14-12 所示的界面，默认情况下是 3 个面板。

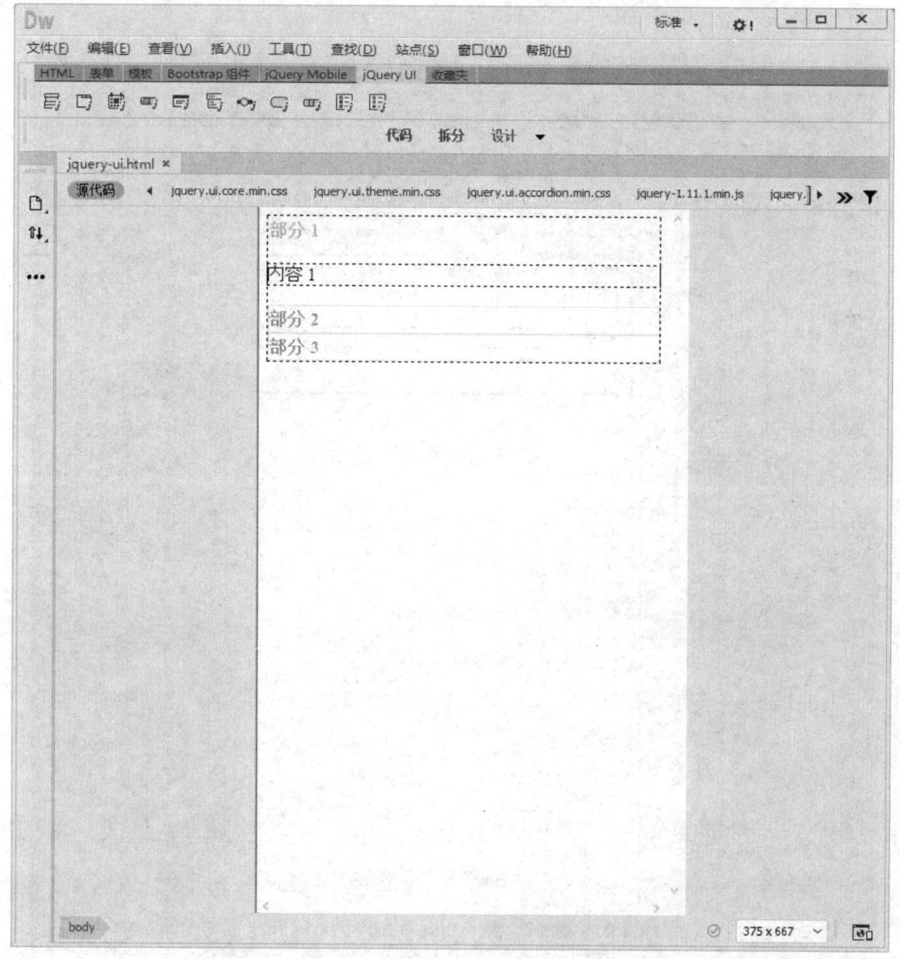

图 14-12　创建 jQuery UI 时默认的面板

（3）在“部分 1”中填入标题，“内容 1”中填入相关内容。用同样的方法填入“部分 2”的内容，默认情况下“部分 2”和“部分 3”的内容隐藏了，需要单击“jQuery Accordion：Accordion1”，单击“部分 2”，如图 14-13 所示，展开“部分 2”后弹出如图 14-14 所示的“内容 2”的界面。

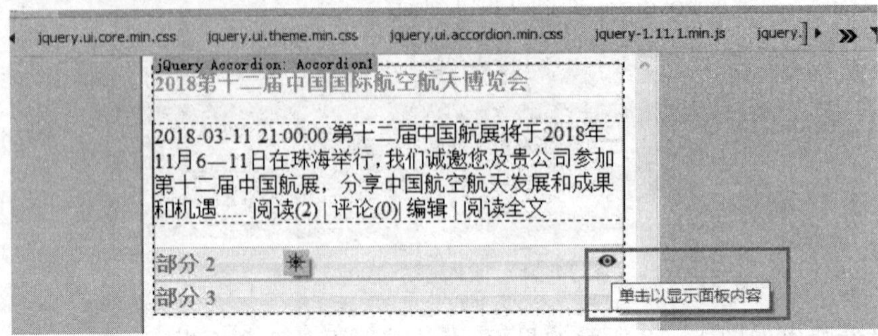

图 14-13　打开隐藏的面板

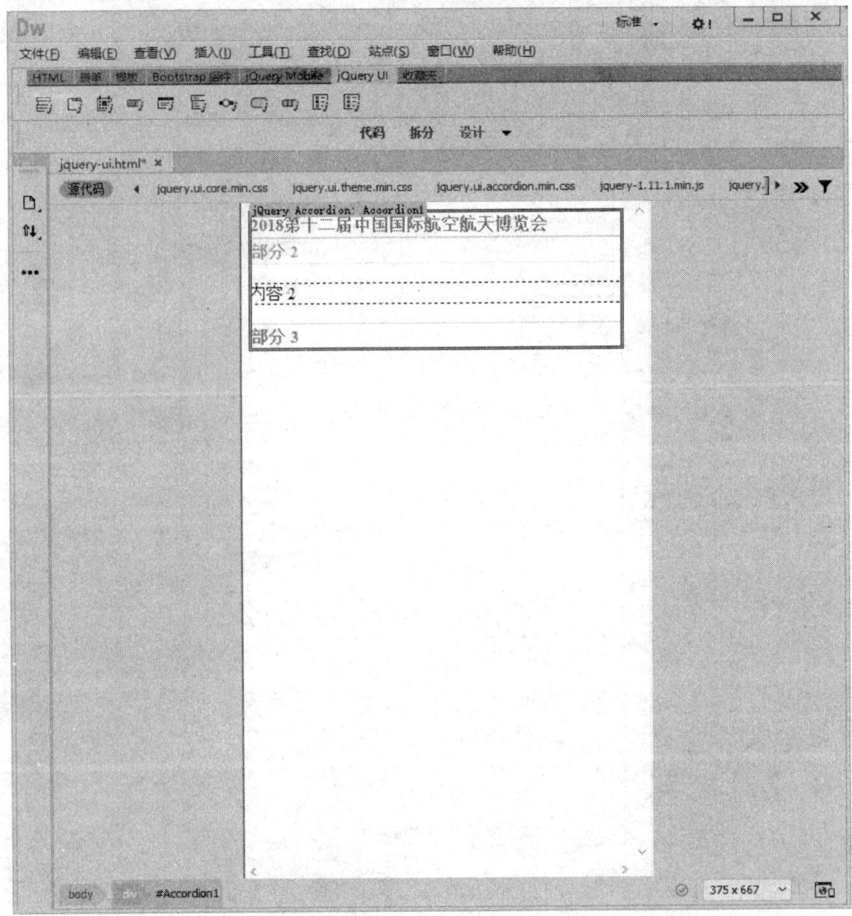

图 14-14　显示隐藏面板的内容

(4) 如果默认面板不够,则可以通过“jQuery Accordion: Accordion1”属性面板添加新的面板,如图 14-15 所示。

(5) 编辑好内容并保存页面后,在浏览器中查看文件,如图 14-16 所示。

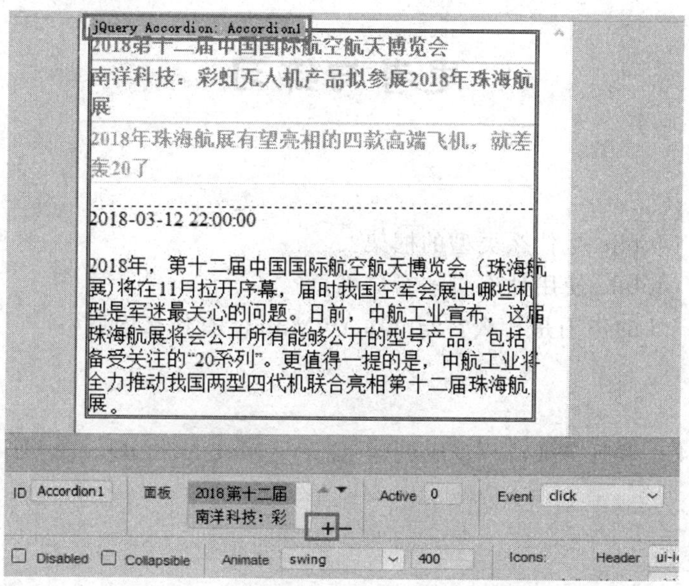

图 14-15　通过属性面板添加新面板

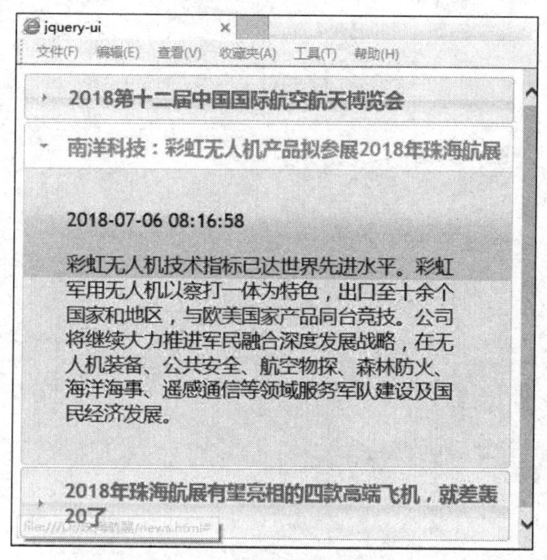

图 14-16　jQuery UI 页面

小　　结

本项目通过介绍 jQuery Moble 的按钮式翻页和 jQuery UI 的面板式翻页的制作，让大家了解并认识移动网页的基本制作方法。

思考与练习

1. 思考题

(1) jQuery Mobile 是什么类型的框架?

(2) jQuery Mobile 使用什么脚本布局网页?

(3) jQuery UI 的作用是什么? 与 jQuery Mobile 有什么区别?

2. 操作题

参照任务 14.1 和任务 14.2,完成创建 jQuery Mobile 和 jQuery UI 页面。

参 考 文 献

[1] 杜永红,樊学东,罗正蓉,等. 网页设计与制作及实训教程[M]. 北京：清华大学出版社,2013.

[2] 李晓歌,许朝侠,王辉,等. Dreamweaver CS5 网页设计实例教程[M]. 北京：清华大学出版社,2013.

[3] 陈承欢. 网页设计与制作任务驱动式教程[M]. 2 版. 北京：高等教育出版社,2013.

[4] 刘贵国. Dreamweaver CS6 网页设计与网站建设课堂实录[M]. 北京：清华大学出版社,2014.

[5] 戴仁俊. 网页设计与网站建设项目教程[M]. 北京：机械工业出版社,2014.

[6] 刘瑞新. 网页设计与制作教程(HTML＋CSS＋JavaScript)[M]. 北京：机械工业出版社,2014.

[7] 刘瑞新. 网页设计与制作教程[M]. 4 版. 北京：机械工业出版社,2013.

[8] 朱印宏. 网页设计与制作教程[M]. 北京：机械工业出版社,2011.

[9] 李翊,刘涛. Dreamweaver CS6 网页设计入门、进阶与提高[M]. 北京：电子工业出版社,2013.

[10] 赵辉. HTML＋CSS 网页设计指南[M]. 北京：清华大学出版社,2010.

[11] 明日科技. HTML 5 从入门到精通[M]. 北京：清华大学出版社,2017.

[12] Elizabeth Castro. HTML 5 与 CSS 3[M]. 北京：人民邮电出版社,2014.